JN180549

今日からあなたも機械制御の通になる

涌井 伸二―著

Machine control

日刊工業新聞社

まえがき

新入社員としての最初の仕事は磁気軸受を使ったターボ分子ポンプの開発であった。制御技術のかたまりと言ってよい製品である。制御工学の単位は学生時代に取得しているものの、実地での適用経験はもちろんない。だから、書籍をひもとき、あるいは講習会に参加して知識の獲得に努め、そうして実際の開発に従事していた。しかし、書籍にはおどろおどろしい数式が並んでいるだけだ。そして、一瞬で感じとれる技術名称ではないため、チープな頭に映像を浮かべることは容易ではなかった。繰り言を言っても給料は上がらない。勉強していくしか手はなかった。

そして、開発する製品が変わり、CD 用の光ピックアップ、スカラロボット、そして産業装置の研究開発に携わった。一つの製品に長く関与することも悪くないが、次々と素性が違う機械を扱えたので飽きがこないメリットがあった。素性が悪い機械をねじ伏せるために制御に工夫を凝らす。

意図どおりになれば嬉しく、ヤッターという気分になる。意図どおりにはならずさらに悪いことに、ステージに搭載された位置計測用の反射ミラーをレーザ干渉計に激突させたときには肝を冷やした。高価な反射ミラーをボキッと破壊し、飛沫したガラスにステージを乗り上げさせた。いままで誰も犯したことがない偉業だ。摩擦を退治したい意図があって補償器に工夫を込めたが、機械は言うことを聞かなかった。機械はウソをつかない。このことを機械から教えてもらった。

そしていま大学教員の立場にあり、もっと直截的な言い方をすれば、儲け・納期・仕様の向上・生産現場への技術移転容易性などを一切考慮することなくメカトロ機器の制御に関する研究に携わっている。だから企業在籍時代には見向きもしない、つまり産業用装置には相応しくないと思われる制御手法であっても、これを試すことを通して機械制御の面白さを存分に味わえている。

そのため、数えきれない失敗も経験した。しかし、動くものは面白い。磁気軸受によって非接触で位置決めされているロータを手で押し込む。すると電磁石に電流が通電されていきジワジワと押し返してくる。機械が生きていることを感じる瞬間である。情緒的な表現を改めて清く正しく美しく言えば、積分器が働いているのだ。所定の位置にサーボロックされている位置決めステージにもさわってみる。ピクリとも動かない。固い制御が施されている。調子にのって、もっと固いサーボにするためにゲインを上げる。再び、ステージに指をそえる。すると、ステージ深部のところで唸りを上げていることが指先で感知できる。さらにゲインを上げたとき、俺はもう発振してやるぞと機械が訴えているようだ。

このような私的な経験を、あるいは感覚を書籍にしたいと秘かに夢想していた。学問的には曖昧でも、あえてキッパリと言い切ってみたい。数式から浮かんだ映像を書籍にしたかった。願いは叶うものだ。そして、世間は狭い。本書の執筆依頼が舞い込んできた。数十年前、とある書店で歴史小説「円周率を計算した男（新人物文庫）」を手に取り、このタイトルに魅了されて購入し、そして一気に読ませてくれた作家兼技術者兼工学博士を通してである。鳴海風さんという。小説から受けた感動を自分の胸にだけしまってはおけない。本人には内緒で書評を書いて、これを雑誌に投稿した。ところが気づかれてしまい、それ以降電子メールでのやり取りをしているものの、じつは一度もお会いしたことはない風さんから「書いてみませんか」「出版社を紹介します」ときたのだ。即座にやりますと回答したことは言うまでもない。

そうして、日刊工業新聞社書籍編集部の鈴木徹部長が来学された。書籍の執筆方針のお話の後に、度数50を超える中国の白酒（バイジュウ）を飲み合う仲となった。執筆が少し進捗した後の打ち合わせでは、本文中には言い切れない内容を漫画で説明して欲しいと要請された。このとき、小躍りした。そうなのだ。本文の文脈に沿って書けないことが多々ある。これを漫画と抱き合わせて書いてよいという有難いご指示を頂いた。そのため、経験に基づく実話を漫画にし、これらをほとんどの節に挿入した。だから、本書は筆者の機械制御の経験を面白おかしくまとめたものと言える。もちろん、不真面目な態度で執筆したわけではない。真の想いは、機械は素直でもあり強直でもあり、これを思いどおりに制御することの楽しさをお伝えしたいということである。

最後に、このような楽しい仕事をさせてもらったことに対して日刊工業新聞社に感謝したい。本書の内容が、機械制御の仕事に携わろうとする若い研究開発者に役立つことを期待する。筆者は欲張りなのだ。さらに、機械制御の仕事に既に従事している技術者にとって、本書の内容が研究開発深耕の一助になれば望外の喜びである。

涌井　伸二

目　次

第1章 制御なしでは生きられない

「あなたなしでは生きられない」という韓国ドラマのタイトルを拝借して、「世のなか、制御なしでは生きられない」と言い切る。このことを理解してもらうため、以下では、人の歩行および行動の様子、永久磁石で遊びに興じたこと、そしてミニ四駆のなかに入っているモータの話をする。

1.1 人の歩行と行動とは

腰痛のとき、マッサージ師は足の長さが違いますねと言いながら矯正してくれた。太もものつけ根部分で、「ボキ」という異音がしたとき、マッサージ師は満足そうであり、自身の身体も軽くなった気がした。足の長さに差異があるとき、左右の足を均等に送り出しても、最終的にはまっすぐな経路とはならないはずだ。しかし、足の長さが微妙に異なることに起因して、マッサージを受ける以前の私が直進歩行できなかったことはない。**図 1.1.1** のように、健常な眼が直進歩行でないことに気づき、足の運びに修正をかけていたからである。我々は全く意識していないが、目による観察、頭脳による判断、そして歩行という運動の仕組みを、すなわちフィードバックシステムを身に備えている。

人間の行動様式もフィードバックと言えるのではないだろうか。将来の目標は、世の中に役立つ製品開発をする研究開発者になる、と定めた学生がいるとする。「過去」を振り返ったとき、怠惰な学習態度であり大いに反省している。そして、いま「現在」の自分は少しだけ頑張っている。「未来」を見つめたとき、もっと頑張る必要性を感じている。そうすると、現在・過去・未来という

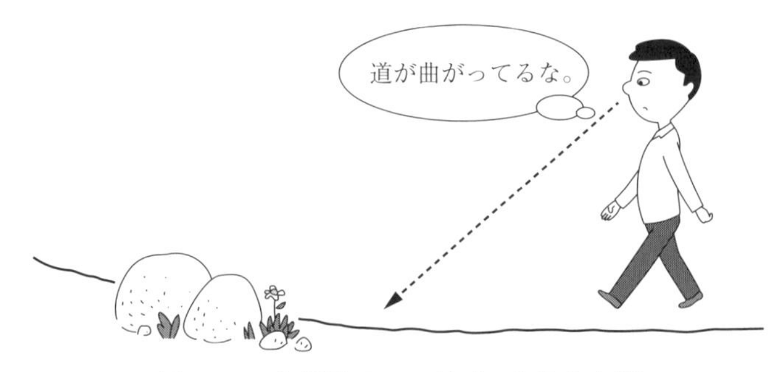

図 1.1.1　歩行はフィードバックのおかげ

情報を考慮して、いま現在の勉学態度を決めるという行動をとる。このように考えたとき、人間の行動様式もフィードバックシステムと言える。ここで、「現在・過去・未来」という言葉を用いたが、後述の第 2 章で説明する PID 補償器のことを象徴的に言い換えている。ここで P（Proportional）とは比例のことでありいま現在の状態を、I（Integral）とは積分のことで過去から現在までの蓄積を意味する。そして、D（Derivative）とは微分の、すなわち未来のことである。人間の場合、P、I、D にそれぞれ重みをつけた後に行動を起こす。機械制御の場合にはそれぞれにゲインを乗じて、アクチュエーションが行われる。

1.2　永久磁石を使って物体の距離を一定に保てるのか

図 1.2.1 は永久磁石を使って、磁性体を一定のすきまを保って引き上げようとする様子を描いている。永久磁石を磁性体に近づけすぎると吸着する。この吸着を避けるため磁性体から永久磁石を遠ざけると、吸着力が失われる。そこで、きめ細かく磁石を動かすことになるが、決して成功することはない。

図 1.2.2 は永久磁石に代えて、磁力を電流で調整できる電磁石で鉄球を引き上げる様子を描いている。両者の距離を一定に保つことが目的である。まず、同図(a)のように、吸引力を変えるため、鉄球の位置を目視しながら、電流を流す電流アンプの入力電圧を手動で変えることにした。電流を強めると鉄球は

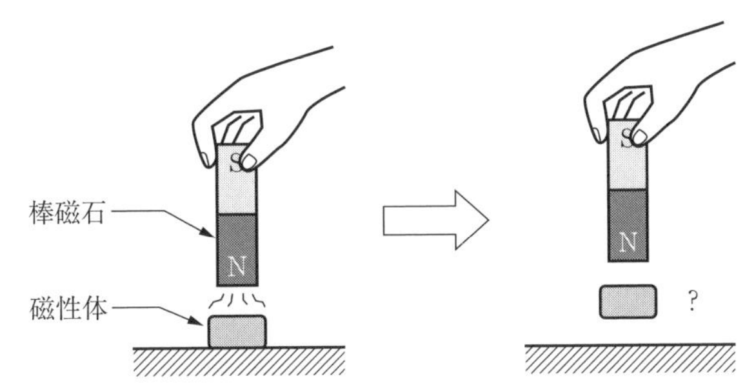

図 1.2.1　永久磁石の距離を変化させることによって磁気浮揚はできるの？

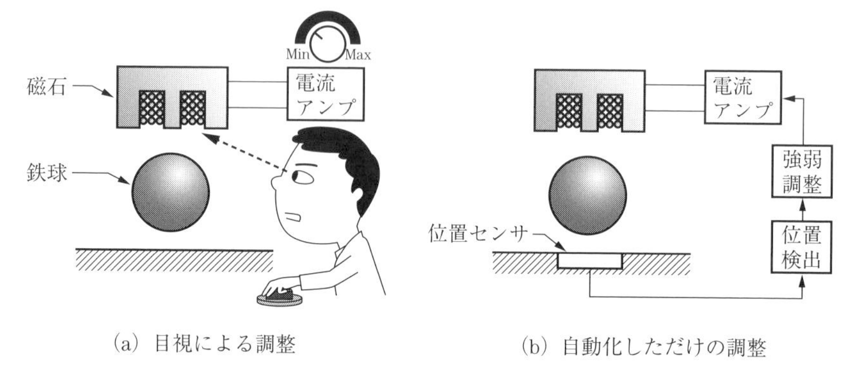

(a) 目視による調整　　(b) 自動化しただけの調整

図 1.2.2　電磁石に流す電流の強弱だけで鉄球は浮上しない

吸引され、それは一瞬で吸着される。おっとイカン。即座に電流を弱める操作をすると、今度は鉄球が電磁石から落ちる。うまくいかない原因は、目で隙間を観察し、この結果を受けて手動で電流の強弱を調整するという時間の遅れと思われた。

そこで、手動による電流の強弱を自動化することにした。図 1.2.2(b)に示すように、鉄球の位置を計測する位置センサを備えさせ、この出力に応じて電流アンプから電磁石に流す電流の大きさを変えることにした。すなわち、鉄球と電磁石の間隔が広いとき電流を強め、反対に間隔が狭い場合には電流を弱めるようにした。どうでしょう。一定の空隙を保って、鉄球は空中浮上の状態になると思われるかもしれませんね。でも、結果を言ってしまうと、浮上しない。

図 1.2.2(b)の実験装置は制御理論を修得するときの基本的な機器として知られており、安定な磁気浮上をさせることができる。この場合、同図(b)で「強弱調整」の部分に、位相進み補償器が入っている。この補償器を挿入したときに、はじめて所定のギャップを保って磁気浮上となる。なぜ、「強弱調整」だけではダメで、位相進み補償器を挿入したときには、安定な磁気浮上になるのか。それを知るためには、第 2 章以降の記載を理解する必要がある。

1.3　電池だけでモータの回転数を一定に保てるのか

その昔、ミニ四駆という玩具が人気であった。コースを速く回ることを競って、車体の肉抜きをする。あるいはギア比を変えて遊ぶ玩具である。

このモータを使ってランプを点灯させるモノを子供科学教室（東京農工大学繊維博物館主催）の教材としてつくったことがある（**図1.3.1**）。モータ類を取りつける木材の切りだしは、美的センスに欠ける筆者の手によるので変形している。しかし、見てくれは悪いが、回転ハンドルを手動で回すと歯車列を介してモータシャフトが回転し、これが発電することによってしっかりとランプに灯はともる。

ほとんどの場合、モータと言ったならば、これに電流を通してシャフトを回転させる用途である。しかし、モータのシャフトを手動で回すことによって電気が生成できる。そうすると、電気でモータを回している最中も発電しているのであり、言ってみれば作用・反作用が同時に生じている。このことを中学生に感じとってもらいたかった。つまりだァ、理科の面白さが伝わることを期待したのである。

さて、図1.3.1のモータに単3電池を接続する。もちろん、ランプが点灯するとともにハンドルは回転する。ほぼ一定の回転数のように見える。そこで、回転ハンドルの反対側の軸を指で挟んで回転数に乱れを与えた。歯車が入っているので回転を完全に止められはしないものの、回転数は落ちた。当たり前のことを試したわけであるが、モータを使う用途によっては、回転を乱すものが

図1.3.1　ミニ四駆のモータを使ってランプ点灯

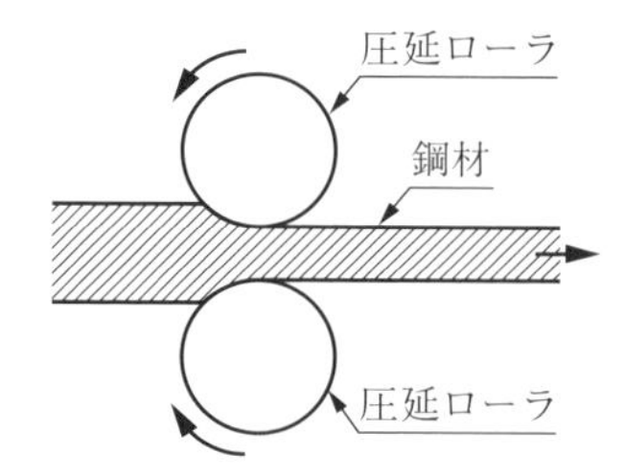

図 1.3.2　厚み均一の鋼材製造には圧延ローラの回転制御がキモ

あっても、何食わぬ顔で一定回転を保たねばならないことがある。

一定回転を保つにはどうすればよいのであろうか。電池を直列にすると回転は速くなる。目的は回転数を高くすることではない。だからといって、電池を2個並列接続しても、1個の場合と同様である。そうすると、何等かの手段で回転数を検出し、この出力に基づいて電池から流れる電流を微妙に調整すればよい、と思うことになる。そのとおりであり、回転という状態を検出し、これを帰還して電流を調整するフィードバックのシステムが、速度一定を実現するためには不可欠である。

一定回転が必要なシステムの一例を**図 1.3.2** に示す。これは、真っ赤な鋼材を圧延ローラに通して厚みを均一化する製造装置である。薄い鋼材を圧延ローラに通して厚くするなんてことはあり得ない。厚手の鋼材をローラに通すことで均一かつ薄くするのである。つまり、圧延ローラに鋼材が突入するのであり、このときの衝撃によって圧延ローラの回転が乱される。しかし、回転数が乱れると、均一の厚みとはならない。だから、鋼材の突入によっても、圧延ローラの回転数を一定に保つ速度制御が入っている。

閑話休題 その1–①

先輩は電気屋ですか。それとも機械屋さんですか？
会社の中では、電気と機械の区別しかない。

電気設計も機械設計でも専門家にはかなわない。
強いて言えばシステム屋だ。

第2章 コントロールのための道具だて

筆者が技術者であったころ、上司から「君たち制御グループの話はよくわからない。営業がユーザーにプレゼンテーションするときに役に立つ、翻訳書のようなものを作成してくれ」と指示された。そこで、「せ：制御対象とは、制御する対象物のことであり、例えばXYステージのことを指す」という辞書的なものを作成した。

「安定性を確保する」「ロバスト性が高い」「極零相殺する」などの言葉を駆使して、我々制御技術者は話をしていた。もっと易しくしかも優しく、モノに即した話をして欲しいと上司は思っていたに違いない。言い訳を許してもらえば、制御工学は汎用的な技術体系の学問である。つまり、温度制御、位置決め制御、飛行機、自動車などあらゆるモノに対して適用可能である。そのため、個別の名称を使って制御技術の全体を説明するわけにはいかないので、一般化した言葉を使う。このことに慣れていた、あるいは当然視していたので、いままさに扱っているメカニカル機構がXYステージであるにも拘らず、これを制御対象と呼んでいた。本当は、メカニカル機構の研究開発に携わっており、互いに分野を異にする研究開発者集団のなかでは、そのものに即した言葉を使って、あるいはわかりやすい言い換えをして仕事をせねばならなかった。おおいに反省。

この趣旨にそって以下では、制御工学の学問で使用される技術用語および手法などについてわかりやすく解説したい。

2.1 ビジュアル化のためのブロック線図

制御技術者は**図 2.1.1、2.1.2** の図面を見せながら、設計した制御系の説明を行う。あるいは自身が設計・解析を行う。図 2.1.1 は、リニアモータを使った位置決めステージにモデルマッチング形2自由度制御系（2.13 節）を適用している。図 2.1.2 は定盤上に位置決めステージが搭載されており、これにPID補償を施した位置決め制御系を示す。このように、四角（関数、パラメータのほかに機能を表す名称をつける場合もある）とこれらを結ぶ矢印で結合された図面を**ブロック線図**と呼ぶ。

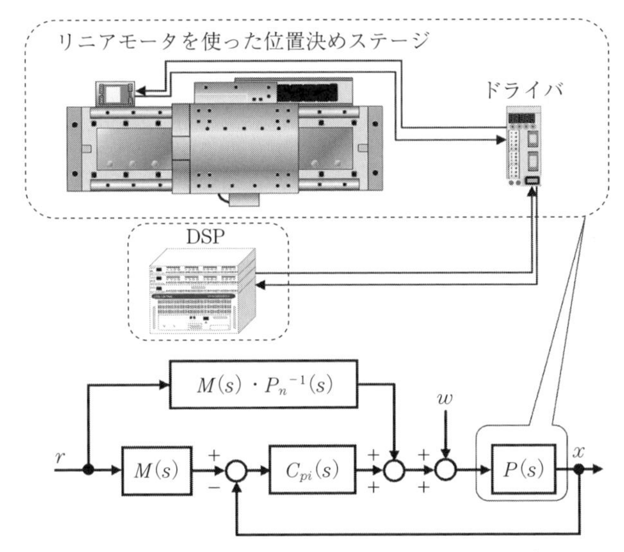

図 2.1.1　リニアモータを使った位置決めステージとその制御ブロック線図

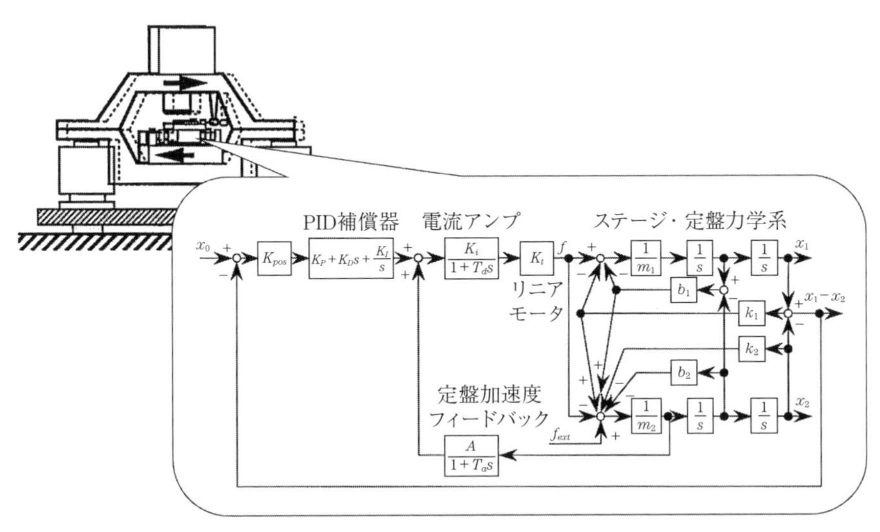

図 2.1.2　除振台に搭載された位置決めステージとその制御ブロック線図

これらの実際の姿は、図 2.1.1 の場合、吹き出し口に示すように、制御対象 $P(s)$ とは位置決めステージとこれを駆動するドライバのことである。そして、補償器 $C_{pi}(s)$ である PI 補償器、設計者が望ましい応答として指定する参照モデル $M(s)$、そして制御対象 $P(s)$ を写し取った公称モデル $P_n(s)$ はすべて計算機（DSP）のなかで実現されている。なお、参照モデルと公称モデルの意味は後の 2.14 節を参照されたい。

同様に、図 2.1.2 の場合、位置決めステージの加速・減速駆動によって空気ばねで支えられた定盤は揺れを生じるのであり、この力学的な干渉が吹き出し内に示したステージ力学系と定盤力学系の箇所で表現されている。このように相互に影響を及ぼし合う位置決めステージに対して PID 補償をかけ、さらに定盤の加速度を検出して、これをフィードバックするループも追加した制御系の構造を示している。

つまり、実際の装置の姿をそのまま描くことは労力がかかるし、なによりも制御系を思い通りに動かすためには、どのような物理量を検出し、これをフィードバックした信号をどのように演算処理するのかを明示するためにブロック線図が用いられる。要するに、ビジュアル化のためにブロック線図を用いる。

2.2 フィードバックとは反省でフィードフォワードはイケイケだ

フィードバック制御系の基本構造を**図 2.2.1** に示す。制御対象の出力である制御量をセンサで検出し、目標値に対するセンサ出力の値を比較しているところ、すなわち破線の楕円で囲む部分がフィードバックのキモである。偏差が零のとき、目標値とセンサ出力は一致している。一方、偏差が零でないとき、指定した目標値に対して現在の制御対象の制御量は不一致なのであり、非零の偏差を制御器に導いて操作量を発生させ、これをもって制御対象を駆動することによって、センサ出力が目標値に一致するまで修復動作が行われる。たとえてみれば、いま現在の制御対象の出力を目標値という基準に照らし合わせ、これ

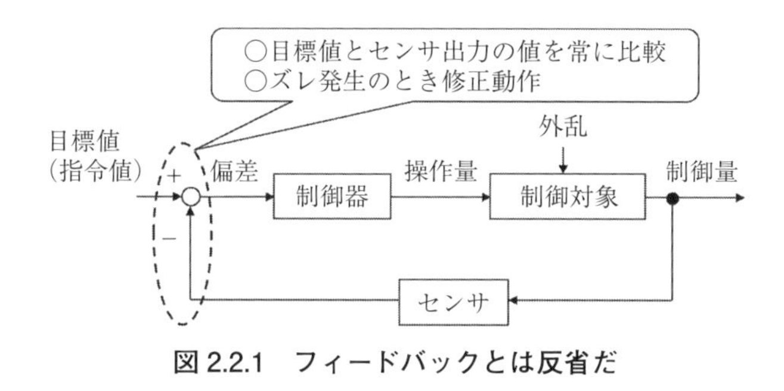

図 2.2.1　フィードバックとは反省だ

とのズレによって修正がなされる。常に「反省」を行っていることになる。

図 2.2.1 で制御対象の改造ができないとき、制御器をどうにか調整して、目標値から制御量までの応答を望み通りにし、かつ外乱から制御量までの応答を抑制することに注力する。つまり反省の度合いを調整する。適度な反省ならば好ましい応答となるが、過度な反省はかえって望ましくないのであり、この状態を「不安定」と称する。

ここで、わざわざ「反省」という言葉を使ったことには理由がある。反省の度合いを適度に強めれば性能は改善されて好ましいが、所詮は反省に過ぎない。反省ばかりする人間は面白みに欠け、ドラスティックな振る舞いは期待できない。そこで、フィードバックに対して、**フィードフォワード**という技術を使うことになる。

図 2.2.1 に対してさらにフィードフォワードを追加したブロック線図を**図 2.2.2** に示す。同図でフィードフォワード制御器を経由した信号は、制御対象の前段で制御器の出力と加算されている。言ってみれば、「イケイケ・ドンドン」の信号で制御対象を駆動しており、積極的な動作を促している。ここで、積極的すぎると制御対象の動作は乱れる。しかし、フィードバックという反省のループが常に動作しているので、フィードフォワードからの過度な信号注入に対する乱れは修復される。

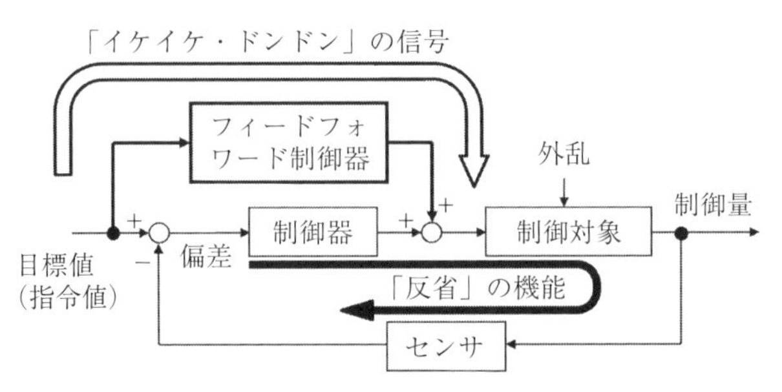

図 2.2.2　フィードバックにフィードフォワードを追加

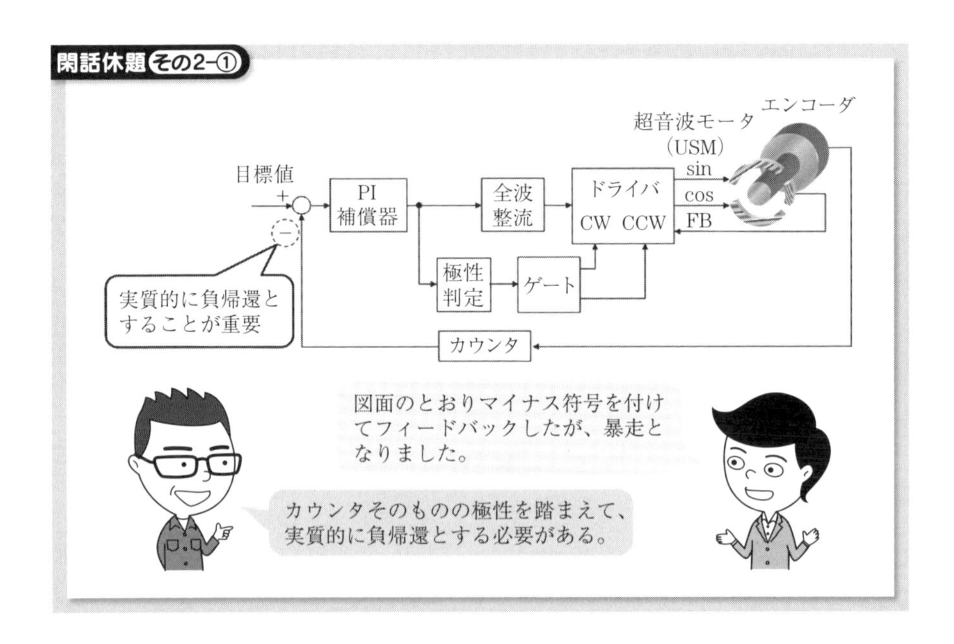

2.3　一般化するための技術用語

図 2.2.1 ですでに名称をつけたが、「制御対象」「偏差」「外乱」という言葉が制御工学のテキストには氾濫している。このような漢文調の技術用語に対して、制御の専門家以外の者は違和感を持つ。

なぜならば、いままさに研究開発しているモノが「CD 用の光ヘッド」であるにも拘らず、これとやや心理的な距離をとるかのように「制御対象」と呼び変えるためである。現場での仕事の場合、実物の名称を使いたい。制御工学の専門家だけが集う場面では、制御対象という技術用語を使えばよい。

同様に、目標値から制御量を差し引いたものを「偏差」と呼ぶ。これも、目標値に対するセンサ出力との差分であるので、偏差の英訳 error の直訳である「誤差」という言葉をあてればよいものを、わざわざ偏差と呼ぶ。開発の現場では、誤差の用語でも意思疎通が十分に図れる。

「操作量」も一般化のための用語に過ぎない。モータを使って機械を動かすモノを研究開発しているのであれば、操作量とはモータに通電する電流［A］、あるいは電流を流すための電流アンプの入力電圧［V］のことであり、開発者はこの用語を使用して仕事をしたいものである。

さらに、オブラートに包まれた言葉として「外乱」がある。制御ループの外側から、この動作を乱すものの総称としてこの言葉を使う。具体的に、**図 2.3.1** の吹き出し内は位置決めステージであり、繰り返しの位置決めの試行回数や位置決め場所によらず、位置決め時間・精度が同一であることが望まれる。しかし、ステージが左側、中央、そして右側にあるとき、ステージの特性は微妙に変化している。特性変化のなかみを詳細に言うと、位置決め場所に依存した案

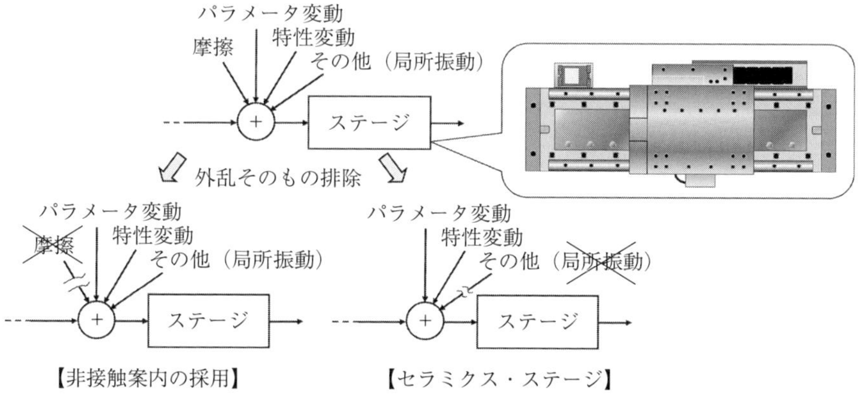

図 2.3.1　ステージの高速・精密な位置決めを乱すものの総称としての外乱

内機構の摩擦やパラメータ変動などである。これらを一括して「外乱」と称している。

再び図 2.3.1 上段を参照すると、摩擦、パラメータ変動、特性変動、その他（局所振動）が加算点に入力されている。制御技術者は、これらを一括して外乱といい、つまりステージの動きを乱すものの入力は避けられないという立場に立って制御器の調整だけに専念する。さらに言えば、外乱の中身の分析を避ける傾向がある。しかし、外乱を入れなければステージの動きは素直になる。だから、図 2.3.1 下段左側は、ステージの案内が非接触の静圧軸受を使ったとき、摩擦という外乱がなくなることを示す。同図右側は、ステージの局所で羽ばたきのような機械振動を避けるため、ステージの部材を固いセラミックスに変更して局所振動そのものをなくしたことを示す。

さて、**図 2.3.2** では家庭に忍び込む泥棒を外乱と見立てている。泥棒の侵入を許しても、工夫をこらしこれを撃退することができる。しかし、家庭の平穏は侵入時には乱される。一方、同図右側は泥棒の侵入をもともと許さない家屋の構造をとっている。この場合、家庭の平安は一瞬でも乱されないことは明らかである。制御系の場合もまったく同様のことが言える。外乱を入れない機械構造にすることが理想だ。

図 2.3.2　泥棒（外乱）の侵入を許さない

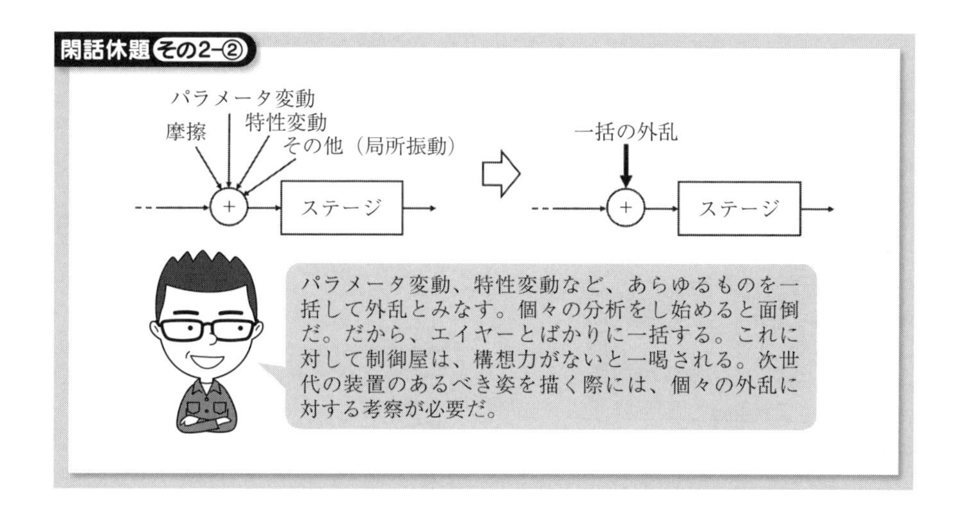

2.4　物理現象を写し取るモデリングと定量化のための同定

【モデリングとは】

モデル化、あるいは**モデリング**（modeling）という言葉がある。これは「数式を使って**物理現象**を写し取る」ことを意味する。

図 2.4.1 は、設計者が左側のメカニカルな空圧式除振装置を思いどおりに動かそうとしている様子である。眼前の装置は、金属でつくられ、これにセンサやアクチュエータが組み込まれている。意図どおりの動きを実現させるために、設計者は、力学・電気工学・流体工学などの知識を活用して吹き出し内に示すように、物理量の変換過程を明らかにしたブロック線図に置き換える。つまり、ダイナミクスを明らかにする。この行為をモデル化と言う。

【同定とは】

図 2.4.1 の吹き出し内のブロック線図は、M、D、K などの記号を使って物理量の変換や影響の仕方が描かれている。定量的な議論を行いたいとき、これら記号に具体的数値を代入する必要がある。定量的な数値を求めることを**同定**（どうてい）と言う。電子辞書に「どうてい」と入力すると、「道程」「童貞」「同定」という３種類の漢字が表示される。古い辞書の場合、「同定」の漢字は

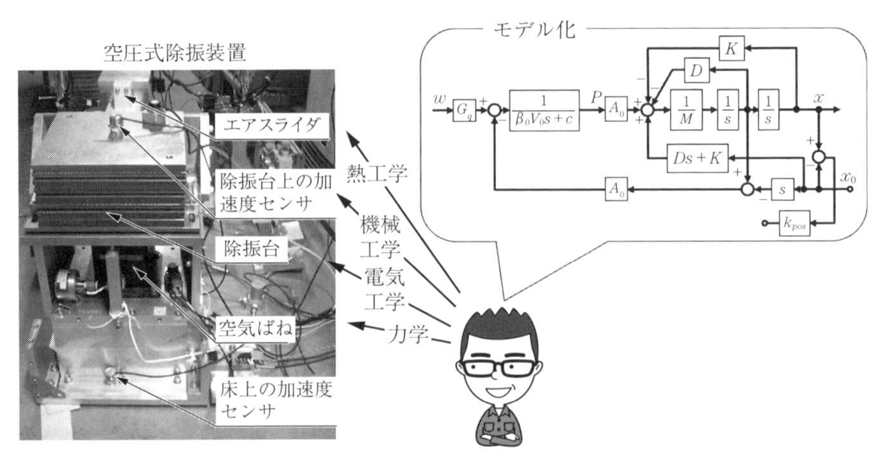

図 2.4.1　モデル化（モデリング）とは

出てこない。既述のとおり、制御分野ではこのなかの3番目の漢字をあてる。

ここで、同定の英訳はIdentificationであり、この身近な使用例としてIDカードがある。会社の職場で社員が胸元にぶら下げているカードのことであり、氏名、年齢、所属部署、個人番号などの情報が記載されている。このカードを保有している人物が何者であるかを知ることができる。機械制御の分野における「同定」も、IDカードと同様の意味合いを持つ。つまり、扱っている機械がなにモノなのか、どのような素性を持つのかを明らかにした数値のことを指す。

例えば、目の前に大きな動く機械があるとしよう。「重たいローラをモータで回転させるのです」という説明は、製品に興味を持ってもらいたい素人向けには通用する。しかし、機械そのものを開発する技術者には役に立たない。「重たいローラ」とはどの程度のイナーシャ（慣性モーメント）であって、これを回転させるために要するトルクを具体的な数値で捉える必要があるからだ。

ここで、容易に定量化可能なものと、そうでないものがあることに注意したい。**図 2.4.2** は、位置決めステージの模式図である。容易に定量化できる数値は、ステージの質量 M [kg] やボールねじのイナーシャ J [kg·m^2] である。

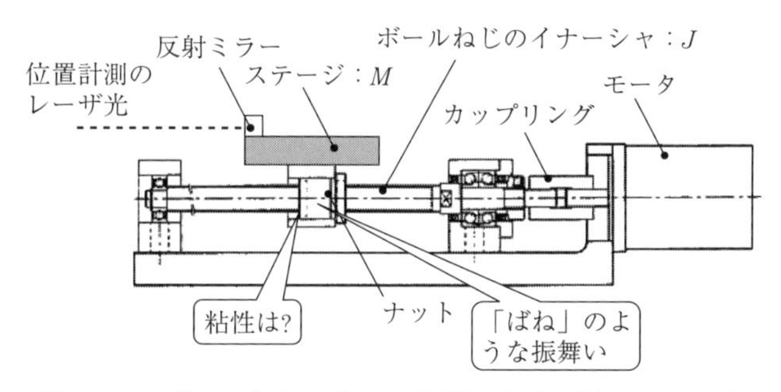

図 2.4.2　ボールねじ・ナットを用いた位置決めステージ

MとJについては、寸法と材料がわかっていれば容易に計算できるし、ほとんどの場合は仕様書に記載されている。

ところが、ボールねじを回転させたときの抵抗力のもととなる例えば粘性比例係数については、機械設計ではつくり込めない。しぶく回る機械であれば滑らかに回転するように潤滑剤を塗布する、あるいは何回も運転させて滑りをよくするのであって、その後に実測で数値を求めることになる。さらに、ナット部には循環するパチンコ玉のようなものが入っている。特にステージを高速に位置決めするとき、見た目で明白なばねは存在しないにもかかわらず、ばねのような振舞いをする。そのため、これらを数値で捉えるには、特別な実験が必要となる。これを**同定実験**と呼ぶ。

【同定方法】

物理パラメータを同定する、すなわち数値として定量化する方法として、**図 2.4.3** に示すように三つある。まず、同図(a)左側は材質および形状が異なる部材が連結した回転体のイナーシャ［kg·m^2］の値を得るために、力学の公式を使って部分ごとに計算し、最終的に足し算をしている。(a)の右側は反転アンプの公式を使って、伝達関数 v_{out}/v_{in} の計算をしている。このように、よく知られた公式を使って分析できる事柄については理論計算を通して値が求められる。

一方、理論計算では求められない物理量も存在する。この場合、実測結果を踏まえて値を求める。例えば、図 2.4.3(b)では周波数応答の実測から、低周波

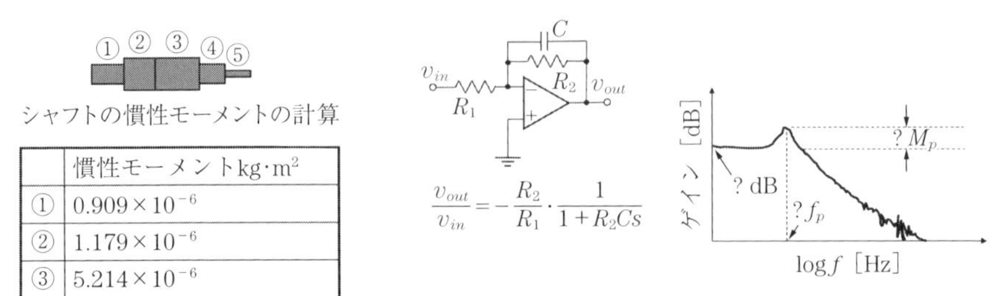

	慣性モーメント kg·m²
①	0.909×10^{-6}
②	1.179×10^{-6}
③	5.214×10^{-6}

(a) 理論計算　　(b) 周波数応答の測定

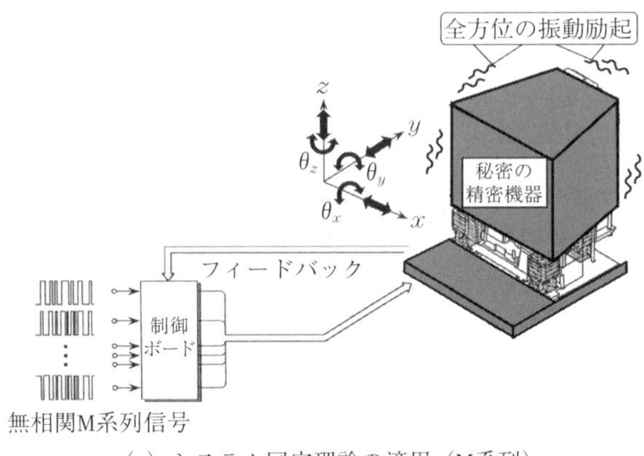

(c) システム同定理論の適用 (M系列)

図 2.4.3　物理パラメータの同定のための方法

数域のゲイン [dB]、共振周波数 f_p [Hz]、この周波数における共振値 M_p [dB] の計測値を読み取り、逆算によって物理量を求める。

最後の図 2.4.3(c)は、システム同定理論を用いてパラメータを得る方法を示す。この場合、M 系列信号（擬似乱数のこと）を印加したときの出力を演算処理して定量化している。

【M 系列信号とは】

制御システムの特性を知るためには、すべてのモードを励起せねばならない。**図 2.4.4** の制御システムの例では、高周波数領域に共振ピークが存在する。しかし、もし入力信号の中に共振ピークを励起する周波数成分がなければ、もちろん出力に共振は現れない。つまり、制御システムの特性を知るためには、

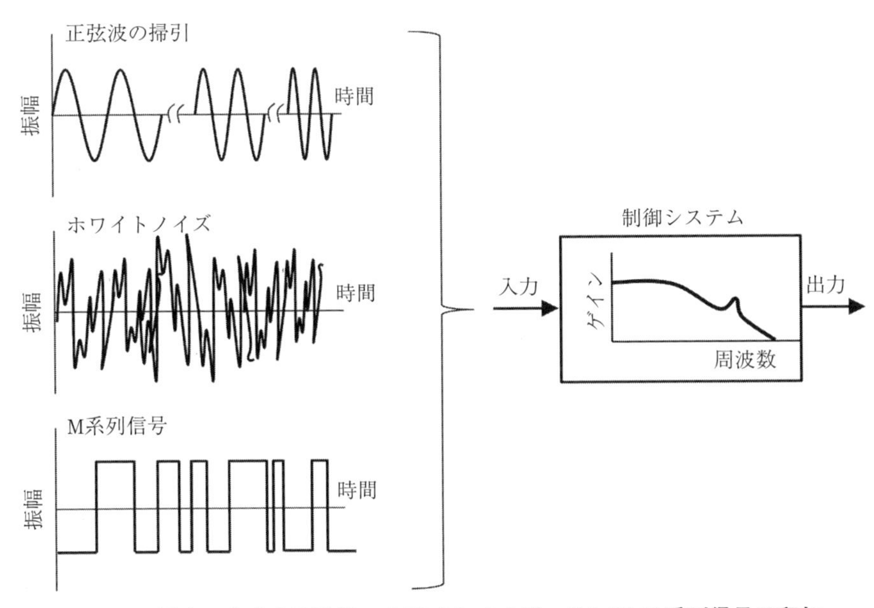

図 2.4.4 同定のための正弦波、ホワイトノイズ、そしてＭ系列信号の印加

入力信号に多数の周波数成分が含まれている必要があり、図 2.4.4 では三つの入力信号が使用されている。

一つ目は正弦波である。これを低周波数から高周波数へ掃引して全てのモードを励起する。計測器のサーボアナライザ（後述の 2.10 節参照）の機能そのものである。二つ目はホワイトノイズ（白色雑音）である。この信号には全ての周波数成分が含まれるので、これを入力信号としたときシステムの特性を知ることができる。理論的にはそのとおりであるが、少なくとも機械システムに対してホワイトノイズを印加しても加振しきれない。したがって、周波数応答を計測することはできない。三つ目がＭ系列信号である。特に、機械システムの場合、高周波数の領域では本質的には動かないので、この領域の成分を持たない入力信号を使っても実用的には全モードを励起できる。つまり擬似的な白色信号が、図 2.4.4 左側下段に示す二値のＭ系列信号と言える。

ここで、ホワイトノイズとは、オシロスコープで観察すると不規則であり無

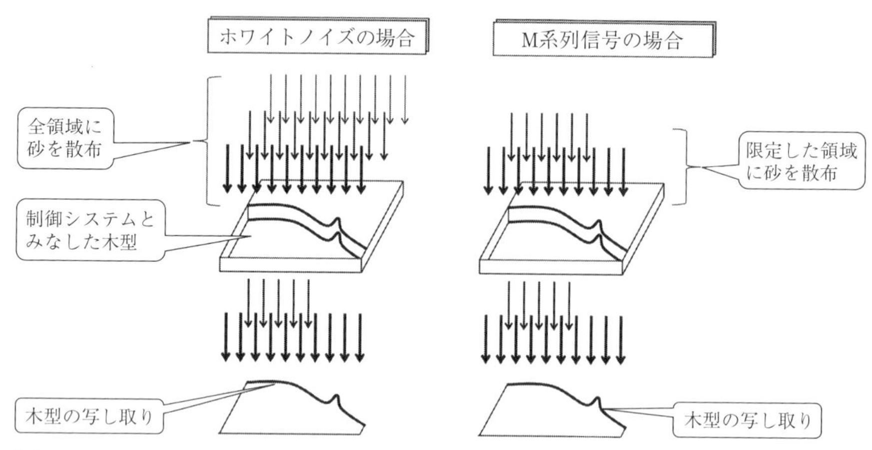

図 2.4.5　ホワイトノイズと M 系列信号で周波数応答が計測できる理由をイメージで理解

意味とも感じられるが、既述のようにあらゆる周波数成分を含む信号である。この信号が特性未知のシステムに降り注がれるのである。ちょうど、**図 2.4.5** 左側に示すように、横および縦方向にわたって一様に砂を散布するようなものである。ここで、制御システムとみなした木型が特徴的な文様でくり抜かれているとする。するとそれ以外の部分では砂が落下せずに遮断される。一方、特徴的な文様の部分では、砂が落下して木型の文様が得られる。これがホワイトノイズを入力して特性が未知のシステムの応答を計測できる理由である。

一方、擬似乱数の M 系列信号の場合、図 2.4.5 右側に示すように、横および縦方向に一様な砂は存在しない。限定的な領域に対する砂の散布になる。木型の横を周波数、縦をゲインとみなせば、高周波数領域のところで散布する砂がなくとも、くり抜かれた木型の文様を得ることに差し支えはない。機械システムの周波数応答では、高周波数の領域でゲインが低下する。もっと簡潔に言えば、高い周波数では応答しない。それならば、高い周波数の成分を含む信号を入力せずともよい、というわけである。

以上に述べたように、同定実験とは定量化のための行為である。この実験によって、扱っている機械の特性が良くなる、あるいは改良されるという結果には直接結びつかない。制御技術者は、分析を通して制御性能の向上に寄与したい意図を持つが、他者からは認知を受ける行為ではないことに注意したい。

【モデル化および同定の必要性について】

さて、モデル化と同定は必ず実施せねばならないのであろうか？　実施しなければ制御をかけることさえできないのか？　制御のテキストには、制御対象のモデル化に関する記載が必ずある。そして、学術論文ではモデル化、同定、そして制御系設計は一体として論じられている。さらには、制御に関するセミナの案内文を見ると「良い制御系構築のためには、設計法に即した制御対象のモデルの正確な同定が不可欠」「制御と同定は不可分の関係」と記載されている。ここで、不可分とは離婚などあり得ない密接な関係という意味である。

しかし、多大の製造時間をかけた高価な**図 2.4.6** 左側の位置決めステージが開発部署にはじめて納入されてきたとしよう。高価であるため、失敗によって絶対に破損させてはならない。ステージという可動物体が動くのであるから、このモデルは２次遅れ系となるはずだ。しかし、この機器を設置した周辺環境の影響、あるいは固い機械とはいえ柔軟性があって、２次遅れの特性に機械共振が重畳してくる可能性がある。それは可能性に過ぎず、問題ないのかもしれない。でも心配だ。さあ、同定実験をしてみるか。いや、ステージの位置決めを実現していない状態で、同定実験だけが先行することは許されない。制御性

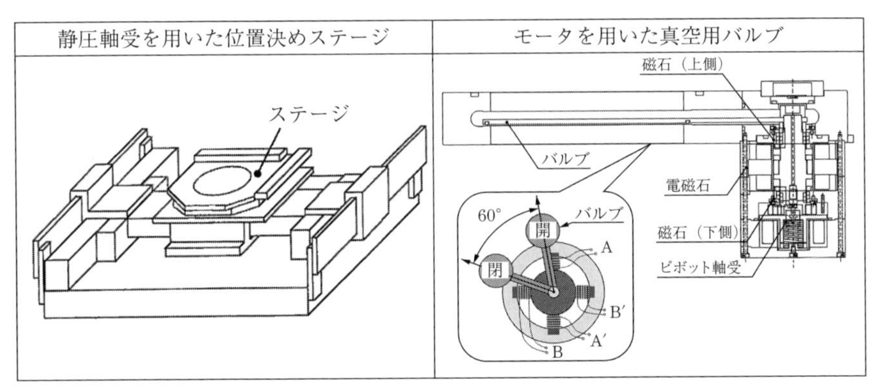

図 2.4.6　動かすときモデル化は必須なのか？ ―モデルフリー制御―

能を云々する前に、すなわち仕様が未達の状態でもまず位置決め動作を実現せねばならない。じつは位置決めができたとき、同定も行えるようになり、制御にとって役に立つモデル化もできる。

【モデルフリーとは】

図 2.4.6 右側は、限定した角度で弁体を旋回させて、真空・半真空・大気開放の状態を実現するための試作の真空バルブである。電磁石を使ったモータのシャフトおよび旋回する弁体のイナーシャ［$kg \cdot m^2$］は不明の状態で納入されてきた。モータのトルク定数［N·m/A］も不明である。

試作した設計者に問い合わせすれば、これらの数値はわかると思われるだろうが、勘(かん)を頼りに設計した特に試作品の場合、設計者自身でさえ数値を捉えてはいないことがある。もちろん、使用している材料と寸法がわかればイナーシャの概算はできる。より精確さが要求されるとき、構造解析ソフトの FEM（Finite Element Method、有限要素法）を使ってイナーシャの数値は捉えられる。そして、トルク定数［N·m/A］も、図 2.4.6 右側の試作機に取りつける治工具を設計・製作し、これを使って計測することは可能である。あるいは、電磁解析ソフトの FEM を使って、この数値を捉えることができる。しかし、FEM ソフトは高価であり、気軽に導入できる開発ツールではない。他部門に FEM を専門に扱う解析部隊があっても、費用対効果を問われることが多いので、単に数値を知りたいという要請の優先順位は低くなりがちだ。

さらに、イナーシャやモータのトルク定数以外にも、シャフト下部にはピボット軸受（先端に丸みをつけた軸端を、同様の形の凹面で受ける軸受）が使用されているため、この部位の摩擦も数値として捉えねばならない。これを定量化するために、治工具を使って数値は得られる。しかし、数値がなければ制御をかけられない、あるいはこの機器で達成させたい仕様を満たせないのかといえばそうでない。PI-D 補償器（後述の 2.6 節参照）を用い、位置決め波形を見ながらパラメータ調整を行って、位置決め時間の仕様 1 秒以内を達成できている。

このように、モデルなしで制御をかけるスタンスを**モデルフリー制御**

（MFC：model-free control）と言う。PID制御、ファジィ制御、ニューロ制御などがこれに相当する。一方、ガチガチの数学モデルを構築できたときにはじめて適用できる方式を**モデルベースト制御**（MBC：model-based control）と言う。現代制御、ロバスト制御、モデル予測制御などのことである。

2.5　伝達関数のプロパーとは

図2.4.1の吹き出し内に示したモデルすなわちブロック線図は、電流アンプの入力電圧 w［V］から位置センサの出力 $k_{pos}(x-x_0)$［V］までの物理現象を表現している。制御工学では「出力/入力」の計算を行う。これを**伝達関数**と言う。計算結果は次のとおりである。

$$\frac{k_{pos}(x-x_0)}{w}=\frac{k_{pos}A_0G_q}{(\beta_0V_0s+c)(Ms^2+Ds+K)\ \ +A_0{}^2s}$$

上式のような伝達関数において、ラプラス演算子 s の次数に関して、制御工学では特別な言い方がある。すなわち「**プロパー**な伝達関数である」「**インプロパー**な伝達関数になるので、プロパーになるようにフィルタを挿入する」「次差数1の**ストリクト（厳密に）プロパー**な制御対象である」という議論が行われる。

表 2.5.1　プロパー（適切）とインプロパー（不適切）な伝達関数

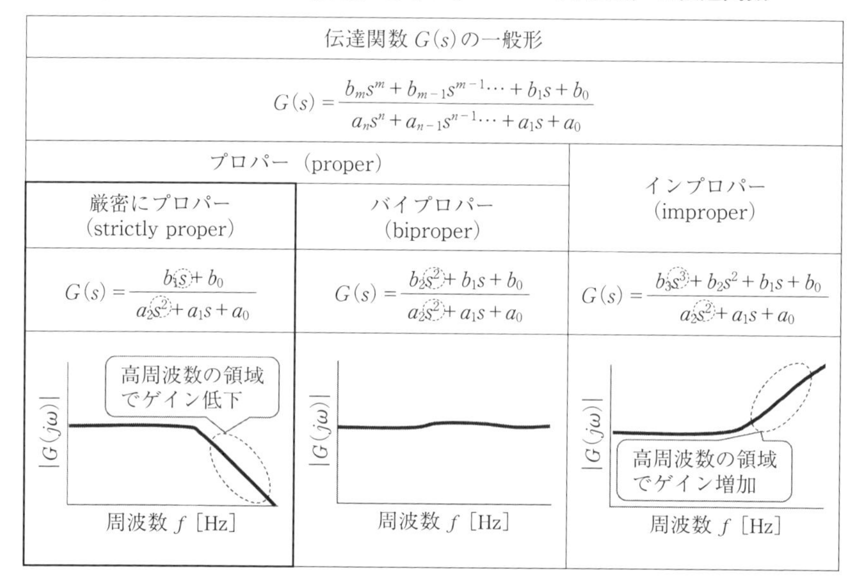

伝達関数 $G(s)$ の一般形		
$G(s)=\dfrac{b_m s^m+b_{m-1}s^{m-1}\cdots+b_1 s+b_0}{a_n s^n+a_{n-1}s^{n-1}\cdots+a_1 s+a_0}$		
プロパー（proper）		インプロパー（improper）
厳密にプロパー（strictly proper）	バイプロパー（biproper）	
$G(s)=\dfrac{b_1 s+b_0}{a_2 s^2+a_1 s+a_0}$	$G(s)=\dfrac{b_2 s^2+b_1 s+b_0}{a_2 s^2+a_1 s+a_0}$	$G(s)=\dfrac{b_3 s^3+b_2 s^2+b_1 s+b_0}{a_2 s^2+a_1 s+a_0}$
$\lvert G(j\omega)\rvert$ ／ 周波数 f [Hz] ／ 高周波数の領域でゲイン低下	$\lvert G(j\omega)\rvert$ ／ 周波数 f [Hz]	$\lvert G(j\omega)\rvert$ ／ 周波数 f [Hz] ／ 高周波数の領域でゲイン増加

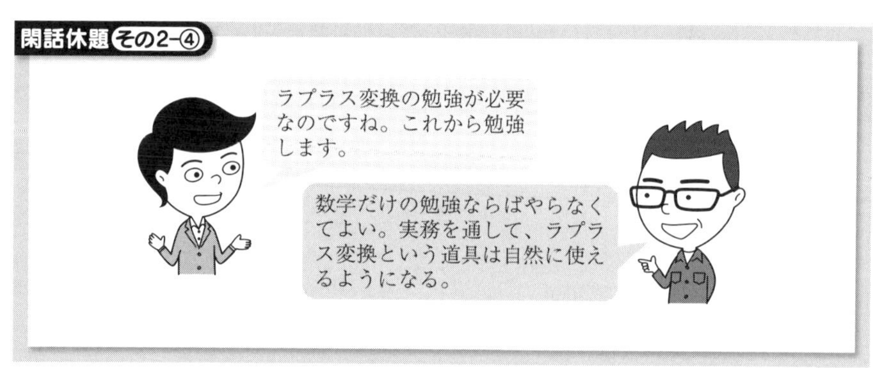

表 2.5.1 中の具体例で示すように、厳密にプロパーな伝達関数とは、分母多項式の次数が２に対して分子のそれが１と小さい場合を意味する。この場合、次差数は２−１=１である。そして、分母と分子多項式の次数がいずれも２で等しい場合は**バイプロパー**である。これらに対して、インプロパーな伝達関数とは、分子多項式の次数が３に対して、分母のそれが小さい２のものである。そ

れぞれのゲイン曲線は表 2.5.1 の下段のとおりであり、伝達関数が厳密にプロパーなとき、周波数が高くなるとゲインは低下する。一方、インプロパーな伝達関数のときには、分子多項式の次数が分母のそれよりも高いので、高周波数領域ではゲインが限りなく上昇していく。

ここで、プロパーの英訳は“proper”であり、辞書には「適切な」という意味が記載されている。つまり、言い直すとプロパーな伝達関数とは、自然現象としてあらわれる「適切な伝達関数」であり、インプロパーな伝達関数とは、自然界には存在しない「不適切な伝達関数」ということになる。

このことは**図 2.5.1** を参照することによって、自然かつ適切に理解できる。同図(a)は腕を振っている様子である。この振りを高速に行うと、徐々に振れ幅は小さくなる。渾身の力をこめても、揺れ幅は小さくなること必然である。そして同図(b)は正弦波信号でステージをゆらゆらと動かす様子を示す。低い周波数の場合には、目視で左右に揺れることを感知できるが、高い周波数になるほど揺れは小さくなる。つまり、表 2.5.1 左下の太枠内のゲイン曲線のように、高周波数の領域ではゲインは低下する。ここで、図 2.5.1(a)(b)がインプロパーな伝達関数であると仮に考えてみよう。この場合、高い周波数になるほど腕の振れ幅は大きく、ステージの左右の揺れも大きくなる現象となる。これ

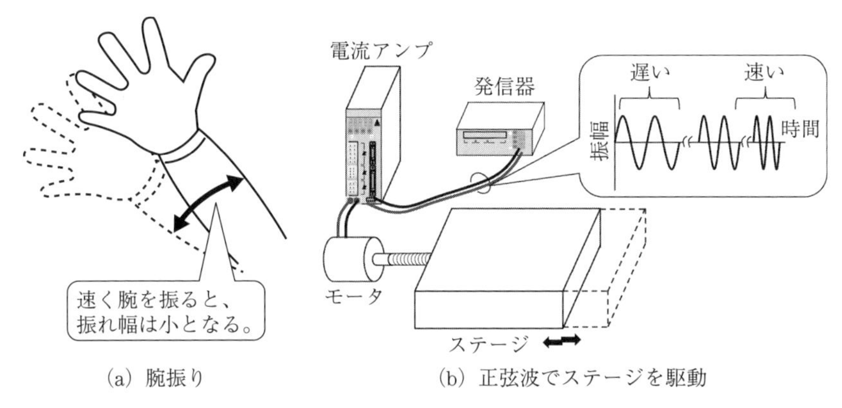

(a) 腕振り　　(b) 正弦波でステージを駆動

図 2.5.1　厳密にプロパー（適切）な物理現象

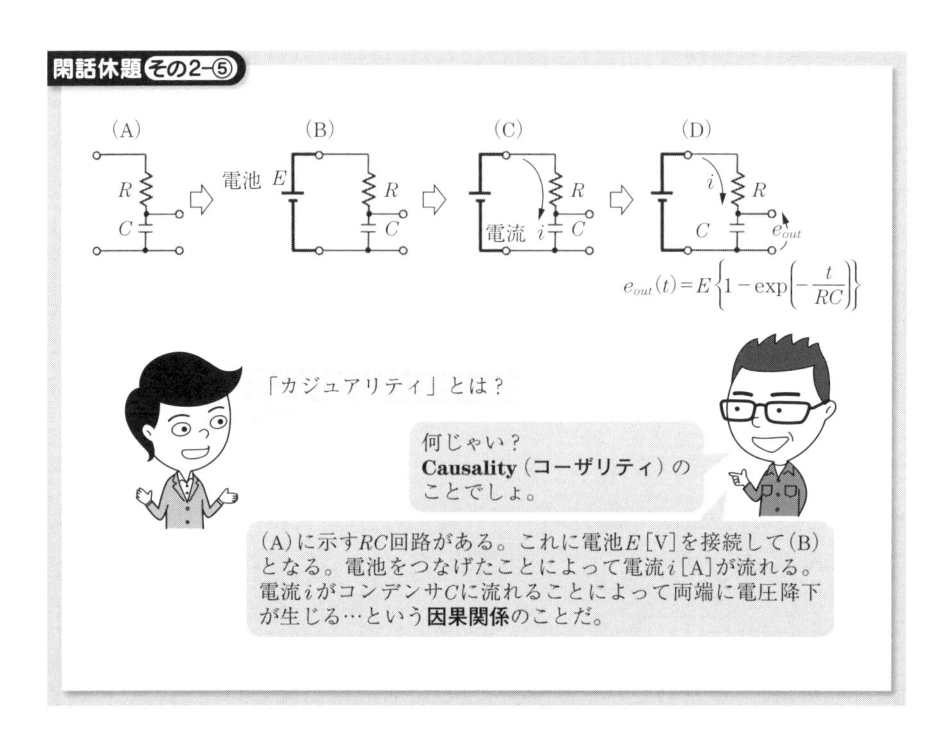

はあり得ないことだ。だから、インプロパー（不適切）なのである。

2.6 補償器そして型とは

いよいよ制御対象に対して、図 2.2.1 のように閉じたループを構成していくことになる。ここで、同図に記載した「制御器」とは一体なにものなのか。「補償器」とも言い替えられており、閉じたループを構成したときの安定性を確保する大事な要素である。そこで、試験問題とした。学生の解答欄を見ると「PID 保証器」という誤字があり、泣きながらバツをつけたことがある。

「保証」とは、間違いがなく大丈夫なことに責任を持つこと。一方「保障」とは、ある状態が損なわれないように保護することを意味する。そして「PID 補償器」が正解となる「補償」の漢字の意味は、補って償うことである。PID の役割を端的に表現する絶妙の漢字である。それは遠い昔、故人の美多勉先生

（東京工業大学教授）との話を思い出すからである。

美多先生：制御って何だと思う？　本当は制御なんてない方がすっきりしている。

私：性能を上げるためのテクニックでしょう。制御工学の先生の発言とは思えませんね～。

美多先生：たとえ話をしよう。生徒の自主性が高く、優れた能力を発揮してくれれば教師が関与することはまったくない。しかしだァ、能力が不足している場合、教師が少しだけ補うことによって、生徒のパフォーマンス不足を償えるじゃないか。これが制御の本質だ。

すなわち、**図 2.6.1** 下段の閉ループ系を参照して、制御対象のパフォーマンスが十分でなく、だからこの能力を補って償うための制御器を、すなわち言い

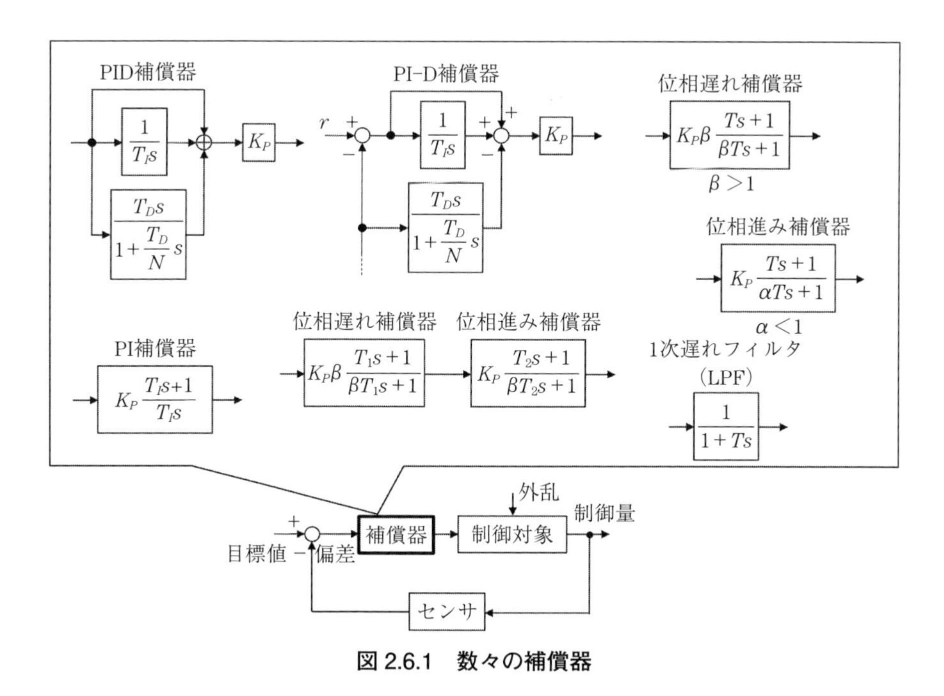

図 2.6.1　数々の補償器

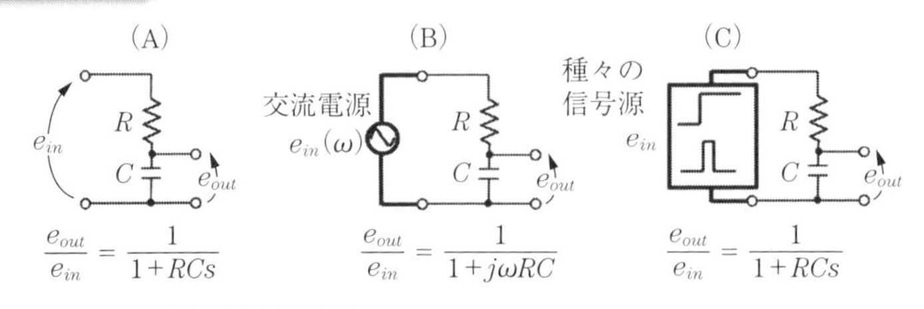

(A)を伝達関数e_{out}/e_{in}の正解としています。
でも、交流理論では(B)で正解です。

(B)は角周波数ωの電源を使って、RC回路を駆動したときの特殊な場合だ。

(C)のように、正弦波以外の信号も扱うときには、ラプラス演算子sを使う。

換えると補償器を入れ込み全体として所望の性能を得ようとする。そうすると、制御対象に依存して、補って償う形式は様々であり、唯一の補償器は定められないと思考できよう。実際に、図 2.6.1 の吹き出し内には、PID 補償器、PI–D 補償器、位相遅れ補償器などを示した。これらの中から、設計者が意図を持って選択する必要がある。なお、本書では数式を用いた説明はできるだけ回避したいので、各補償器の数学的な意味は専門書を参照されたい。

次に、制御対象に即した補償器を選択して閉ループ系を構成し、これに目標値の信号あるいは外乱を印加して時間が十分経過したときの偏差を考える。偏差が零になるのかそれとも残存するのかは、制御系の**型**(かた)によって決まる。具体的に、ループを開いたときの**一巡伝達関数**に存在する積分器 $1/s$ の数によって、これがない場合を 0 型、1 個ある場合を 1 型と言う。あるテキストには、「積分器 $1/s^j$ の数 j によって、$j=0$ のとき 0 型、$j=1$ のとき 1 型、一般に j 型と言われる」と、あたかも 2 型、3 型、4 型も存在するかのような書き方をしている。しかし、ほとんどの場合、0 型かあるいは 1 型である。位置精度が必要な用途の制御系は 1 型であり、ステップ状の目標値に対して、そのとおりの応答が得られる。つまり偏差は零になる。加えて、ステップ状の外乱に対しては、過渡現象の後に必ず偏差零となる。一方、0型の制御系の場合には、ステップ状の目標値および外乱に対して偏差は零にはならず残存する。

上述の説明から、何やら法則性があると感じ取れよう。じつは、**内部モデル原理**として知られている。

図 2.6.2 は、内部モデル原理を理解する一助の図面である。同図は、閉ループ系の平穏を乱す魅惑的なモデルさんが外乱入力から働きかけをしている様子を示す。ここで、モデルさんの誘惑に対して少しだけ平穏は乱されてもよいが、時間が経過した後には、何事もない振る舞いにしたい目的があるとしよう。つまり、誘惑なんかに負けず、最終的には偏差を零としたい。そのためには、外乱入力から働きかけをしているモデルさんと同じもの̇が閉ループの中に存在していなければならない。これを内部モデル原理と言う。もちろん、モデルさんを積分器 $1/s$ に見立てており、ほとんどのケースではこの有無に関係している。しかし、積分器以外の場合にも適用できる汎用的な原理であるため、図 2.6.2 にはあえてモデルさんの図面を描いたのである。実例を示そう。

図 2.6.3 は、空圧式除振装置に対して周期的な流量外乱が入っている。この

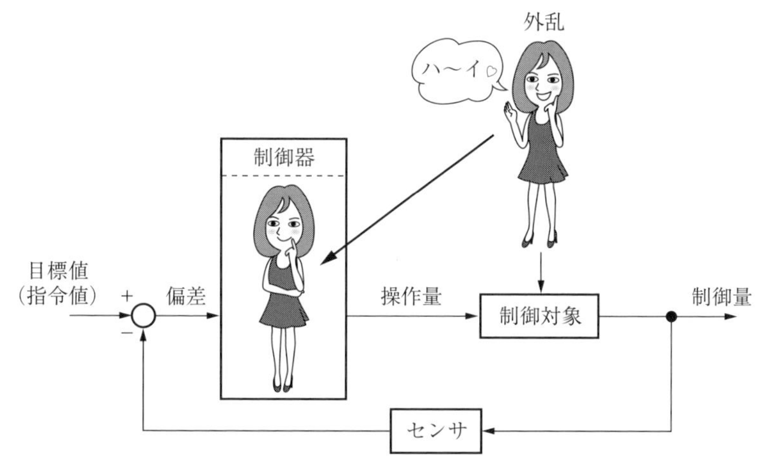

図 2.6.2　内部モデル原理を理解するための図面

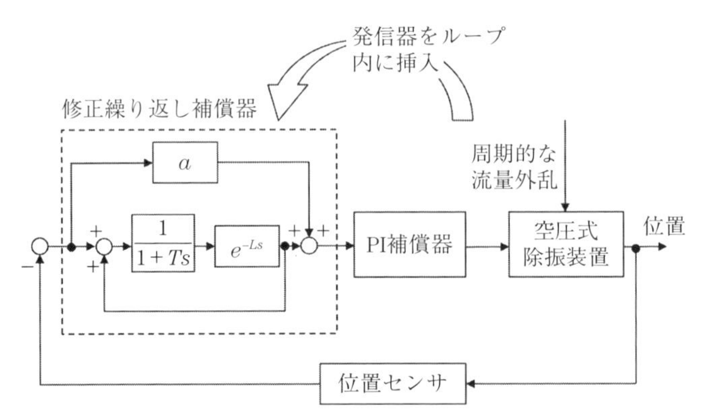

図 2.6.3　周期的な流量外乱の抑制
—内部モデル原理に基づき発信器（修正繰り返し補償器）を挿入—

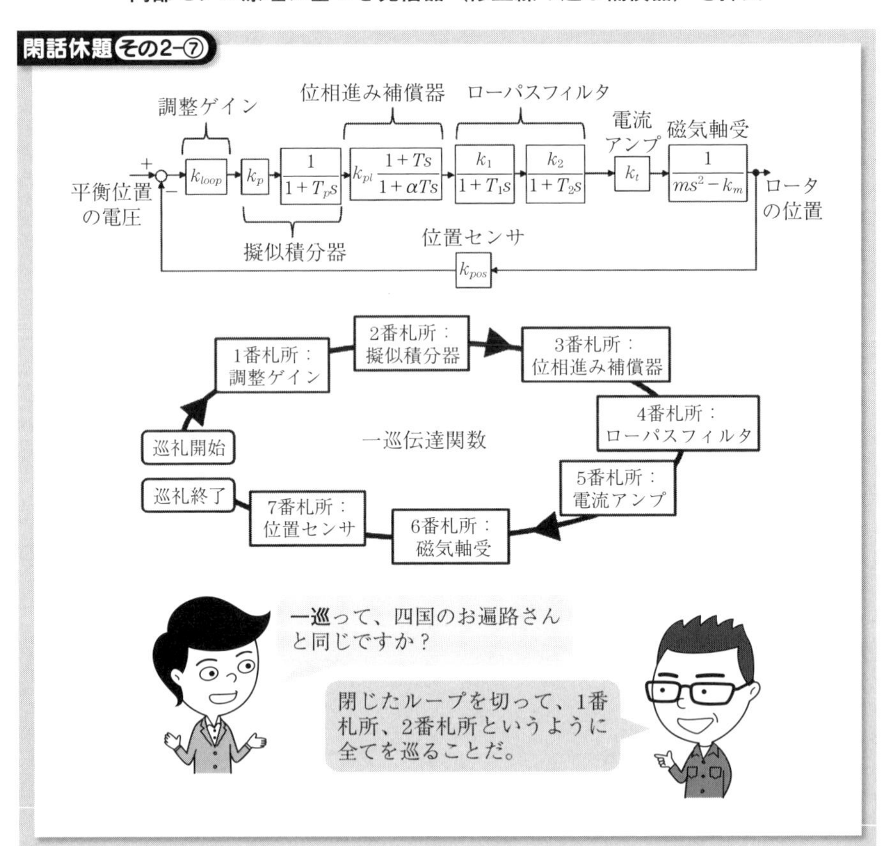

「秋波」の影響で除振台の位置は「逡巡」するかのようにゆらゆらと周期的に変動する。この揺れを抑えるためには、周期的な信号を発生するモノをループ内に挿入すればよいと内部モデル原理では教えている。図面では、修正繰り返し補償器がそれに相当している。これは周期的な流量外乱と同種の発信器にほかならない（後述の 4.6 節）。閉ループの安定性を確保する。もっと具体的に言えば、閉ループ系を発振させてはならない。それにも拘らず、内部モデル原理は発振器を閉ループ内に挿入すべし、と指示しているのである。

2.7　特性方程式とは

制御系では**図 2.7.1** のようにループが閉じている。この閉じた世界に対して、目標値が印加される。あるいは外乱が入ってくる。目標値が入力されたとき、兎にも角にも時間経過後に、出力は目標値どおりになって欲しい。そして、外乱が入った瞬間の出力の乱れは許しても、最終的には外乱の影響がなくなって欲しい。この状態が実現されると、制御技術者は、さらに速く出力が目標値に追従し、外乱入力の瞬間の乱れも極力抑えつけたいと考える。具体的には、図 2.7.1 の補償器に対する調整を施す。この行為は、閉じた世界の振舞いを決定する特性方程式を操作している。

まず、特性方程式の定義を述べる。閉ループの伝達関数 $G(s)$ が

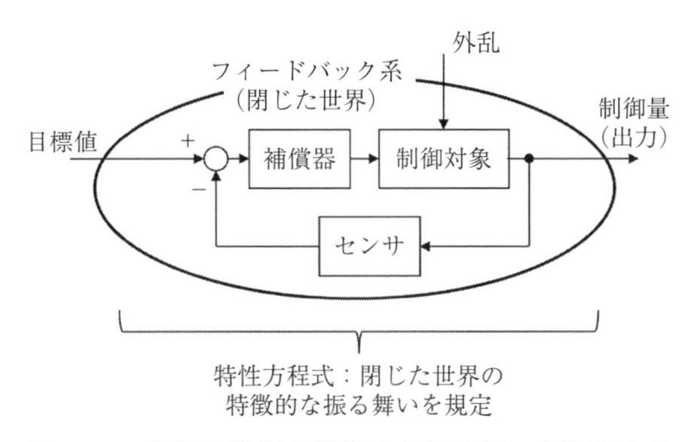

図 2.7.1　閉じた世界の特徴的な振る舞いを決定する特性方程式

$$G(s)=\frac{b_m s^m+b_{m-1}s^{m-1}+\cdots+b_1 s+b_0}{s^n+a_{n-1}s^{n-1}+\cdots+a_1 s+a_0},\quad m\leq n$$

のとき、s に関する分母多項式 $s^n+a_{n-1}s^{n-1}+\cdots+a_1 s+a_0$ を**特性多項式**と、

$$s^n+a_{n-1}s^{n-1}+\cdots+a_1 s+a_0=0$$

を**特性方程式**と呼ぶ。そして、この根を**極**（pole）と言う。

「特性」と類似の言葉として、「特徴」「特色」がある。いずれも、じつは特性方程式の意味を言い表せている。すなわち、特性方程式はダイナミカルシステムの振舞いを特徴（特色）づけている。ここで、ダイナミカルシステムの特徴（特色）とは、**図 2.7.2** に示すように、収束・発振・発散という振舞いのことを指す。収束する場合、特性多項式の全ての極の実部は負なのであり、持続振動という発振の場合の極は虚軸上に存在し、そして発散する場合、極の実部は正である。

さて、上記では $s^n+a_{n-1}s^{n-1}+\cdots+a_1 s+a_0=0$ という数式を持ち出して説明したが、計算せずとも、機械制御の研究開発の場面で特性方程式の体感は容易である。

図 2.7.3(a)は空気ばねで支えられた台座を手で押し、その後に手を離したときの様子である。目視でもオシロスコープを使ってでもよいので、台座の動きを観察する。すると、同図(a)下段の実線で示すように、揺れが生じた後にもとに位置に落ち着く。あるいは、フィードバック補償器の調整によって、破線のように一瞬のあいだ位置は動き即座に元に戻る動作にできる。紙を使って特

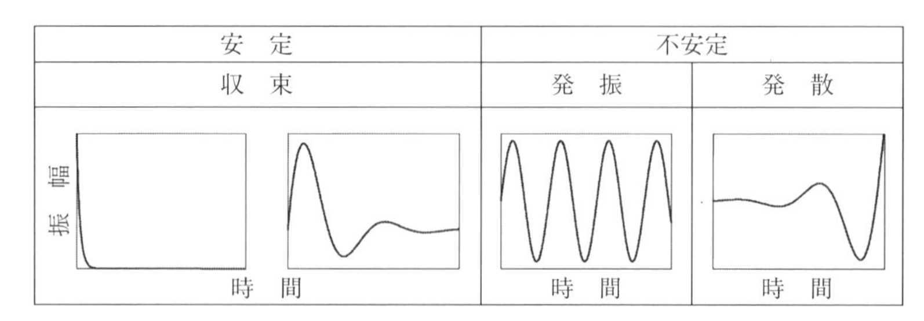

図 2.7.2　制御系の応答の振舞いとは

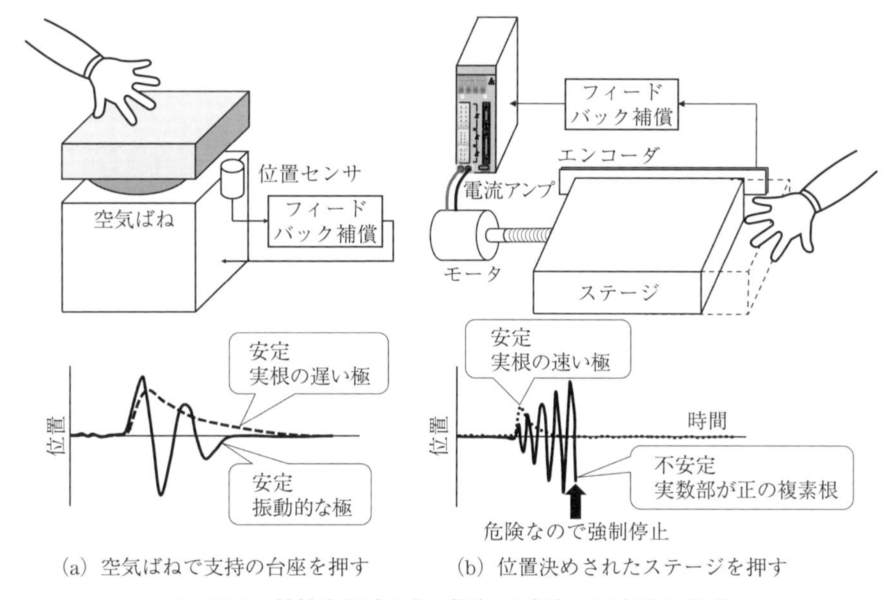

(a) 空気ばねで支持の台座を押す　　(b) 位置決めされたステージを押す

図 2.7.3　特性方程式の根（極）の安定・不安定を体感

性方程式を計算せずとも、実線の場合、特性方程式は複素根を持っており、破線の場合、負の実根である。

次に図 2.7.3(b)は位置決めステージにフィードバックをかけて、ある場所で停止させている状態を示す。**サーボロック**と言う。ここでも、手を使ってサーボロックの位置を乱すようにする。固いフィードバックの場合、目視でもわかる移動量とはならないが、それでも少しぐらいは動かせる。実線のように、左右に揺れはじめ徐々に振幅が増大するようであれば、特性方程式は不安定な複素根を持つ。発振の増大を許したままだと可動限界に達して機械衝突をおこすので、即座にフィードバックを切断せねばならない。発振を回避するため、フィードバック補償器に対して再調整した結果が破線の波形である。振動的応答を生じることなく元の位置に戻っている。複素根ではなく負の実根になったと言える。

そして、図 2.7.3(a)における手動の感覚は柔らかく、一方(b)の感触は固い。

つまり、前者は固有振動が低く、後者は高い。特性方程式 $s^n + a_{n-1}s^{n-1} + \cdots + a_1 s + a_0 = 0$ の根で言えば、図 2.7.3(a)の根（極）よりも、同図(b)の根（極）の方が左半平面の奥に存在する。

2.8 安定性とは

図 2.7.2、2.7.3 では、安定・不安定という技術用語を既に使用した。ここでは、なぜ安定と不安定が存在するのかを身近な例で考え、続いて両者を判別する、あるいは定量的に表現する方法を解説する。

まず、**図 2.8.1** を参照して、物体にハンマで打撃を与えることによって、最終到達地点まで素早く移動させることを考える。小さな打撃であると微小な動きであり、時間は要するものの確実に最終到達地点にまで物体を移動させることができる。ここで、到達時間を短縮するためには、1 回の大打撃で移動距離を長くする。物体の移動を目で監視しながらの打撃（方向）を工夫することによって、小さな打撃を使ったときに比べて、短時間で物体を最終到達地点にまで移動させることができる。人間の欲望は果てしがない。さらに短時間で移動を完了させようと思って打撃力を強める。すると、物体は、反対方向の打撃のタイミングを逸するほど素早く通り過ぎてしまい、もはや最終到達地点に物体を位置決めすることはできない。すなわち、無理なことを行うと、位置決めすらできない。このような日常的に目にする現象に対して、制御工学では「安定」「不安定」という言葉を使う。

さて、精密位置決め装置の目的は、たった二つしかない。速く、そして精度

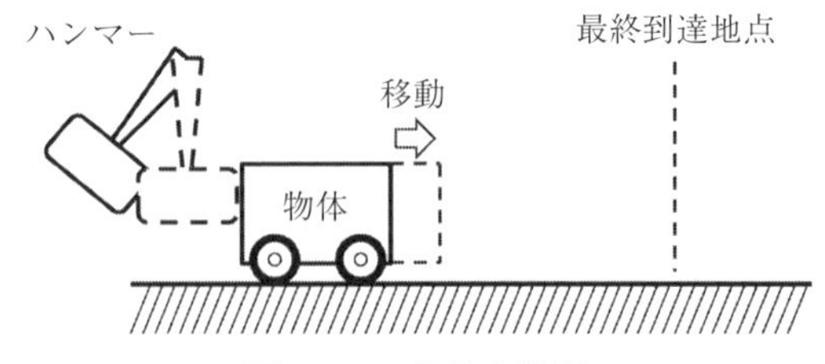

図 2.8.1　物体の移動

よく位置決めすることである。そのために、位置センサの出力を使った閉ループを構成する。このとき、精度については、使用する位置センサの分解能によって決められる。精度±10 nmの実現にもかかわらず、分解能±100 nmのものを使っていては望みの精度での位置決めはできない。しかし、速い位置決めに関しては、設計者が工夫をこらす余地がある。すなわち、図2.8.1を使って説明したように、打撃力を強く、すなわちゲインを大きくする。

つまり、閉ループ系においては人為的な操作をするのであり、それには自ずと限界がある。限界前の状態を「安定」と、限界をこえて破綻するとき「不安定」と言う。以下では、安定性を検討する際に用いられるいくつかの定理を見ていく。

2.8.1　ラウス・フルビッツの安定判別法

「**ラウス・フルビッツの安定判別法**は極めて有名だ。だから、必ず試験問題としてだす。しかしだァ、神棚に祀っておけばよい。」

じつは学部３年生向け講義での発言である。なんという暴言であろうか。極めて有名であり、安定性に関する金字塔的な内容であり、したがってあらゆるテキストに数ページを使って記載がなされている。しかし、実用性の観点に照らすとぐっと価値は下がる。だから、このように言い切っている。さて、以下に説明しよう。

閉ループ系が安定であるか、あるいは不安定であるのかは、特性方程式の根（極）によって決められる。極の実部が負ならば安定であり、正の場合には不安定である。具体例で説明した方がわかりやすい。特性方程式 $s^3+6s^2+11s+6=0$ の極は、$s=-1$、-2、-3 である。全ての極の実部が負であり安定である。この程度の多項式ならば、因数分解が $(s+1)(s+2)(s+3)$ であることを見抜けられるので、極そのものを容易に導ける。ところが、s の次数が高く、かつ各項の桁が長大な場合、計算機が未発達の時代には極を容易に求められなかった。しかし、極を求めることはできないが、特性多項式の係数には極の実部が負で安定か、そうではないかという性質がにじみでているはず、とラウスとフルビッツ氏はお互い独自に考えた。

例えば $(s+2)(s-1)=0$ の極は $s=-2$ と $+1$ であり、不安定極 $s=+1$（実部が正）の性質は $s^2+s-2=0$ の多項式における s^0 項のマイナス符号としてにじみでている。このような関係をより一般化して定理としたのがラウス・フルビッツの安定判別法である。例題を示した方が、この計算手順を理解しやすい。

特性多項式を降べき順（次数が高いものから低いものへの並び替え）に記載した $s^3+3s^2+(2+K)s+3K$ に対して、以下ではラウスの方法を適用する。本書では説明を割愛するフルビッツの方法は、これから説明するラウスの方法とは一見すると様変わりである。しかし、数学的には等価であると言われている。だから、ラウス・フルビッツと両学者の名前をつけている。さて、**図 2.8.2** に基づいて以下に解説していく。

(1)　係数は最高次数のものから並べて 1、3、$(2+K)$、$3K$ である。ここで、1 のつぎは 3 であるが、これをスキップして s^1 項の係数 $(2+K)$ を選んで、

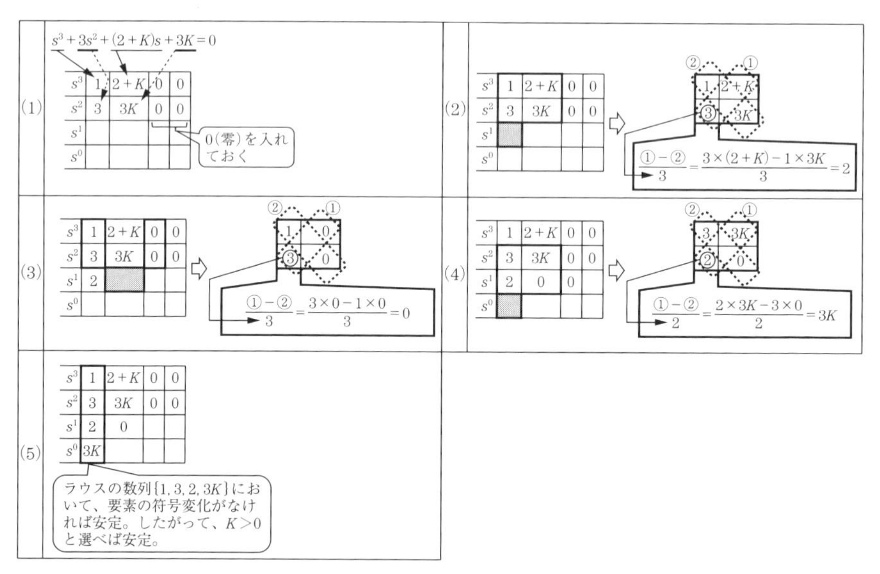

図 2.8.2　ラウスの方法の手順を図解

（1）に記載のとおり s^3 項の横に並べる。同様に、s^2 項の係数は３であり、これと次の s^1 項の係数をスキップした s^0 項の係数 $3K$ を選んで（1）に記載のとおり s^2 項の横に並べる。これで計算のための準備は完了する。

(2)　次に、ハッチング部の計算を行う。そのために使う数値は、ハッチング上部にあり、太線で囲む４個である。ハッチングの真上にある３を分母にし、分子は①、②の順番でたすき掛けの掛算を行い、(①－②)/3 の計算を行う。結果は２となる。行列式（determinant）の計算に似ているが、順番が逆になることに注意したい。行列式の場合、②－①の計算となる。

(3)　上記（2）で求めた数値２の真横のハッチング部の計算を行う。計算にあたって使用する数値は、２の上部にある太線で囲む部分の４個である。注意することは、２の真上にある数値１、３と、ハッチング部真上のものを外した右横の数値０と０になることである。ここでも、上記（2）と同様に（①－②)/3 の計算を行う。結果は０であり、ハッチングのところに記入する。

(4)　最後に、s^0 項のハッチング部の計算を行う。そのために使う数値は、上記（2）と同様に、ハッチング上部にある太線で囲む４個である。ハッチングの真上にある２を分母にし、分子は①、②の順番でたすき掛けの掛算を行い、(①－②)/2 の計算を行う。結果は $3K$ である。

(5)　上記（4）までの手順で計算は完了である。残る作業は安定判別となる。太線で囲む部分 $\{1, 3, 2, 3K\}$ を**ラウスの数列**と言う。ここを眺めて判定を下す。ラウスの数列のすべての要素の符号変化がなければ安定である。順番に見ていくと、プラス１、プラス３、プラス２であり、$K>0$ と選んだとき $3K$ はプラスとなるので安定である。一方、$K<0$ と選んだときには、符号の変化が生じて不安定と判定する。

まるでパズルのような計算である。計算手順の理由がわからないと納得しないし、かつ覚えることさえできない人種が研究開発者である。ところが、図2.8.2の手順を踏まえて導いたラウスの数列を見て、なぜ安定性のチェックができるのかについての説明は一切ない。じつは、いかなる教科書を参照しても記載はない。理由は「非常に難しい数学を駆使している」からと言う（元東京工業大学教授・元東京電機大学学長の古田勝久先生談）。

実務家、すなわち制御性能をよくせねばならない立場の技術者にとって、安定かそれとも不安定か、という二者択一の結果しか得られないことは何の役にも立たない。開発の場面で「不安定です」という報告だけで事は解決しない。上司に「不安定です」と報告してみよう。必ず不機嫌になる。開発者には、どうにかすることが求められている。ラウス・フルビッツの安定判別法では、文字通り安定判別するのであるが、どのような手段を用いたとき安定にできるのかを教えてくれる代物ではない。なによりも、計算機の発達した昨今、ラウス・フルビッツの安定判別法を活用する場面は極めつきに少なくなっている。皆無と言ってよい。

しかし、応用に関しての否定だけではラウス・フルビッツ氏に申しわけが立たない。擁護もしておかねばならない。図 2.8.2 に挙げた特性多項式 $s^3+3s^2+(2+K)s+3K$ の場合、安定とするための K に対する制約条件を導ける。$K>0$ と選んだとき、安定性を確保できる。この場合、つまらない条件であるが、扱っている閉ループ系によっては、例えば「○○$<K<$××」といった安定性を保つ範囲を見つけだせることがあり、設計者に有益な情報を提供する。ただし、s の次数が高い特性多項式の場合、それは産業機器などの制御系に相当するが、きれいな式の構造で、すなわち取扱い容易な安定範囲が求められることはない。

2.8.2　ナイキストの安定判別の意味

図 2.8.3 の実線（太線）は**ナイキスト軌跡**（開ループ特性をベクトル線図上に表示）を示す。言い換えれば、ループを開いた状態の周波数伝達関数の実部 Re と虚部 Im を、それぞれ横軸と縦軸にした図面である。低周波から高周波へと周波数が変化させており、この方向を意味させるため実線の軌跡上には矢印をつけている。この方向に人が歩いているとき、安定性における鬼門としての座標（−1, 0）を見ながら、左手をあげてバイバイしながら通過できれば安

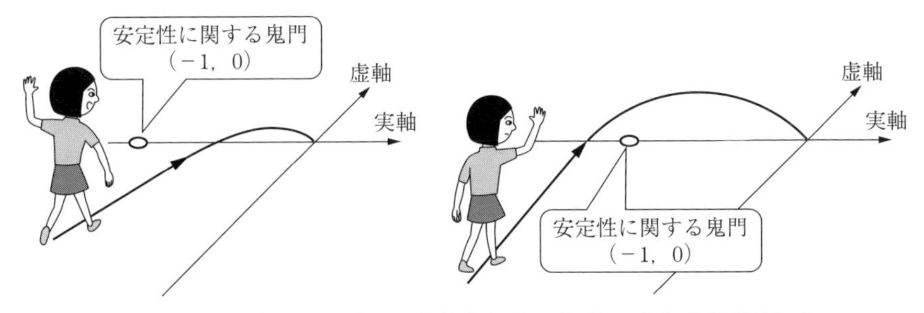

図 2.8.3　左手でバイバイは安定となり、右手でバイバイは不安定

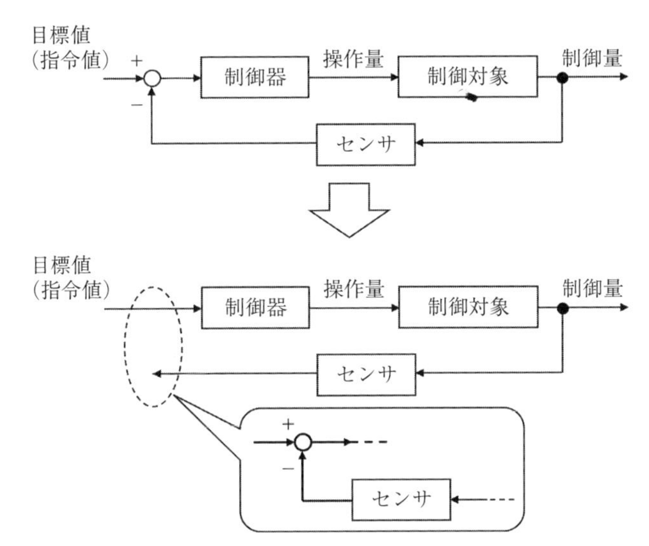

図 2.8.4　閉じた状態での安定性を開いた状態で観るナイキストの安定判別

定な閉ループ系となる。一方、図 2.8.3 右側のように、座標（−1, 0）を右手でバイバイしながら通過する場合、閉ループ系は不安定となる。

上述のように、ループが閉じている**図 2.8.4** 上段の安定・不安定性を、ループが開いている同図下段の状態で判別する方法がナイキストの安定判別法である。フィードバック系はループが閉じており、この安定性判別のために、わざわざループを切って開いた状態の特性を調べる。なんと煩雑なことをすると思われるだろう。このポイントは、図 2.8.4 下段の破線の楕円で囲む部分にある。この図面上で目標値の箇所に「1」という大きさの信号を入力してセンサ出力が 1 以上であるとき、吹き出し内に示すように○印の箇所で加算を行う。そうすると、ループを巡回する信号が増大することになる。一方、センサ出力が 1 以下ならば、この状態で吹き出しに示すようにループを閉じたとき、巡回する信号は徐々に小さくなる。だから、図 2.8.3 では鬼門と称した座標（−1, 0）よりも内側で軌跡が通過するとき安定と言える。しかし、そうするとセンサ出力が 1 以下と言っておきながら座標（−1, 0）の実部の負符号はどのように解釈するのか、という疑問がわく。これは位相の情報を含めるからである。

図 2.8.5 左側を参照して、まず、位相進み・遅れの方向を確認する。太線で示す実軸の正のラインが位相零であり、時計回りのとき位相は遅れ、反時計回りのとき位相進みである。したがって、上記で鬼門と呼んだ座標（−1, 0）の位相は −180 deg に相当している。そして、図 2.8.5 右側の●印のところは、位相が 180 deg 遅れているうえで、大きさが 1 以下であり、この状態でループが閉じられたとき、1 以下の信号が巡回していていくので収束する。反対に、位相が 180 deg 遅れており、座標（−1, 0）よりも左側に●印がある場合、フィードバックの加算点の箇所でマイナス符号を設定しているので、「マイナス×マイナス＝プラス」となる。つまり正帰還となって発振する。

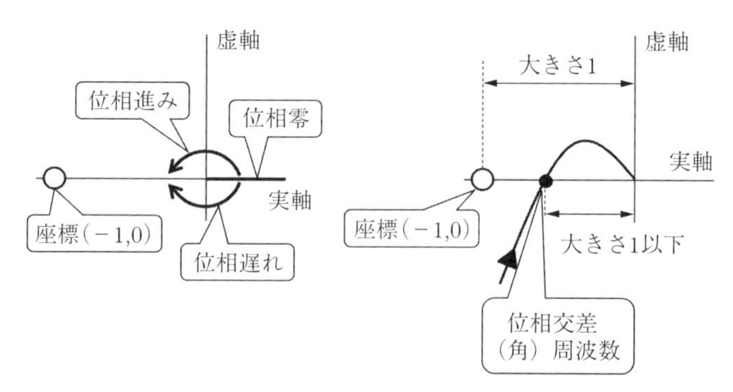

図 2.8.5　位相の読み方

2.8.3　ゲイン余裕・位相余裕の意味

生産装置の場合、1時間あたりに処理できる数量が問題となる。これをスループットと言う。当然のことながら、動作の速い機械が優秀である。しかし、人間の欲望は留まることを知らない。さらに動作を速くしたいと願う。そのため、多くの場合、ゲインを強める。しかし、自ずと限界はあり、無理な調整を行うと機械の動きは破綻する。そうすると、破綻することなく、あとどのくらいきつい調整ができるのかを知りたくなる。このような指標を**ゲイン余裕**（*GM*）・**位相余裕**（*PM*）と称する。

【ボード線図上の *GM* と *PM*】

図2.8.6 左側のボード線図を参照して、ゲイン余裕（*GM*）・位相余裕（*PM*）定義を述べる。まず、この周波数特性はループを開いたときのものであることに注意したい。次に、注目することは、ゲイン曲線が0 dBを横切る**ゲイン交差周波数** f_c［Hz］と、位相－180 degを横切る**位相交差周波数** f_π［Hz］である。ここまでで、*GM* と *PM* を読みとる準備が完了する。

GM［dB］は位相交差周波数 f_π のところを参照する。具体的に、f_π におけるゲイン曲線上の値をみる。この値がまだ0 dBに到達していなければ安定であ

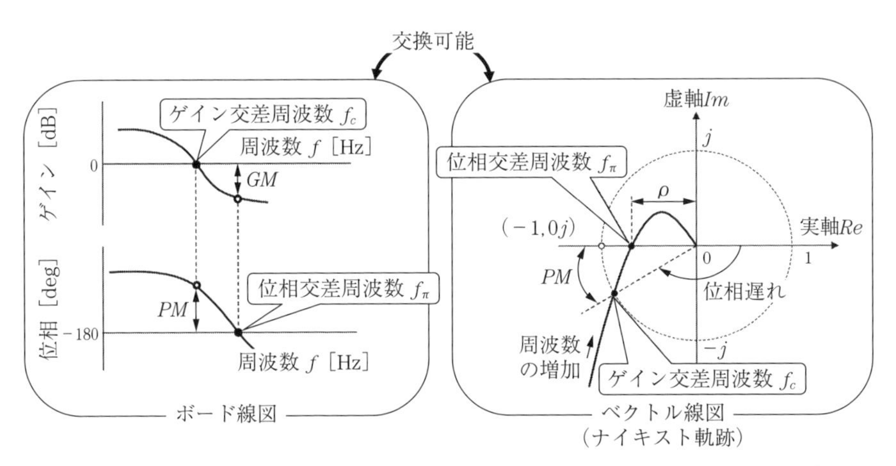

図2.8.6　ゲイン余裕 *GM*・位相余裕 *PM* の定義とナイキスト軌跡との関連

る。反対に、0 dB 以上であれば不安定となる。安定なとき、0 dB に達するまでの dB 値を *GM* と言う。注意点は、f_πにおける ゲイン曲線上の値を直接読みとるとマイナス符号がつくが、この読み値をそのまま *GM* としてはならないことである。0 dB に到達するまでの量を *GM* と言うので、安定のとき *GM* は常に正である。

PM［deg］はゲイン交差周波数f_cのところを参照する。具体的に、f_cにおける位相曲線上の値をみる。この値が－180 deg に到達していないとき安定である。そして、－180 deg に到達するまでの位相量［deg］を *PM* と言う。ここでも負符号の取り扱いに注意せねばならない。f_cにおける位相曲線上の値を読みとると負符号がつく。この読み値そのものを *PM* としてはならない。かつ、－180 deg に到達するまでの位相量を「余裕」として定義しているので、安定なとき *GM* と同様に *PM* も常に正である。

【ベクトル線図上の *GM* と *PM*】

図 2.8.6 右側はベクトル線図である。ボード線図の見方を変えた表示がベクトル線図である。そのため、ボード線図上で定義された *GM* と *PM* は、閉ループ特性をベクトル線図上に表示したナイキスト軌跡でも対応している。

まず、ゲイン交差周波数f_cは、ボード線図上ではゲイン曲線が 0 dB を横切るところの周波数であり、したがってナイキスト軌跡上では単位円、すなわち半径 1 の破線の円と交差する●印のところである。この交差したところで位相の遅れ状態を見て *PM* と定義している。図 2.8.6 のナイキスト軌跡の場合、まだ－180 deg には達していない。そのため、－180 deg に到達するまでの位相量が *PM* となる。そして、位相交差周波数f_πは、ボード線図では位相曲線が－180 deg を横切るところである。ナイキスト線図上では、軌跡が負の実軸と交差する●印のところとなる。この交差点で *GM* を読みとることになる。ただし、座標を直接読みとるとρ（<1）であり、これを *GM* の定義である dB 値に変換せねばならない。注意することは $20\log_{10}\rho$の計算は負になり、軌跡上の値を直接読みとったことに相当する。*GM* は 0 dB に到達するまでの dB 値であるため、$GM = 0 - 20\log_{10}\rho = 20\log_{10}(1/\rho)$ となる。

【*GM* と *PM* の推奨値について】

例えば、$GM=5$ dB、$PM=30$ deg という数値が得られたとしよう。これよりも大きければより余裕はあるが性能は劣る。一方、小さければ文字通り余裕はないので、駆動の条件が変化したとき破綻する危険は高くなる。しかし、例えば位置決め装置の場合、位置決め時間は短いことになる。

さて、制御工学のテキストに記載はあるものの、実務の場面では使わない、あるいは使えない手法は多々ある。しかし、*GM*、*PM* という尺度に関しては、製品開発の場面で多用されている。そのため、テキストには推奨値が以下のように記載されている。

○プロセス制御系の場合：$GM=3\sim10$ dB、$PM=20$ deg 以上

○サーボ制御系の場合：$GM=10\sim20$ dB、$PM=40\sim60$ deg

テキスト記載の数値であると、律義者はこれを守らなくてはならないと考える。しかし、守る必要はないと言い切る。性能を追求するのであれば、*GM* と *PM* は小さい値とせざるを得ないからだ。先の実例のように、環境が変わったとき *GM* と *PM* が負の値となり、したがって発振もあると予め覚悟しておき、これに対処できるのであれば、教科書記載の数値を金科玉条のように死守する必要はない。

その昔、産業機器の開発に従事していた。*GM* と *PM* に関する出荷基準を通過した製品がユーザーのところに納入されていった。ところが、ユーザー先の立ち上げ時点では順調に動いていたが、しばらく時間が経過して装置が発振するというクレームが寄せられた。出荷時点では、*GM* と *PM* ともに正の値だった。しかし、それはギリギリの小さい値であった。装置の設置環境の影響で、*GM* と *PM* のどちらかが負に転じて不安定化したのである。即座に担当者がユーザー先に出張し再調整を行って事なきを得た。一件落着である。

産業機器の場合、この設置台数は少ない。そのため、*GM* と *PM* の値に起因するトラブルは、この発生ごとに再調整を行えばよい。ところが、不特定多数の人達が購入するコンシューマ製品の場合、*GM* と *PM* の値は十分に余裕をもった正に大きな値に設定せざるを得ない。大量に出回る製品を回収して、

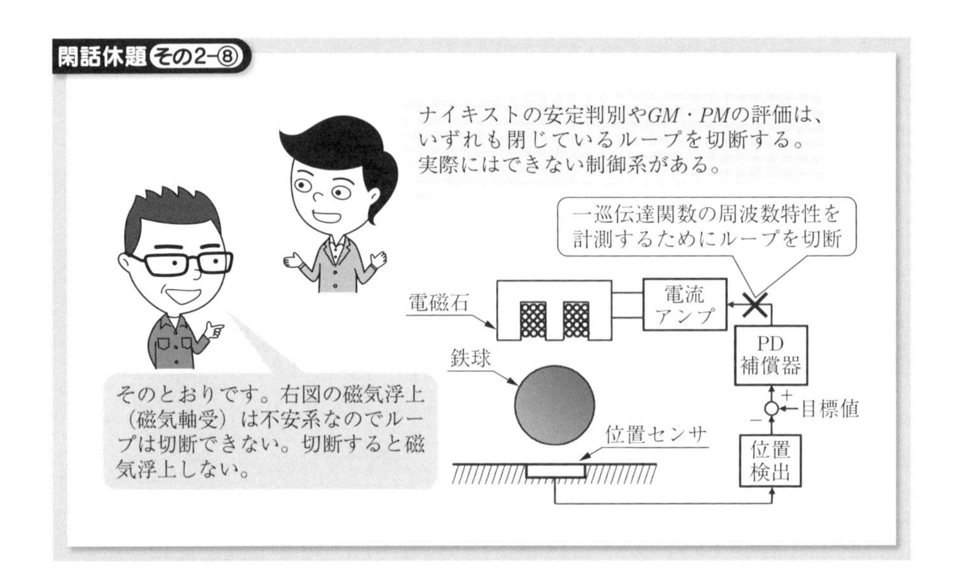

再調整などはできたものではないからだ。

2.9 根軌跡とは

パラメータ調整によって特性方程式の根（極）が移動する。だから時間応答の様相が変化する。このことを図2.7.3では感覚的に捉えた。これを図示する方法がある。**根軌跡**（root locus）と言う。「パラメータ調整をしたときの特性方程式の根（極）の動き」を図示したものである。

図2.9.1に示す磁気軸受の制御系を例として、根軌跡の描き方とこの図面の読み方を解説していく。

まず、特性方程式は、1+[一巡伝達関数]=0であり、次のようになる。

$$1+\underbrace{K_s\cdot\frac{K_m}{(1/\beta)s^2-1}\cdot\frac{K_i}{1+T_0s}\cdot\frac{1+T_1s}{1+T_2s}\cdot K_p\frac{1+\tau_1s}{1+\tau_2s}}_{\text{ループを切断したときの一巡伝達関数}}=0$$

さらに、ゲインを集約して下式となり、分子項で破線の四角で囲む部分を0としたときの根が開ループの零点（○印）、分母項で破線の四角で囲む部分を

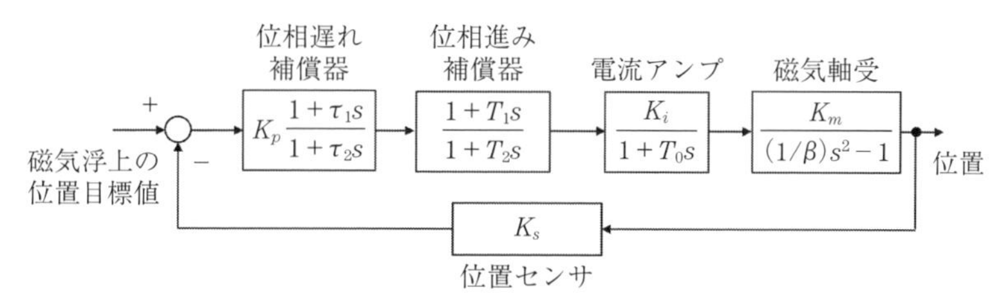

図 2.9.1　磁気軸受の制御系

0としたとき根が開ループの極（×印）である。

$$1+\underbrace{K_s K_p K_i K_m}_{\text{ループゲイン } K_{loop}} \cdot \frac{1}{(1/\beta)s^2-1} \cdot \frac{1}{1+T_0 s} \cdot \frac{1+T_1 s}{1+T_2 s} \cdot \frac{1+\tau_1 s}{1+\tau_2 s} = 0$$

開ループの零点

開ループの極

上式をさらに書き直すと、

$$\underbrace{\{(1/\beta)s^2-1\}(1+T_0 s)(1+T_2 s)(1+\tau_2 s)}_{\text{開ループの極}} + K_{loop}\underbrace{(1+T_2 s)(1+\tau_2 s)}_{\text{開ループの零点}} = 0$$

となり、これが多項式表現での特性方程式である。5次の特性方程式であり、当然のことながら根（極）は5個存在する。この表現をとったとき、軌跡の出発点と最終到達点がわかる。まず、出発点は $K_{loop}=0$ であり、上式に代入すると、

$$\underbrace{\{(1/\beta)s^2-1\}(1+T_0 s)(1+T_2 s)(1+\tau_2 s)}_{\text{開ループの極}} + 0 = 0$$

となり、根軌跡の出発点は開ループ伝達関数の5個の極となる。一方、根軌跡の最終到達点は $K_{loop}=\infty$ のときであるから、

$$\underbrace{\frac{1}{K_{loop}}\cdot\{(1/\beta)s^2-1\}(1+T_0s)(1+T_2s)(1+\tau_2s)}_{K_{loop}\to\infty\text{のとき零}}+\underbrace{(1+T_1s)(1+\tau_1s)}_{\text{根の最終到達点は開ループ伝達関数の零点}}=0$$

となり、開ループ伝達関数の零点 $-1/T_1$ と $-1/\tau_1$ となる。5個の根があると言いながら、2個の零点に到達するのであり、残りの3個はどこに行くのか？という疑問は当然である。無限遠にある零点に収束すると考える。

ここまでが準備であり、出発点である開ループの極を×印で、最終到達点である開ループの零点を○印で**図 2.9.2**(a)のように s 平面上に記入する。

次に、K_{loop} を0から徐々に増大させたときの5次の特性方程式の根を求めて s 平面（虚軸と実軸）に描く。描かれる軌跡上の極が、図 2.9.2(b)の注釈のように虚軸を境にして左側に5個すべて存在するとき安定である。虚軸より右側にたった1個でも入り込むときには不安定となる。さらに、特性方程式の根は実根と複素共役根の集合である。5次の特性方程式に限定して言うならば、(i) 5個すべてが実根、(ii) 1個の実根に2対の複素共役根、(iii) 3個の実根に1対の複素共役根、という場合しか存在しない。なにを言いたいのか？！ $-1\pm2j$ という複素共役根の一対で2個の根と計数するのであり、$-1+2j$ が1個で $-1-3j$ が2個目という共役でない根は絶対に出てこない。だから、描かれる根軌跡は、図 2.9.2(b)に記載の注釈のように実軸に対して対称となる。

最終的に、ループゲイン K_{loop} の変化に関する根軌跡は**図 2.9.3**(a)となる。描画の方法は二つある。一つ目は、制御系の解析・設計ソフト Matlab®のコマンド rlocus の使用である。二つ目は、K_{loop} の値を特性方程式に代入したときの根を求めてこれを s 平面上に打点していく方法である。後者の方法で求めた図 2.9.3(a)の軌跡上の矢印は、K_{loop} の増大方向を意味する。まず、左側の×印（$-1/T_2$）から左奥方向進む軌跡は、非常に速い極であり、過渡現象では即座に収束するという意味において無視してよい。過度現象を支配する極は、原点近傍に描かれる円形の軌跡上の極と、$R_e=-300$ あたりから分岐する軌跡上の極となる。原点近傍の極の振舞いは、$R_e=+35$ あたりから分岐して s 平面左側に入って安定化される極であり、一方、$R_e=-300$ あたりから分岐する軌跡

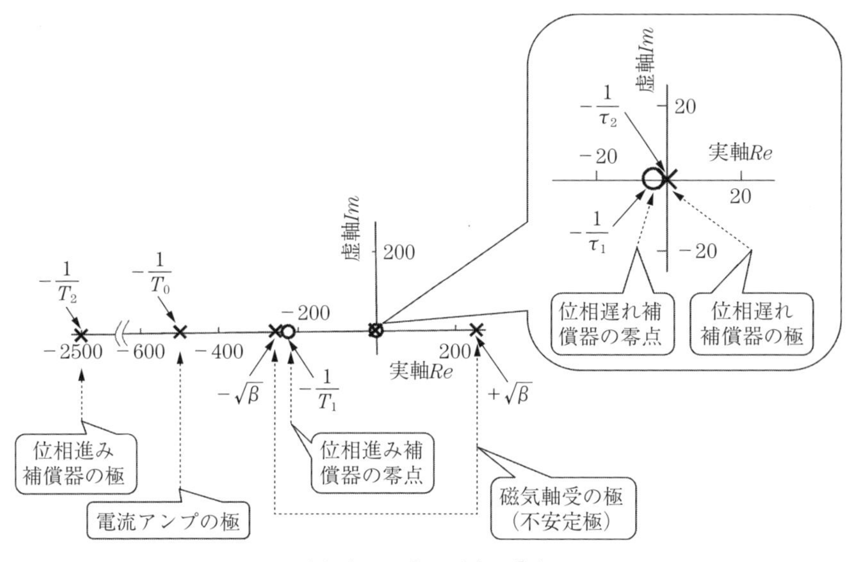

(a) 極は×印、零点は○印

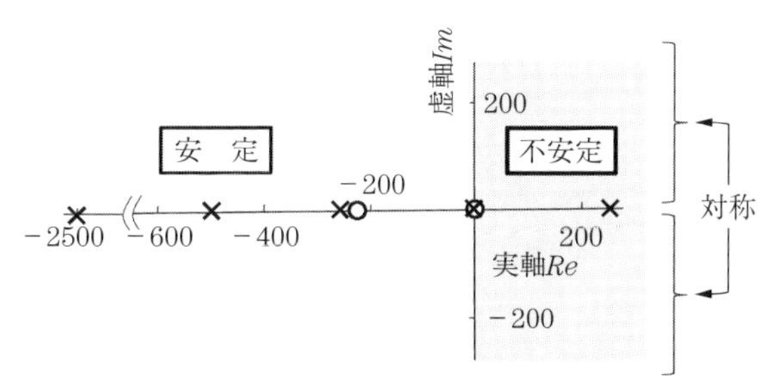

(b) 安定・不安定の領域と実軸に関する対称性

図 2.9.2　根軌跡の見方

は、K_{loop} の増加によって虚軸を横切って s 平面の右側に入り込み不安定となる。したがって、原点近傍の軌跡の極が s 平面左側に入り、かつ $R_e = -300$ の分岐点から進行する軌跡が虚軸を横切る K_{loop} よりも小さい値で磁気軸受を使っていく。

適切な K_{loop} を設定したとき、動作点としての極配置の一例は図 2.9.3(b)である。1個の負の実根および安定な複素共役根が2種類であり、合計5個の極

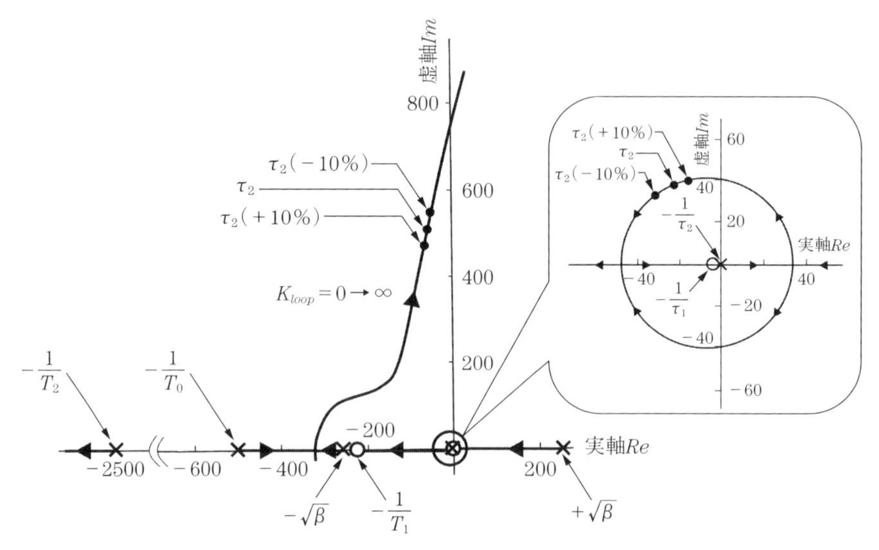

(a) ループゲイン$K_{loop}(=K_sK_pK_iK_m)$の変化$(0\to\infty)$に対する根軌跡

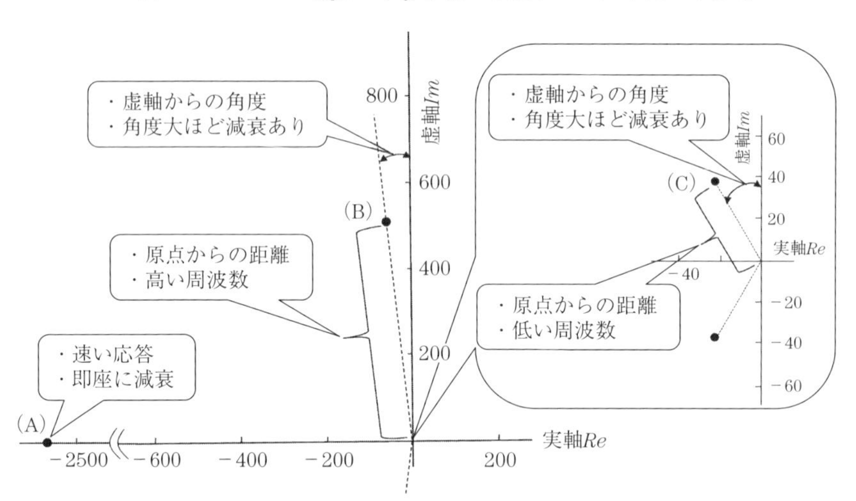

(b) 動作点の極配置と物理的な意味

図 2.9.3　磁気軸受制御系の根軌跡

を持つ。このような極の配置から、時間応答の様相を頭に描けることが大事なことである。図中に記載した（A)～(C）の動作点ごとに解説すると以下のとおりである。

(A)　負実軸上の極で左奥に配置されている。この値を－2600と読みとったとき、時間応答は$\exp(-2600t)$となる。したがって、(B）と（C）の応答に比べて極めて速く収束する。これは実測の時間応答波形では視認できない。したがって、この存在を無視しても構わない。

(B)　原点から動作点（●印）までの距離、および虚軸を基準にした動作点までの角度の両者に注目する。前者は振動的応答の周波数を、後者は振動に対する減衰性を表す。動作点が虚軸に接近すると減衰が悪くなる。

(C)　上記（B）と同様に、原点から動作点（●印）までの距離が振動波形の周波数を決めている。(B）の応答に比べて周期の長い振動である。そして、虚軸に対する角度が（B）に比べて大きいところに動作点が配置されている。したがって、(B）に比べて減衰性は良いと言える。

総合の時間応答は上記（A)～(C）の線形和となる。したがって、高い周波数と低い周波数が混合した応答波形になる。

さて、図2.9.3(a)はループゲインK_{loop}を変化させたときの根軌跡である。他のT_1、T_2などの変化に対する根軌跡も同様の手順で描くことができ、安定化を図るためのパラメータ設定の指針を提供してくれる。その際、軌跡形状は図2.9.3(a)とは異なる。ところが、再び図2.9.3(a)を参照すると、これがK_{loop}の変化に対する根軌跡にも拘らず、軌跡上の●印は位相遅れ補償器の分母の時定数τ_2を中心値から±10％変化させたときの動作点であることも意味している。これは図2.9.1の位相遅れ補償器の分母の時定数τ_2は言い換えると擬似積分補償器の積分時定数τ_2であり、$1/\tau_2$としての変化がループゲインK_{loop}の変化と等価なためである。簡単に理解するために、擬似積分器に代えて完全積分器がループ中に存在するとしよう。積分時定数τ_2の完全積分器は$1/(\tau_2 s)$と記載

され、これを書き直すと $(1/\tau_2)/s$ である。これが閉ループに挿入されているので、ループゲイン $K_{loop} \propto 1/\tau_2$ となる。

2.10 時間応答と周波数応答の分かちがたい関係

筆者が開発者であったとき、自分専用のオシロスコープを所有していた。それは岩崎通信機(株)のツインビームオシロであった。じつに重く、かつ実験机を占領する面積が大きかった。私が選んで購入したのではなく、新卒で配属される職場の上司が予め用意していたのである。開発していた制御装置は全てアナログ回路であり、これによって動かされる機械は磁気軸受を使ったターボ分子ポンプであった。ロータが磁力によって非接触で位置決めされたことを、位置センサの出力信号をオシロで観測した。そうして、モータに電源を投入して、ロータを高速回転させていくときの振舞いも、やはりオシロを使った**リサジュ波形**で観測していた。主には、オシロスコープを使用して開発業務に従事していたが、ニキシ-管（文字情報を表示する冷陰極放電管）で計測値が表示され、片対数方眼紙をXYプロッタに載せ、これに計測値を打点する周波数応答分析装置（通称、サーボアナライザ）も重宝に使用していた。この経験に基

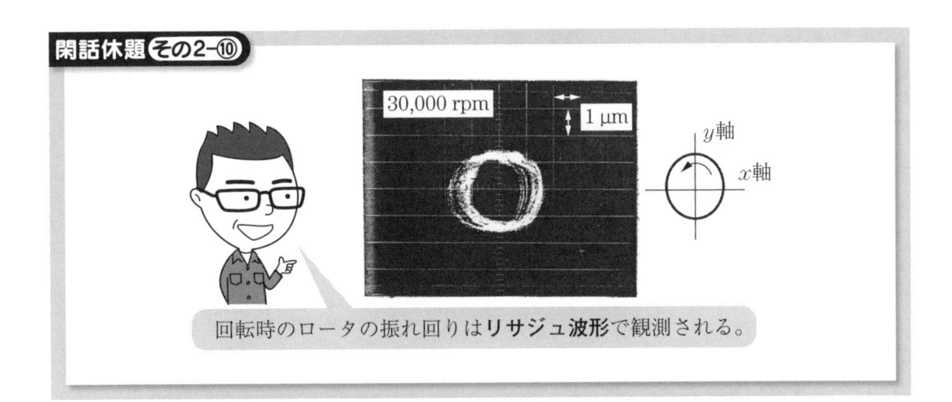

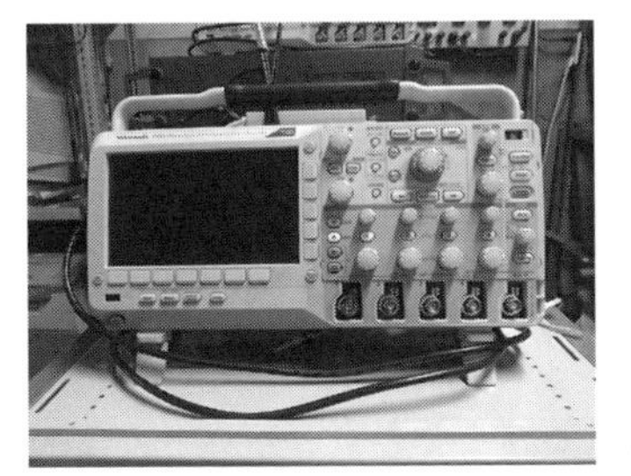

（a）時間領域の計測器
（オシロスコープ）

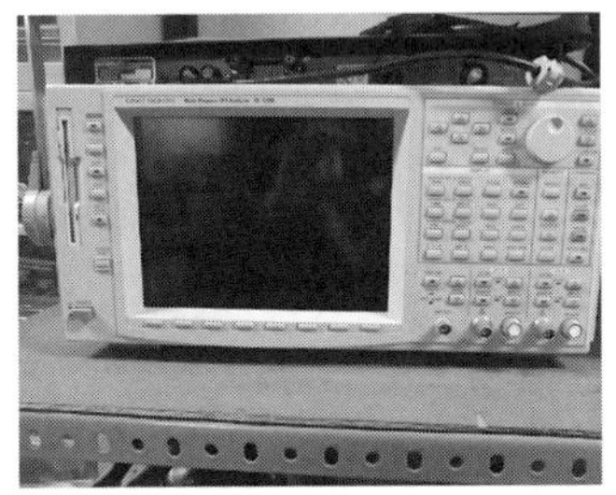

（b）周波数領域の計測器
（サーボアナライザ）

図 2.10.1　時間領域の計測器オシロスコープと周波数領域の計測器サーボアナライザ

づいて、所属する大学の研究室にも両者の計測器を備えている。

図 2.10.1（a）（b）は研究室で保有するオシロスコープとサーボアナライザである。前者のオシロは時間領域の現象をリアルタイムに計測できる電気系技術者にとって必須の計測機器である。ところが時代は変わった。現在の開発現場では、オシロスコープは共用になっており、普段は計測器を収納する棚に収まっている。必要なときにだけ、棚から取り出して使われている。それに代わって、開発者の実験机に常に据え置かれている計測器は周波数領域のものとなっている。

ここで、実世界の現象は時間応答である。それにもかかわらず、周波数領域の特性表示の一つであるボード線図では、横軸が周波数［Hz］で、縦軸がゲイン［dB］と位相［deg］である。なぜ、このような図面を取り扱うのであろうか。煩雑で不便な道具立てを人間が好むわけがない。最終的には時間応答の世界をコントロールしたいのであるが、この領域の物理現象を理解し、かつ思うとおりに制御するには、時間領域の世界に対する見方を変えた周波数領域からの現象観察の方が便利かつ容易だからにほかならない。

図 2.10.2 で、設計者は横軸が周波数［Hz］のゲイン曲線を注視している。このとき、計測せずとも、彼の脳裏には時間応答が一対一の関係で結ばれている。つまり、仏教用語を使えば、時間応答と周波数応答は「不即不離」の関係だ。それと、オシロを使った時間波形の観測では見過ごされる、あるいは気づかない振舞いは、周波数領域の計測器を使って容易に見つけだせる。

ただし、非線形なモノの周波数応答ついては注意を要する。**図 2.10.3** はステージの周波数応答の実測結果である。ステージを駆動する電流アンプに、入力電圧 0.025 と 0.075 V を入れたときの特性は様変わりである。非線形摩擦に起因しており、このような場合、非線形な現象があるという事実を除外して、周波数応答から意味のある確定的な数値を捉えることはできない。

ここで、周波数応答と言ったとき、図 2.10.3 に示したそれは、横軸が周波数［Hz］、縦軸はゲイン［dB］と位相［deg］であった。これを開発した人物名

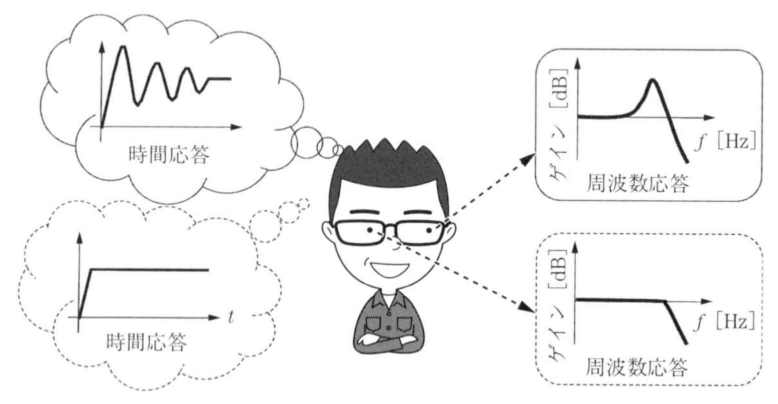

図 2.10.2　周波数応答を注視する設計者の頭のなかの映像

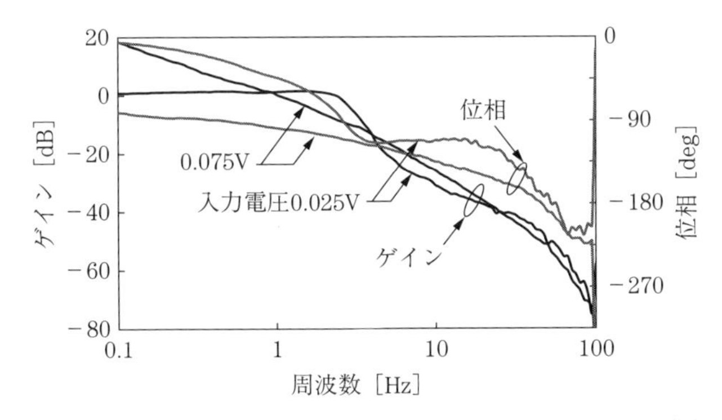

図 2.10.3　入力信号の大きさによって周波数応答の形が変化

をつけて**ボード線図**とも呼ぶ。ほとんどの場合、**図 2.10.4** 上側のボード線図が用いられるが、別の表示方法もある。同図右側下段は、縦軸が虚部 Im で横軸が実部 Re となっており、（角）周波数を明示していない図面であり、これを**ベクトル線図**と呼ぶ。同図左側は、横軸が（角）周波数で、縦軸が実部 Re と虚部 Im であり、**コ・クアド線図**と呼ぶ。一見すると互いに別種の図面と思われるかもしれないが、表示の仕方を、すなわち見方を変えているだけであ

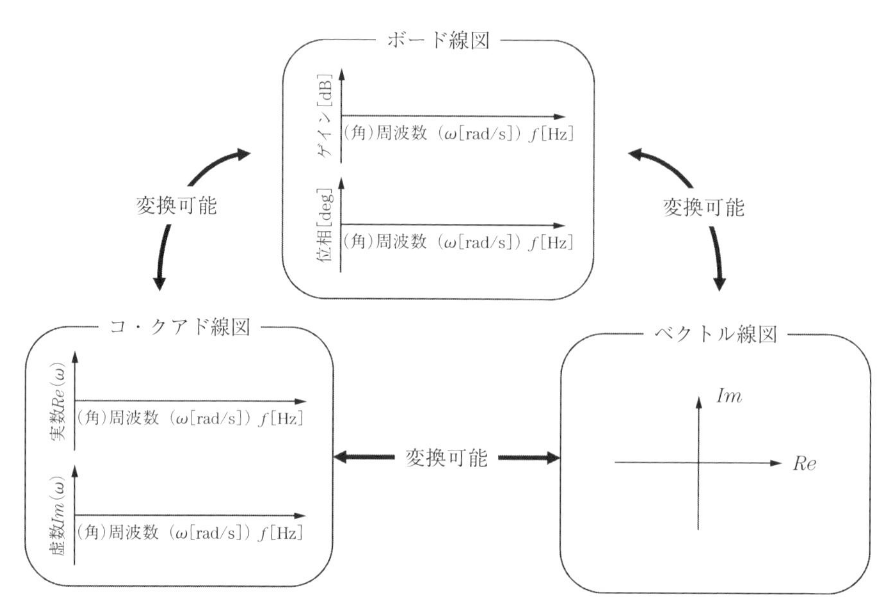

図 2.10.4　3 種類の周波数応答は相互に変換可能

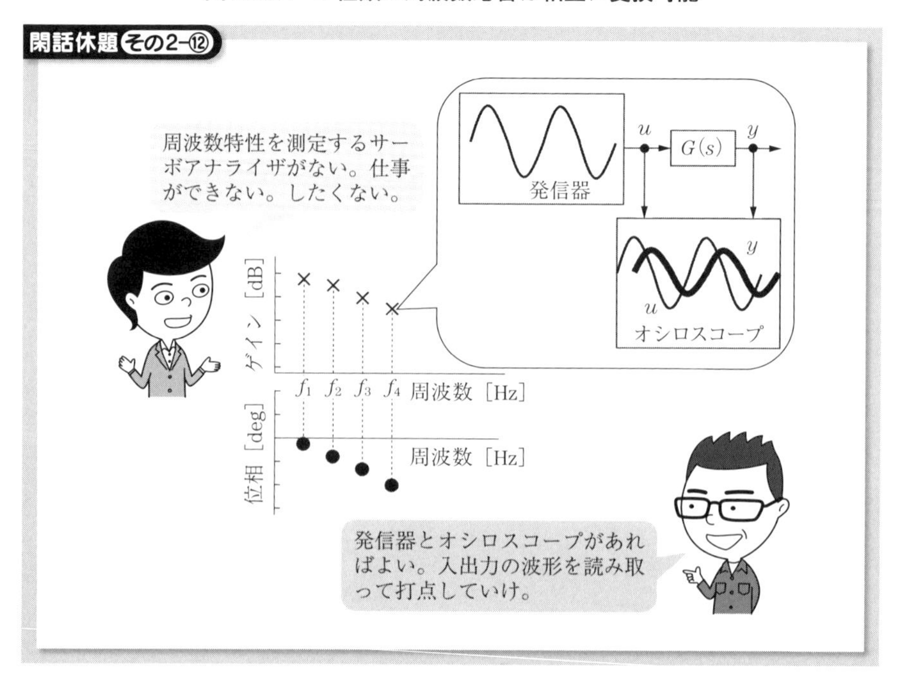

る。だから、ボード線図を実測したとき、これから容易にベクトル線図あるいはコ・クアド線図へ変換できる。

2.11 周波数応答の整形

整形（shaping）と言ったとき、「美容整形（cosmetic surgery）」のことを連想する。じつは、制御系の場合も考え方は美容整形と同様である。

図 2.11.1(a)左側の男性には、頬にたるみがある。アスリートである彼の場合、記録短縮を願っており、運動したときの頬の揺れが妨げになった。そこで、同図(a)右側のように頬をシャープにする整形を行って、記録の短縮という結果をもたらした。機械制御でも同様に、周波数応答をシミュレーションあるいは実測したとき、この形状を眺めてよりよい特性を実現するために「形を変える」ことを周波数応答の整形と言う。具体的に、図 2.11.1(b)左側の場合、ゲインにピークが存在する。この特性のままであると時間波形は振動的になる。そこで、同図右側ではゲインのピークをつぶすという周波数整形を行っている。

以下では、周波数応答の整形のより具体的な実例を見ていくことにする。

2.11.1　速度制御系の周波数応答の整形

図 2.11.2 は、後述 2.16.1 項の図 2.16.2 で記載する電流・速度・位置の3重ループを有する位置制御系において、この内側に組み込まれる速度制御ループの実測の周波数応答である。整形前の特性は作り付け、すなわちユーザーに開放さ

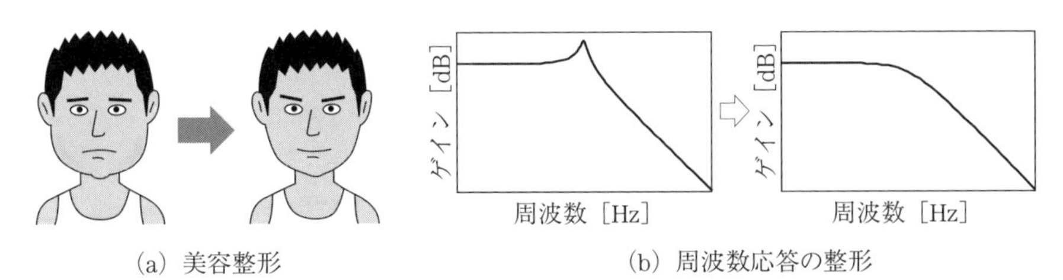

(a) 美容整形　　(b) 周波数応答の整形

図 2.11.1　美容整形と周波数応答の整形の考え方は同じ

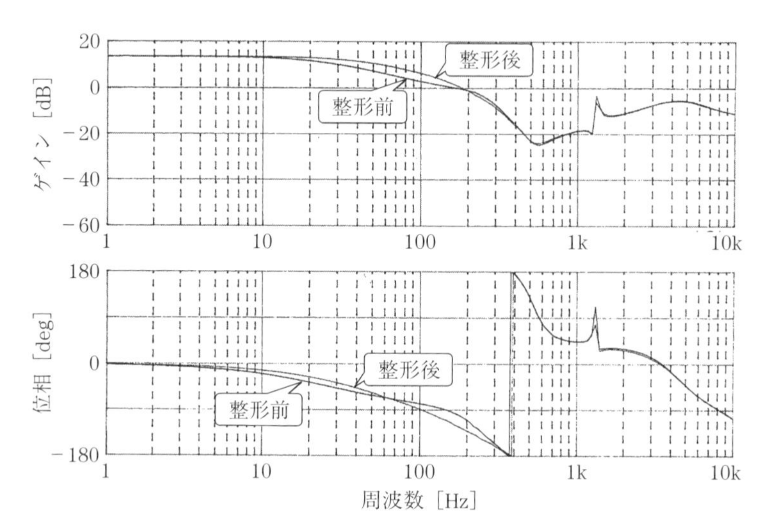

図 2.11.2　速度制御系の周波数応答の形を矯正する整形

れているパラメータ調整を施したときの応答である。さらに位置決め性能を向上させるために、具体的には振動的な位置決め波形にならないように、ユーザーには非開放の箇所のパラメータ調整を施して、周波数応答の形をより平坦化する「整形」を行っている。

2.11.2　ゲイン余裕 *GM*、位相余裕 *PM* を確保するために周波数応答の整形

2.8.3 項で、すでにゲイン余裕 *GM*、位相余裕 *PM* のお話をした。両者の数値がともに正のとき、安全に制御系を動作させられる。一方、*GM* と *PM* のどちらかでも負のときには、安定な動作は行えない。以下では、*PM* を余裕をもって正とするための整形について説明する。

図 2.11.3 で引き出し線が「PIS 補償器」の曲線を参照しよう。ゲイン曲線が 0 dB とクロスする黒丸印●のゲイン交差周波数のときの位相曲線を見る。位相は −180 deg にはまだ到達してはいないが、あと 2.2 deg の位相遅れが生じると安定限界に達する。つまり、*PM* は負ではないものの小さな正の値であ

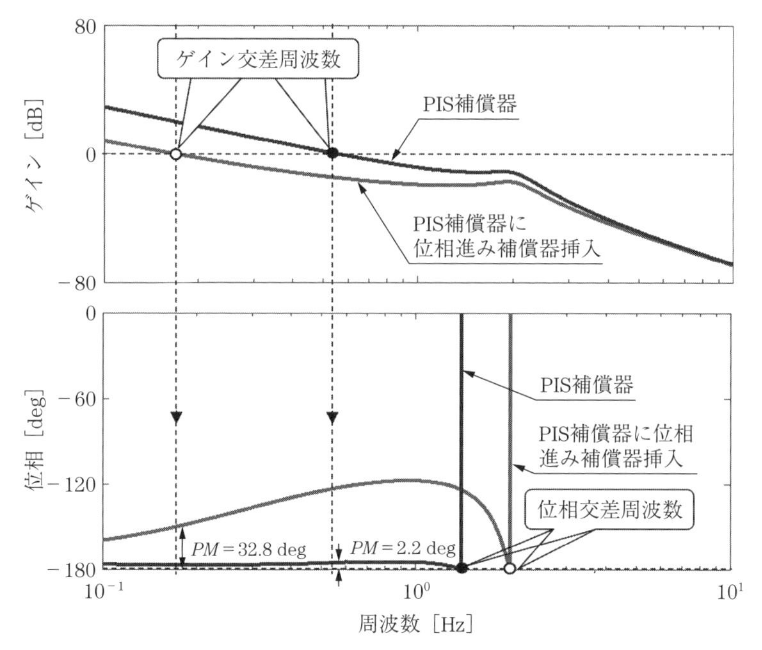

図 2.11.3　位相余裕 *PM* を大きくするため位相進み補償器を新規に挿入

閑話休題 その2-⑬

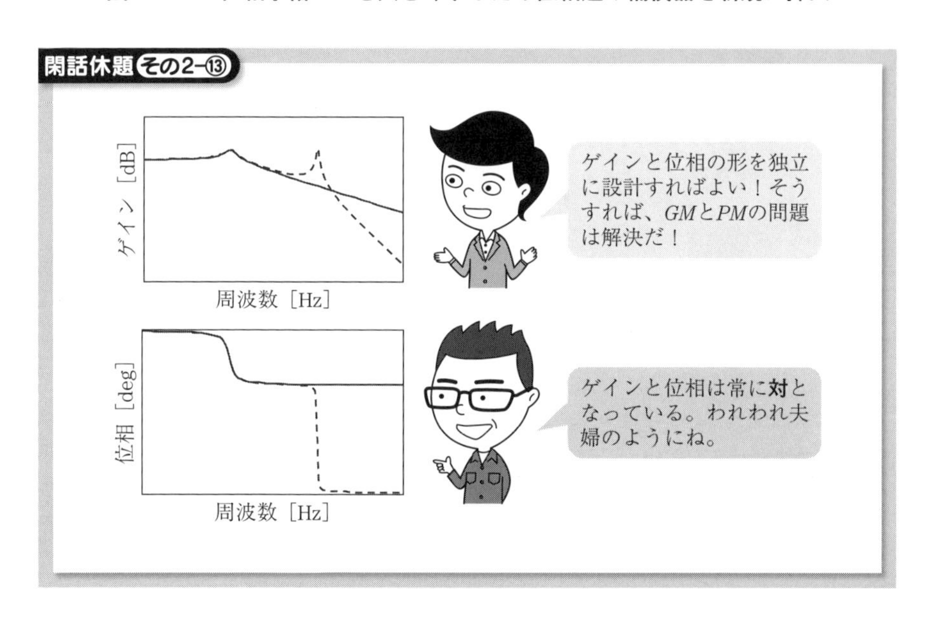

開ループの周波数応答を実測したい。リニアスライダは安定な制御対象なので、ループを切断できる。

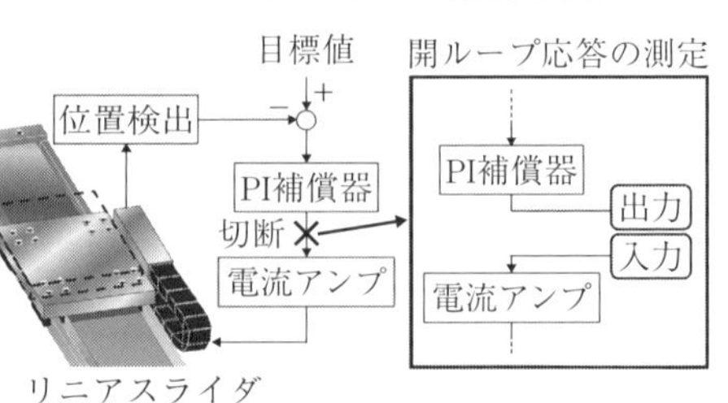

図面のとおりでよい。しかし、入力に正弦波をいれて、周波数を掃引していくとステージは徐々にドリフトして偏っていく。注意したい。

閑話休題 その2-⑮

ループを開くとステージが同じ場所に留まってくれない。一巡伝達関数の周波数応答は計測できない。

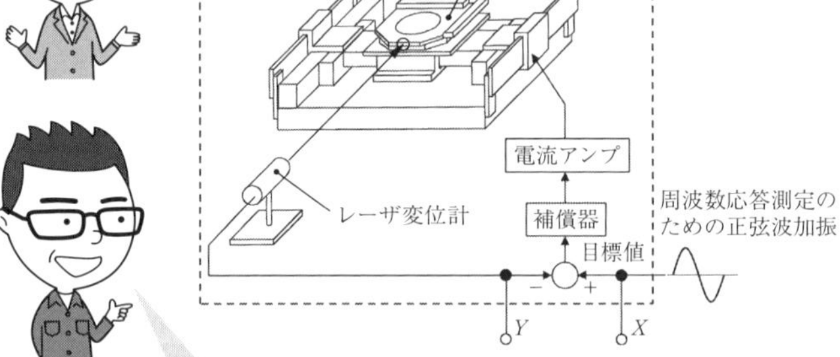

閉ループの周波数応答$T=Y/X$を計測する。次に、サーボアナライザの演算機能を使って$T/(1-T)$を求める。これが一巡伝達関数の周波数応答になる。

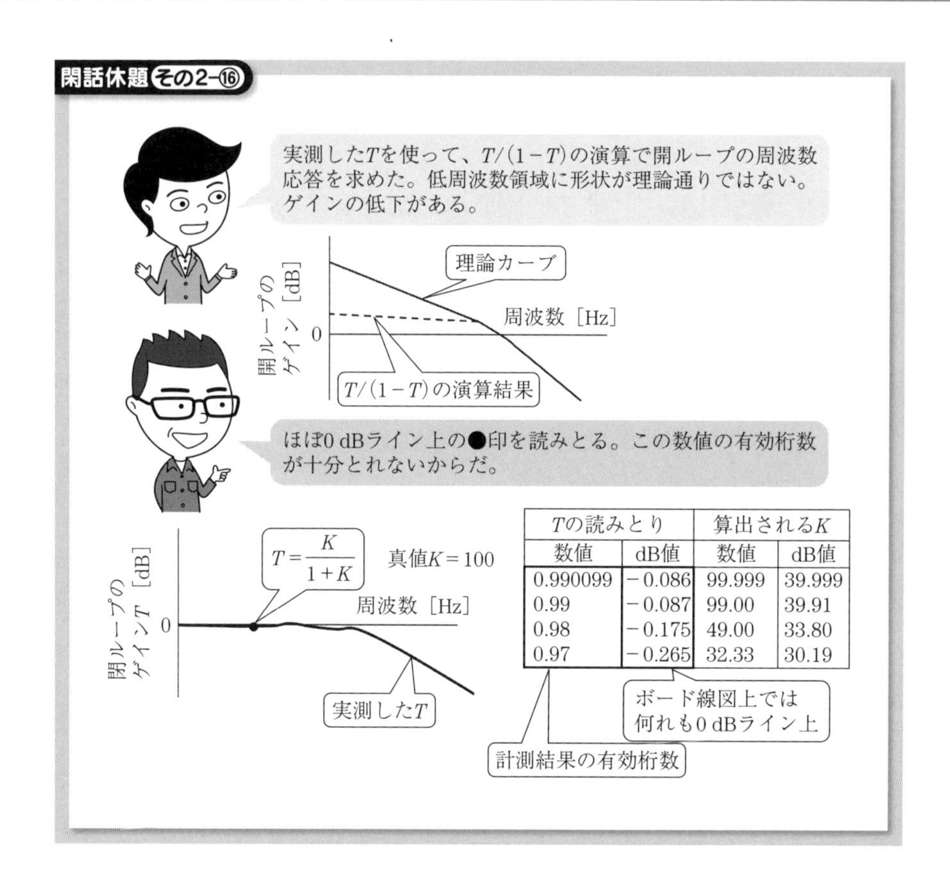

Tの読みとり		算出されるK	
数値	dB値	数値	dB値
0.990099	−0.086	99.999	39.999
0.99	−0.087	99.00	39.91
0.98	−0.175	49.00	33.80
0.97	−0.265	32.33	30.19

り、実質的には不安定な動作をする。そこで、PMをより大きな値にするために、図 2.11.3 に示すように周波数応答の形を変更する。同図では、PIS 補償器とともに位相進み補償器を新規につけ加えることによって周波数応答の整形を行った。具体的には、白丸印○で示すゲイン交差周波数での位相曲線を見ると、−180 deg に到達するにはまだ 32.8 deg の余裕を生み出せている。したがって、位相補償器を挿入しないときの $PM=2.2$ deg に比べて大きな正の値になったので、安定性を増すことができる。

なお、図 2.11.3 下段の位相曲線を参照して、黒丸印●と白丸印○の両者は、位相曲線が−180 deg とクロスする位相交差周波数である。この周波数におけるゲイン曲線を見たとき、まだ0 dBには到達していない余裕の状態、つまり*GM*はともに正である。

2.11.3　機械共振に対する低感度のための周波数応答の整形

図 2.11.4 上段の吹き出し内に、頭部に「できもの」がある男性の漫画を示す。顔面を動かさずに佇んでいるぶんには、できものはうずかない。しかし、頭を傾げる動作をしたとき、この刺激によってできものがズキズキする。動く機器に存在する機械共振の場合にも刺激が入ることによってブルブルとふるえ、例えば位置決めの時間短縮にとって障害となる。どうすればよいのか？
機械共振を刺激する信号の入力をなくせばよい。具体的には、**図 2.11.5** の太枠で示す**ノッチフィルタ**と言う補償器を挿入する。これは、吹き出し内に示すように機械共振の周波数とほぼ同じ周波数でゲインの急激な落ち込みがある、すなわちノッチ（谷）を持つフィルタである。

具体例を示そう。**図 2.11.6** の吹き出し内はガルバノミラーである。モータの回転軸に取りつけたミラーを高速・高精度に回転させて、ミラーに照射されたレーザ光をスキャンするための機器である。例えば、缶製品の印字に使われる。

印字品質を損なうものとして機械振動がある。具体的に、モータ・シャフト

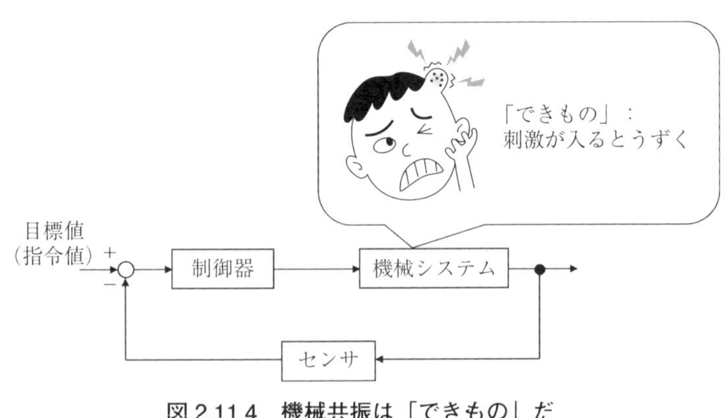

図 2.11.4　機械共振は「できもの」だ

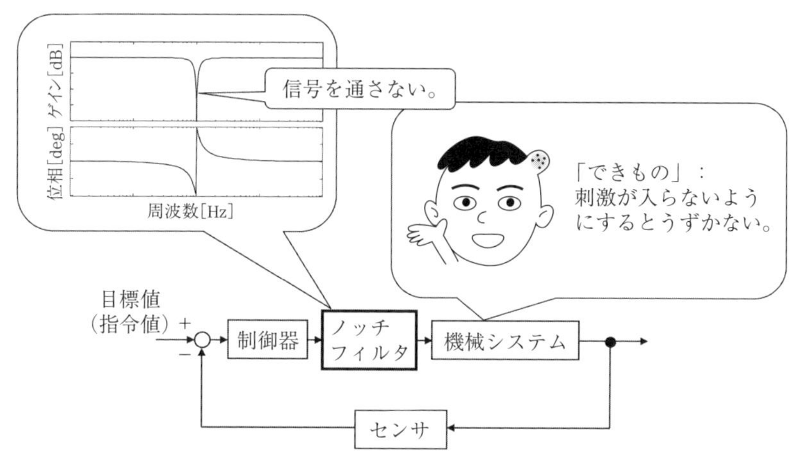

図 2.11.5　機械共振の影響を除くためのノッチフィルタの挿入

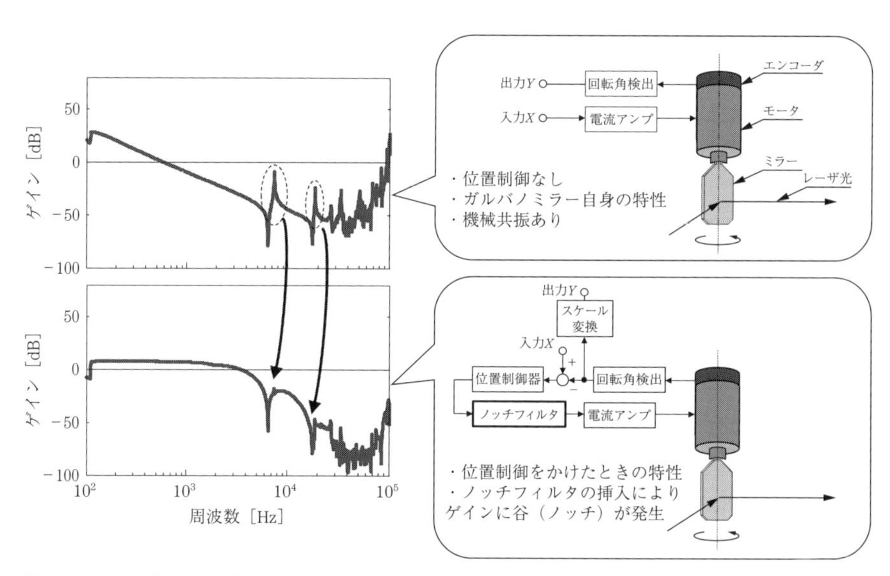

図 2.11.6　ガルバノミラーの機械共振とノッチフィルタを挿入したときの閉ループ特性

それ自身の捩じれ振動、ミラーをシャフトと結合するカップリング部分の剛性に起因する振動、そしてミラーの弾性振動が存在し、図 2.11.6 上段左側のようなガルバノミラーそのものの周波数特性 Y/X となっている。これを低周波から高周波へゲイン曲線をみていったとき、まずゲインの落ち込みの次に急峻なゲインの増加がある。図中で楕円の破線で囲む部分は機械共振である。位置の制御をかけるためにループを閉じたとき、機械共振のピークが強烈に悪影響を及ぼす。なぜなのか？　破線で囲む機械共振前の曲線は一定の傾き（−40 dB/dec：周波数が 10 倍高くなるとゲインは −40 dB 低下）である。閉ループにすると、この傾きが矯正されて平坦化する。つまり、−40 dB/dec の傾きの曲線を、平坦化するまで反時計回りに回転させることを考えたとき、低周波数領域では平坦なゲイン特性であるが、高周波数領域では共振のピークがとげのように突き出たものとなる。

そこで、図 2.11.6 下段右側の吹き出し内に示すように、位置制御器と直列にノッチフィルタを挿入している。このときの閉ループの周波数特性 Y/X が図 2.11.6 下段左側である。破線の楕円から引いた矢印と対応した箇所にゲインの急峻な落ち込みがあり、これはノッチフィルタの効果を示している。

2.11.4　PID 調整による周波数応答の整形

ほとんどの場合、制御系のなかの補償器として PID が使われる。だから、位置決めステージに対する位置制御系も**図 2.11.7** のように構成されることがある。そうして、仕様として定めた位置決め時間および位置決め精度を満たすまで、三つのパラメータ F_x、F_v、F_i を徐々に調整していく。オシロスコープを用いて位置決め波形を観察すると同時に、位置精度を計算する PC が表示する数値を見つめながらである。

この調整作業時に、パラメータ変更ごとに周波数応答を一々計測することはない。そうではあるが、調整の一過程を周波数応答で計測した例を**図 2.11.8** に示す。同図(a)は実測結果を、(b)はシミュレーション結果を示す。いずれも、$F_i=50$、$F_v=200$ と固定したうえで、F_x を 100、200、そして 250 と順番に

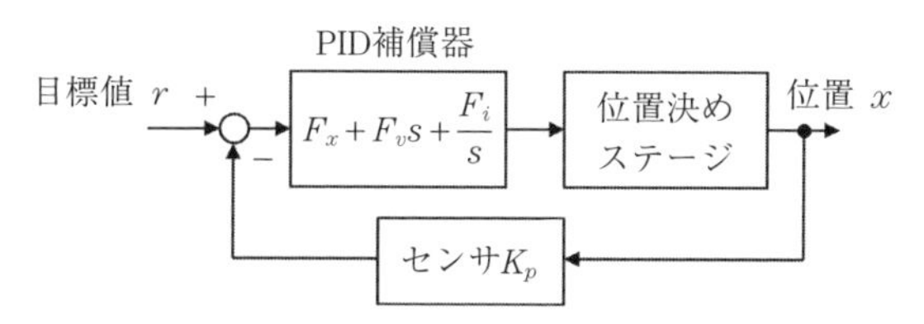

図 2.11.7　位置決めステージに対する PID 補償器の調整

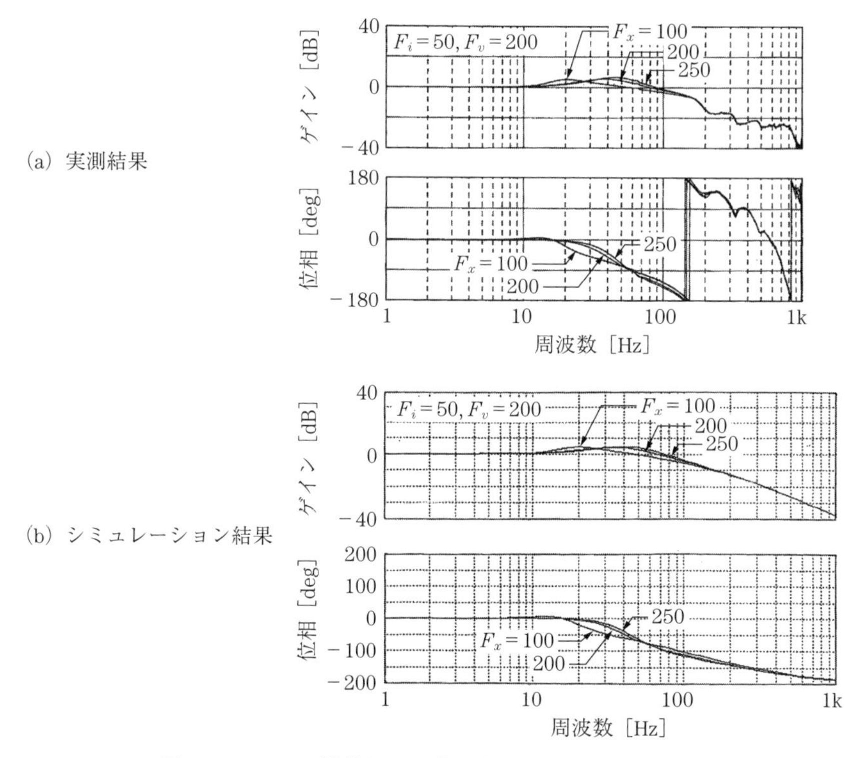

図 2.11.8　PID 補償器の調整過程における周波数応答

大きくしたときである。両者はほぼ一致している。そして、結論を言ってしまうと、いずれの場合も周波数応答の形が悪い。整形が不良であり、だから調整未了の状態である。

具体的に、F_xの増加によって、ゲインが盛り上がる周波数は高域へ移動している。したがって、位置決めは順次に速く、位置決め時間の短縮が図れている。これはP補償のゲイン F_x の調整によって実現される機能そのものである。しかし、0 dBから上にゲインの盛り上がりがあるため、位置決め波形にはオーバシュートが生じる。位置決め制御系にあって仕様を満たすためのパラメータ調整とは、閉ループ周波数応答のゲイン平坦な領域を広い周波数範囲にわたって確保する整形にほかならない。

2.11.5　メカニカル機構の整形

メカニカル機構が構造的に弱いとき機械的な補強がなされる。あるいは共振的な場合、粘性要素を追加することによって減衰性を高める補修を行う。多くの場合、機械の補強、設計変更という言い方をする。しかし、周波数応答の観点でみると機械の周波数特性の「整形」と言える。

図 2.11.9 は、プラットホームとなる構造体に位置決め機器が搭載されている様子を示す。生産性を上げるために位置決め機器の加減速駆動を次第に強めていったとき、図に示した箇所で機械振動が発生し、これが位置決め機器の位置決め波形に悪影響を及ぼした。構造体を再設計のうえ製造する手間はかけられないので、図 2.11.9 の構造体のままで補強を行った。**図 2.11.10** は補強前後

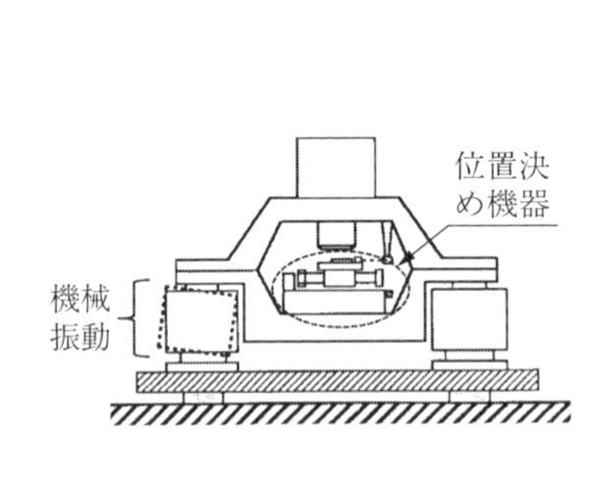

図 2.11.9　構造体に搭載された位置決め機器

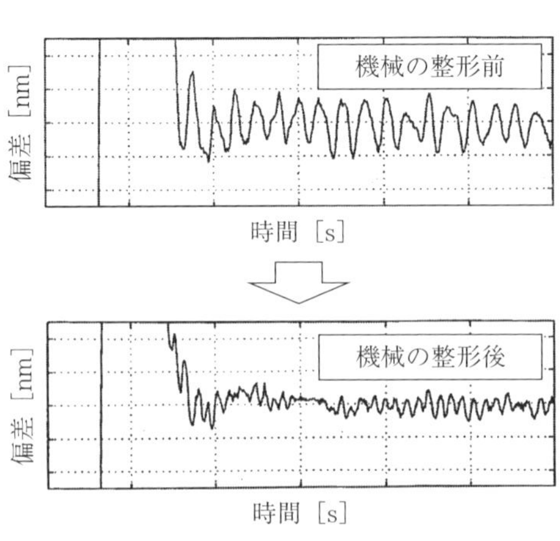

図 2.11.10　構造体補強前後の位置決め波形

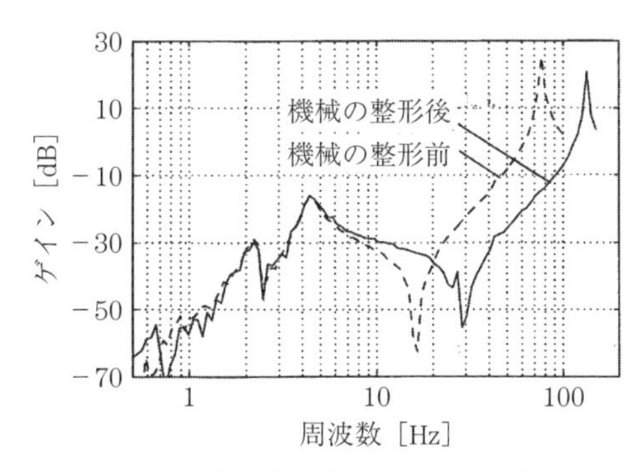

図 2.11.11　構造体の機械インピーダンスの周波数特性

の位置決め波形である。整定中の波形に重畳している振動振幅の減少、および振動周波数が高くなっている。すなわち、位置決め波形に対する改善がなされている。

位置決め波形に対する改善に効果を、構造体に加えた力に対する加速度の周波数特性で示すと**図 2.11.11** である。破線の特性で示される 80 Hz 弱のピークは、構造体の補強によって 120 Hz という高い周波数に移動している。したがって、機械に対する補強とは機械インピーダンスの整形にほかならないと言える。

2.12 たがいにトレードオフの関係にある感度関数と相補感度関数

2.11.4 項で既述のパラメータ調整の目的は、速くかつ精度よく位置決めすることである。この目的が達成されるとひとまず安心だ。しかし、完全に安心してはならない。なぜなのだろうか。まず、アナロジカルな話しを披露し、続いて閉じたループに備わる固有の性質について言及する。

さて、分け隔てなく 1 日 24 時間という時間が人には与えられている。この時間は個人の価値観に基づいて配分される。ある人は英語会話のスキルアップに多くの時間を割りあてる。別の人は、趣味に多くの時間を配分するといったように。そうすると、何かを捨てることになって人間には偏りが生じる。全ての分野にわたって優れた能力を持つ人間は存在しない。

じつは制御系もまったく同様である。何かを良くしようとすると、別の何かが悪くなる。これを**トレードオフ**と言う。この説明のときに登場する技術用語が、**感度関数**と**相補感度関数**である。この技術用語を使った議論の場面では、性能の両立性に関することである。

なぜ、トレードオフが発生するのであろうか？「高速なDSPを使っているので、制御系ではなんでもできるはずだ」といったなんとも無茶な意見が横行したことがある。この発言は、開発の場面で筆者が実際に聞いた。この発言をした上席管理者の気持ちもわからないことはない。「お金をかけた装置なので、簡単に諦めることなく仕様に入るまで制御系に工夫をこらして欲しい」ということなのであろう。そうではなく、もし「高速なDSPを使えば何でも実現できる」と確信しているのならば、懇々と諭してあげねばならない。

図2.12.1はフィードバック制御系の一般的な構造である。ここで、目標値は指令として与えるものであり既知である。制御された結果としての制御量はセンサを使って検出できる。つまり、2個の情報を持つ。しかし、偏差の箇所では、目標値からセンサの出力を引き算する操作をしており、ここで情報が2個から1個に減じられる。この偏差信号を制御器に導いて生成される操作量を使って制御対象を駆動しているのであり、圧縮された情報1個だけで、目標値から制御量までの応答を所望のものとし、同時に外乱から制御量までの応答を

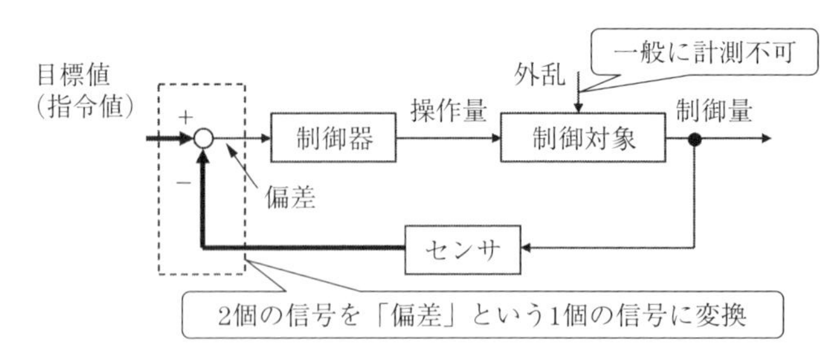

図2.12.1　トレードオフがある理由はフィードバック構造に起因

抑圧しようと望んでも、無理なことと言わざるを得ない。だからトレードオフが生じる。

2.13 自由度とは―トレードオフの解消のため―

開発の職場で「**2自由度制御系**を採用する」と上司に報告したことがある。制御を専門としない上司は「2自由度とは、力学における自由度のこととはたぶん違うことだよね」と言われた。かように、制御を生業（なりわい）とする人間にとってあたり前の技術用語は、専門家以外の人たちにはわかりづらい。

まず、力学系における運動の自由度に関して、**図 2.13.1** を参照して説明する。同図のように右手系の xyz 軸を定めたとき、x 軸方向、y 軸方向、z 軸方向の3個の並進運動に加えて、x 軸回りの回転 θ_x、y 軸回りの回転 θ_y、そして z 軸回りの回転 θ_z という3個の回転運動をあわせて計6個の運動を定義できる。これを運動の自由度と呼ぶ。だから、回転 θ_z を制御によって拘束せずに、残る5個の運動自由度を制御で拘束するとき「5軸制御」と呼ぶ（後述の3.4節参照）。

それに対して「2自由度制御系」と言ったときの自由度の意味は図2.13.1に示した力学系のそれとは異なる。目標値応答と外乱応答の二つに対して2自由度の言葉をあてている。

具体的に、**図 2.13.2** を使って説明する。同図(a)は、目標値 r から制御量 y までの特性を良好にする目的を持つ制御系である。そのために補償器 $C(s)$ を

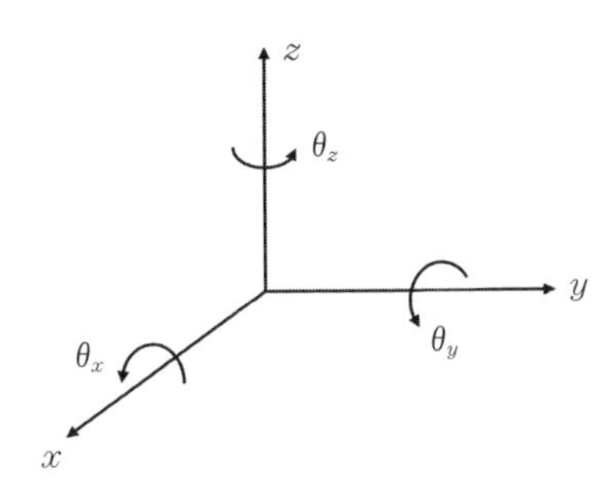

図 2.13.1　運動に関する6自由度

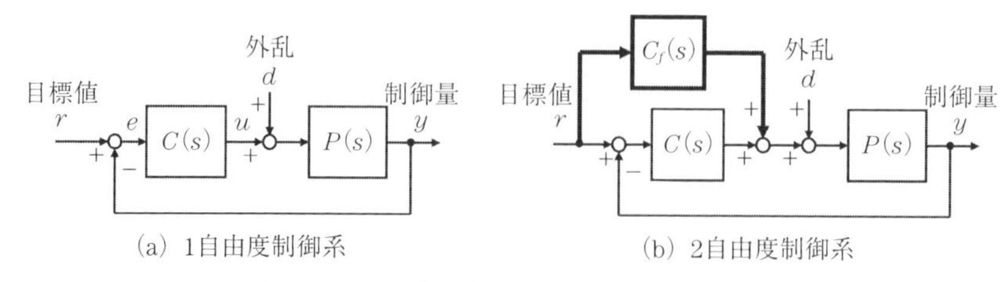

図 2.13.2　制御系における自由度の意味

調整して望みの特性にすることができたとしよう。このとき、不可避的に入り込む外乱 d から制御量 y までの特性は唯一に決まり、d が y に及ぼす影響を小さくしたくとももはや調整不可能である。それに対して図 2.13.2(b) の場合には、太線で示すフィードフォワード補償器 $C_f(s)$ を新たに追加する。制御系の構造そのものを変えるのである。この場合、目標値 r から制御量 y までの目標値応答と、外乱 d から制御量 y までの外乱応答の二つを独立に設計することができる。これを 2 自由度制御系と呼ぶ。

2.14　参照モデルあるいは公称モデルとは

2.4 節では、モデル化の説明を行った。このとき登場した「モデル」と類似の言葉として、既に図 2.1.1 の説明の際に**参照モデル**（reference model）および**公称モデル**（nominal value）という技術用語を用いた。専門家以外の方は、この用語単独からイメージできるものが曖昧であるため違和感を持つ。

まず、参照モデルについて説明する。「参照」とは「参考に見る」の意味があるため、参照モデルとは「参考に見るモデル」ということになる。しかし、このような直訳では、**図 2.14.1** の参照モデルの意味とはかけ離れている。参照モデル $M(s)$ を配置した同図(a)の 2 自由度制御系の場合、目標値 r から出力 x までの応答を、参照モデル $M(s)$ 単独のそれと一致するように制御される。つまり、参照モデル $M(s)$ とは、設計者が望ましいと考える応答が得られる伝達関数である。同様に、図 2.14.1(b) のモデル追従制御系の場合も、目標値 r から出力 y_p までの応答は、望ましい応答として指定した太枠の参照モデルと

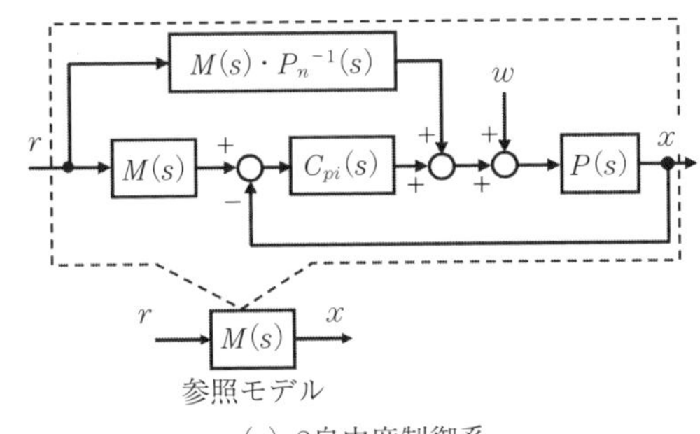

(a) 2自由度制御系

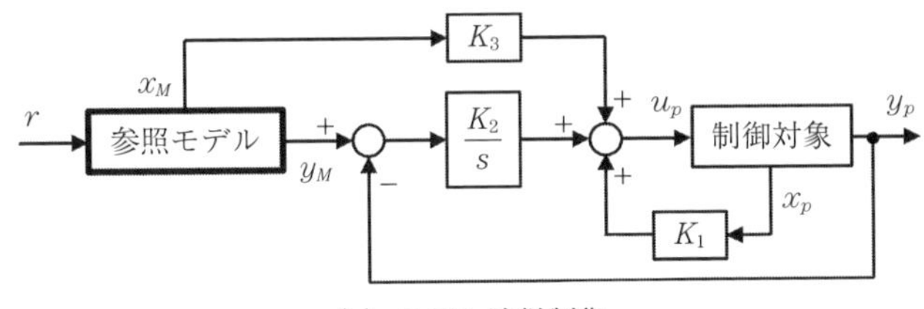

(b) モデル追従制御

図 2.14.1　参照モデルとは

一致するように機能する。

次に、公称モデルの説明を行う。字面だけでこの意味を調べたとき「一般に発表されている、あるいは表向きに言われているモデル」となる。全く意味不明だ。それでは英語からの理解を図ろうとして辞書を調べる。そうすると“Nominal model”とは「名ばかりの、あるいは名目だけのモデル」となり、ますます理解に苦しむ。このような直訳では理解は進まない。そこで、具体例を使って説明する。

図 2.14.2 は、バルブの弁を開閉するドライバを備えており、空気室に空気を送り込んでステージを動かす装置の漫画である。数学モデルなしでも制御はかけられるが、これをつくらねばならない場合もある。そこで、図面の吹き出し内には数学モデルの一つが記載されている。空気を空気室に流し込んだときの蓄積がステージを駆動する力になるので積分器 A_{air}/s とおいている。つまり、この積分器の出力は力［N］となり、これによってステージというメカニ

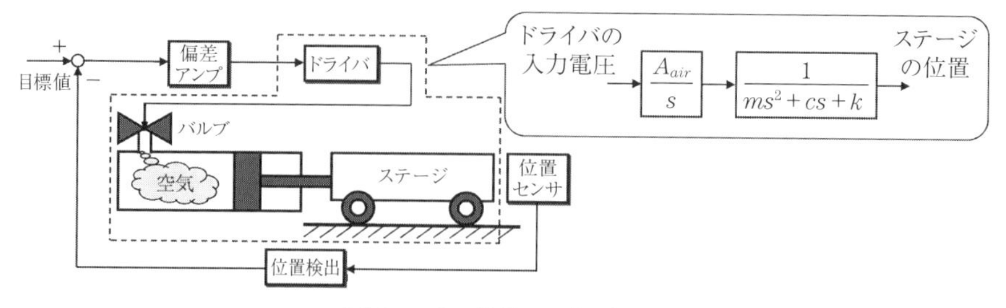

図 2.14.2　公称モデルとは

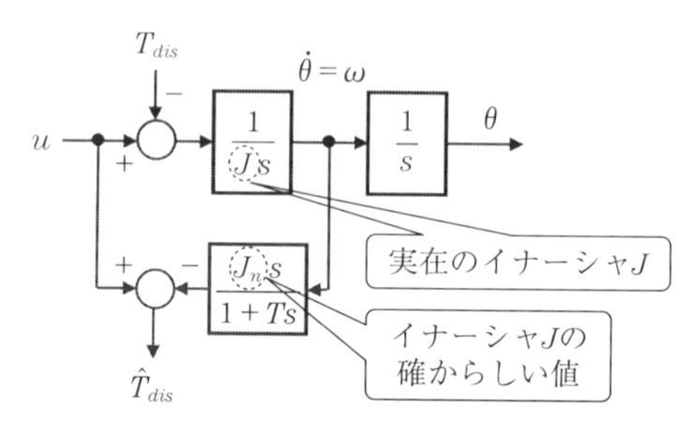

図 2.14.3　公称値とは

カル機構 $1/(ms^2+cs+k)$ が動かされるというメカニズムが理解できる。もちろん、空気の圧縮性、あるいはシリンダ移動時の摩擦など物理現象を全て盛り込んだ厳密なモデルではない。したがって、図 2.14.2 の吹き出し内の数学モデルは、実物の動作を定量的に表現できる代物ではない。そうであるが、動作理解の目的にとっては、数学モデルとして十分なのであり、このような場面のとき「公称モデル」と称する。

最後に、公称モデルと類似している**公称値**という言葉について説明する。**図 2.14.3**は、後の 4.3 節（図 4.3.1）で説明するブロック線図である。実在するモータのイナーシャは J [kg·m^2] であり、J_n には J の確からしい数値を代入する。例えば、公称値として $J_n=9.4989\times10^{-1}$ kg·m^2 を代入することになる。国語辞書には、「公称値：実際とは違うかも知れないが、表向きに言われている値。または、名目上の値」という解説がある。この説明を信じると、J の値が 9.4989 $\times10^{-1}$ kg·m^2 程度であるにも拘らず数値の桁が異なる $J_n=2$ kg·m^2 という数値も許されそうだ。しかし、制御の分野では、実際とは違う値を公称値とは呼ばない。神のみぞ知る真のJの値は知りえないが、まあまあ正確な物理パラメータの値に対して公称値という言葉を用いる。

2.15 ステップ入力、インパルス入力による試験

2.10 節では、オシロスコープよりも周波数領域の計測器であるサーボアナライザを頻繁に活用することを述べた。続く 2.11 節では、周波数応答の整形に関する実例を紹介して、周波数波数領域での設計および分析の重要性をさらに主張した。そうすると、時間領域での制御系の評価は価値が低いと思われるかもしれない。決してそうではない。制御系の設計・解析の場面では周波数応答だけを使ってもよい。しかし、最終的には時間応答も評価に入れねばならない。

【時間応答の必要性】

ポーカフェイスを決め込んでいる人の本性は、外見からはわからない。まじめなのか、それとも意外にくだけた人間なのかを知るためには、**図 2.15.1** のように言葉による刺激を与え、その反応を観る必要がある。暴言に対して即座に怒りを返してくる人、反対に冷静沈着な人もいるであろう。このような反応によって、じつは人となりがわかる。

制御系も同様である。**図 2.15.2** は、定常状態のときの、すなわち十分な時

図 2.15.1　ポーカフェイスを決め込む人間に言葉の刺激

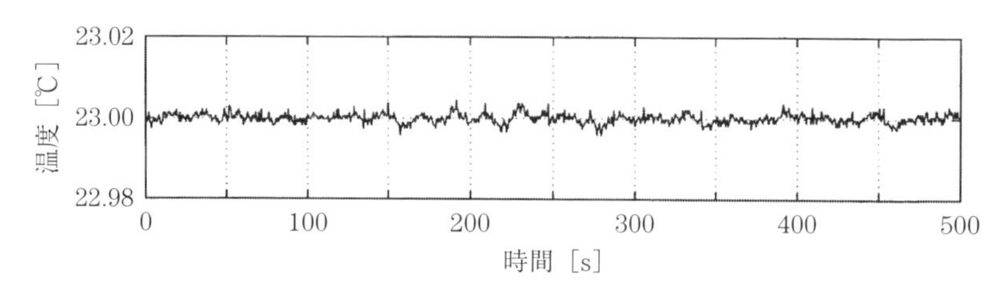

図 2.15.2　定常状態の温度

間が経過したときの温度を示す。「おお〜、希望どおりの温度である」と感心してはならない。なんとなれば、この温度制御のシステムには、温度を乱す外乱が全く入っていない状態のためである。このような場合、温度制御系が安定に調整されていれば、定常状態も安定であるに決まっている。

ちょうど、何らの刺激もない状態の人間が無表情であることと似ている。刺激に対してどのような反応を示すのかによって、温度制御がうまくいっているのか、そうでないのかがわかる。だから、刺激を入力して、これに対する反応を観察せねばならない。

【刺激としての信号の種類】

制御系に刺激を与える信号として、**表 2.15.1** のように単位インパルス関数、単位ステップ関数、そして単位ランプ関数がある。「関数」と呼称しているが、実務の場面では、これを「入力信号」と言い換えてよい。機械制御の場合、ほとんどステップ入力信号が用いられる。

ここで、表 2.15.1（1）（2）（3）を**表 2.15.2** のように並び変える。この表は、単位ランプ関数 $1/s^2$ に対してラプラス変換の領域での微分 s を施すと単位ステップ関数 $1/s$ になることを、同様に単位ステップ関数 $1/s$ に微分 s を施すと単位インパルス関数 1 になることを意味する。上記のような s 領域での解釈は、当然のことながら時間領域でも同一でなければならない。

そこで、**図 2.15.3** を左側から右側方向に見ていく。まず、左側は単位ランプ関数の時間波形である。一定の傾斜で信号が増加しており、この時間微分をとるとは傾きを求めることであり、同図中央に示す単位ステップ関数になる。

表 2.15.1　ラプラス変換表

	時間関数 $f(t)$，$t \geq 0$	時間波形	ラプラス変換　$F(s)$
(1)　単位インパルス関数	$\delta(t)$	δ，$\delta(0)=\infty$，t，0	1
(2)　単位ステップ関数	1	u_s，1，t，0	$\frac{1}{s}$
(3)　単位ランプ関数	t	u_r，1，t，0，1	$\frac{1}{s^2}$

表 2.15.2　単位ランプ、単位ステップ、単位インパルス関数の相互関係（周波数領域）

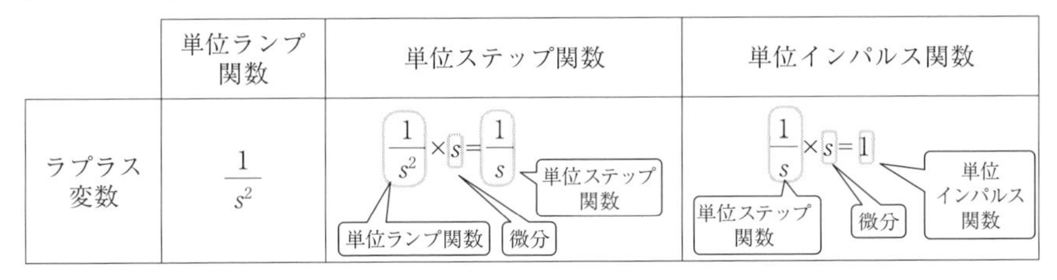

	単位ランプ関数	単位ステップ関数	単位インパルス関数
ラプラス変数	$\frac{1}{s^2}$	$\frac{1}{s^2} \times s = \frac{1}{s}$（$\frac{1}{s^2}$：単位ランプ関数，$s$：微分，$\frac{1}{s}$：単位ステップ関数）	$\frac{1}{s} \times s = 1$（$\frac{1}{s}$：単位ステップ関数，s：微分，1：単位インパルス関数）

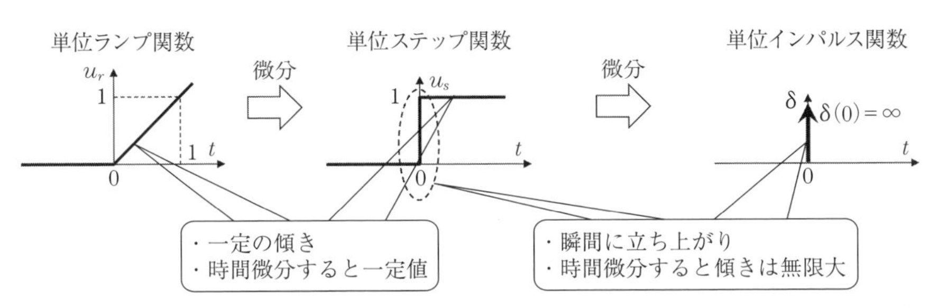

図 2.15.3　単位ランプ、単位ステップ、単位インパルス関数の相互関係（時間領域）

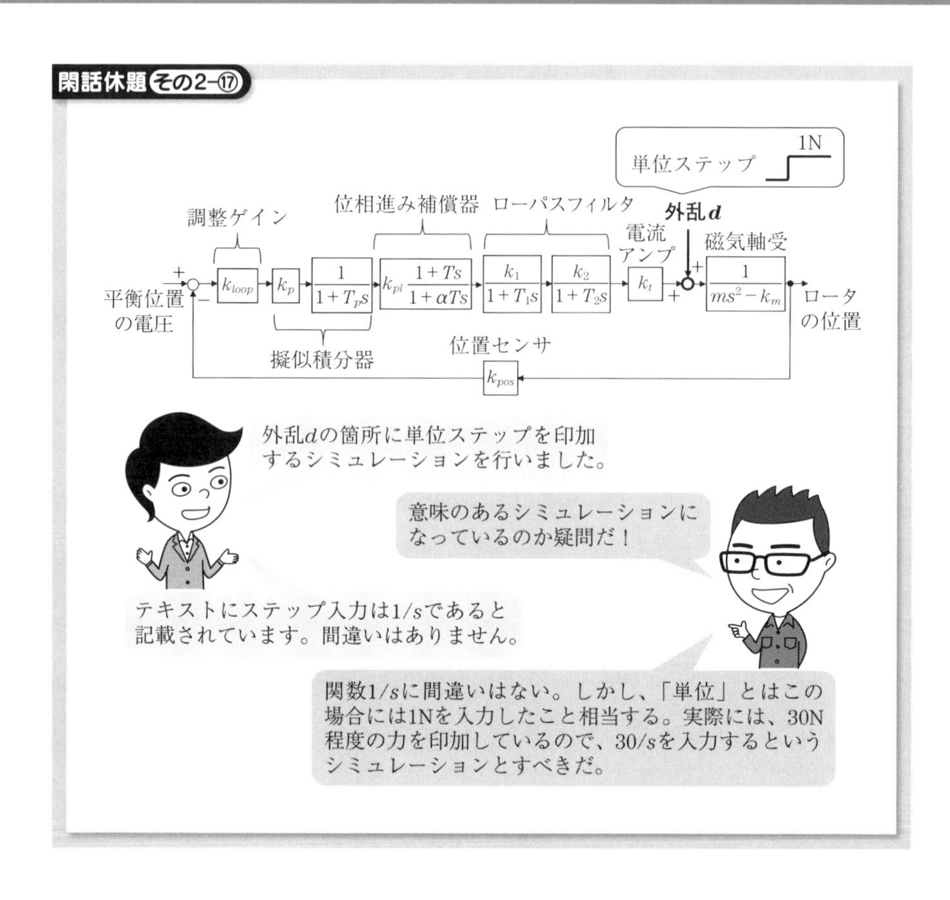

そして、単位ステップ関数を時間微分したとき、時刻０以前は一定値の零、それ以降は一定値の１であり、つまり傾きなしなので時間微分をとったとき零である。ただし、時刻０で立ち上がって１となる箇所については、傾きが無限大なのであり、時間微分をとると図2.15.3右側に示す単位インパルス信号になる。したがって、表2.15.2と図2.15.3の一対一の対応はとれている。

【インパルス入力とは】

時間幅が零で振幅が無限大、そしてこの波形の面積が１という定義がインパルス関数である（表2.15.1（1）、図2.15.3右側）。このような波形が世の中に存在するわけがない。そうすると夢物語の世界でしか通用しない、つまり実用性

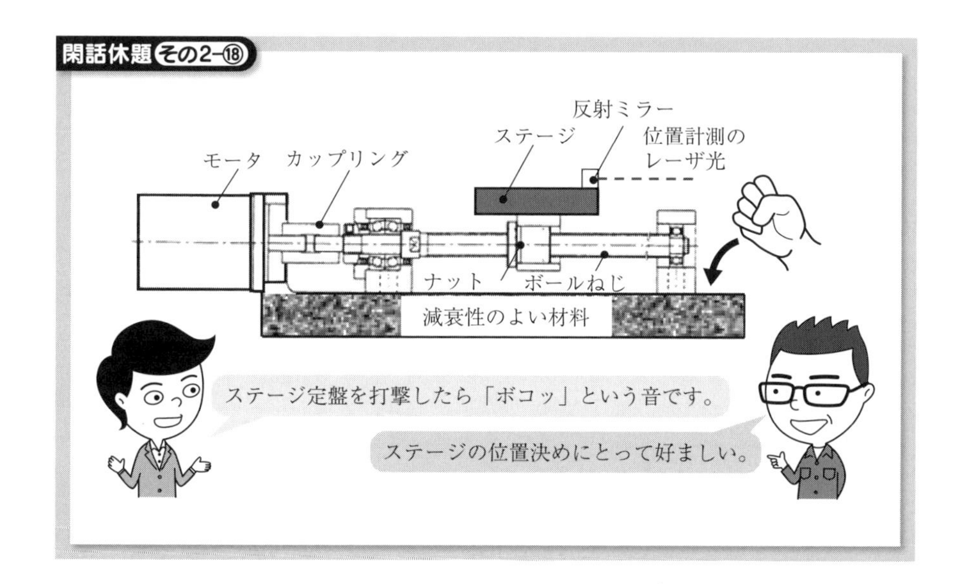

のない関数とも考えられる。ところが、我々は自然にこの関数を日常生活のなかで活用している。

筆者が幼少のころ、スイカは丸ごと一個売りが主流であった。美味いスイカであることを期待したものの、これを包丁で輪切りにしたとき空洞状態になっていることがある。これは極めてまずい。稠密（ちゅうみつ）ななかみを持つスイカを選ぼうとするとき、スイカの表面に打撃を与えての反応音を頼りにしたものである。

同様に、構造体の固さや減衰性を体感したい場面では、ゲンコツで打撃を与える。甲高い音がながく続く場合、機械振動の減衰性が悪いと感じ取れる。反対に、打撃に対して「ボコッ」という短い音がかえってくる場合、減衰性がよい。

【ステップ入力とは】

精密な位置決め装置が静止している状態から、いきなり動けというステップ信号を与えることがあるのだろうか？　結論を先に言ってしまうと、モノを動かすときステップという過激な信号を入れはしない。ステップという急峻な動かし方は、機械に優しくないからである。だから、機械を動かすときには、ス

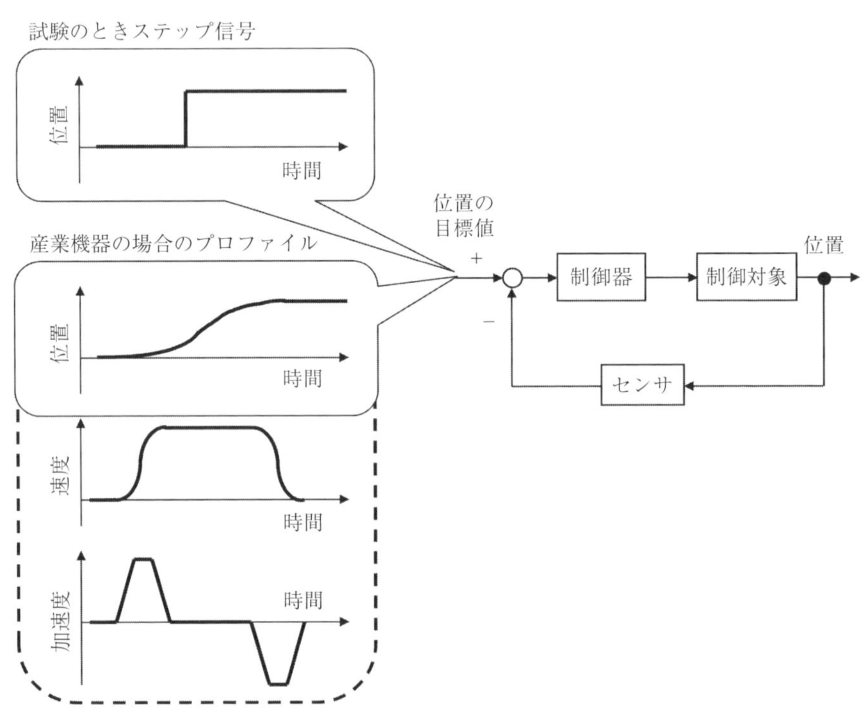

図 2.15.4　試験信号としてのステップ信号と産業機器のプロファイル信号の差異

テップに代わる**プロファイル**が用いられる。

これは、**図 2.15.4** 左側下段の吹き出し内に示すような、産業機器を動かすときの位置の目標値の波形である。この位置の目標値を 1 階微分した速度の波形を見ると、停止状態から徐々に、すなわち滑らかに機械を可動させ、停止前にも徐々に速度を減じている。このような速度のプロファイルで動かすときの加速度は、速度をさらに 1 階微分して図に示したように台形状の加速度の波形となる。機械にとって優しい動かし方である。それに対して、図 2.15.4 左側上段の吹き出し内のステップ信号がいかに厳しい動かし方であるかがわかる。

なぜ機械に優しくないステップ信号を用いるのであろうか？　それは、ステップ信号 $1/s$ の入力が、制御系の振舞いを理解し、分析する観点において都合がよいからである。より具体的に言えば、図 2.15.4 の位置に関する S 字状のプロファイルは、閉ループ系に内在している振動を励起させないようにしている。「振動の種」はループ内に存在していても、これを励起しないように目標値の波形を意図的に操作する。これでは、閉ループ系のナマの特性をわかったことにはならない。だから、機械にとって優しくないと思いつつ「機械の素性を明確にする試験のためだけに」ステップ信号を用いる。

【ランプ入力とは】

一定の傾斜で振幅が増加、あるいは減少する信号がランプである。この信号を機械制御系に印加する試験は皆無だ。ランプ信号に偏差なく追従する制御系は2型となるが、機械制御の分野で2型の閉ループ構造にお目にかかったことはない。だから、ランプ信号を使った試験はない。ただし、筆者の経験も有限なのであり、たずさわったメカトロ機器類の範囲に限ってという制約をつけておこう。

じつは、白状してしまうと、遊びで市販のCDプレーヤのフォーカス・サーボ系にランプ信号を印加した経験が1回だけある。松田聖子さんの甘くて粘っこい歌唱を再生しながらこれを乱さずに、3.3節で後述する光ピックアップの対物レンズをフォーカス方向にランプ状に動かす試験をした。**図 2.15.5** が結果である。ランプ波に見立てた三角波の目標値入力に対して、フォーカス信号も同様の三角波となっている。だからと言って、追従していると誤認してはな

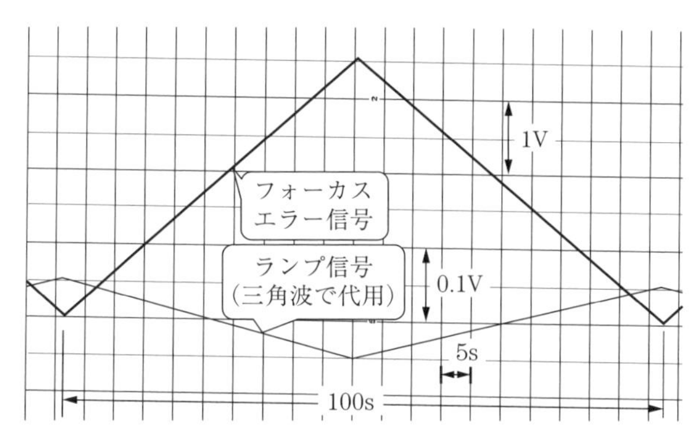

図 2.15.5　光ピックアップのフォーカス・サーボ系のランプ応答

閑話休題 その2-⑲

らない。入力の三角波の最大幅（p–p値）が0.1 Vに対して、フォーカス信号の振幅はp–p値で3.6 Vである。つまり、目標値に入力した電圧値のとおりではないので追従はしていない。2.6節で述べた内部モデル原理が教えるように、0型のフォーカス・サーボ系に、積分器$1/s$が2個あるランプ信号$1/s^2$を目標値として入力しているのであり、偏差は零にはならない。

【整定とは】

図2.15.6に応答波形とそれに対する評価項目を示す。図中記載の記号の意味は、O_s：行き過ぎ量、T_r：立上り時間、T_d：遅れ時間、T_p：行き過ぎ時間、T_s：整定時間、である。随分と評価項目が多い。じつは機械制御の研究開発の場面では、上記定義にしたがって全項目にわたる評価はせずともよい。行き過ぎ量O_sと整定時間T_sの二つだけを観測して、制御系の評価をすれば実用的に十分である。

まず、行き過ぎ量O_sであるが、研究開発の場面ではオーバシュートと呼ぶ方が一般的である。重要な指標である理由は、オーバシュートによって機械衝突を招く位置決め装置のことを考えれば明らかである。機械衝突の恐れがない装置であっても、図2.15.6に示すオーバシュートのある位置決めを繰り返して行わせたとき、経時的に装置の耐性が損なわれる場合には、オーバシュートを抑えねばならない。反対に、以降に述べる整定時間T_sが短い方が装置として

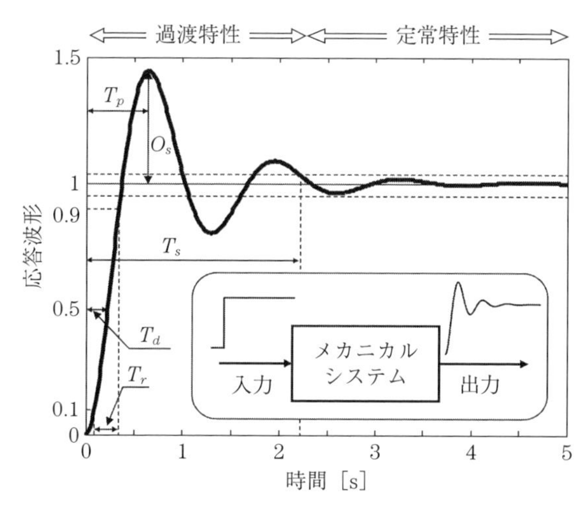

図 2.15.6　応答波形に対する評価項目

の価値があるならば、オーバシュートがあっても構わない。

次に、整定時間 T_s であるが、特に位置決め装置の場合には性能を表現する重要な指標となる。既に「整定」という漢字を使ったが、制御を専門としない研究開発者は、「誤字ではないか」と疑問を持つ。なぜならば、「せいてい」とワープロに入力すると、「制定」、「静定」の二つしか候補がないからである。前者は、「法律の制定」と言うふうに用いられるので、制御系の位置決め波形に対する用語として不適切である。ところが、「静定」の意味は「しずめおさめること」であるため、波形が過渡現象を経て静かになる様子を表現していると思われる。だから、制御の専門家以外の研究開発者はこの漢字を使いがちだ。ところが、制御工学では「整定」の漢字を用いる。「整って値が定まる」という理解でよい。

最後に、図 2.15.6 では目標値“1”の実線の上下に破線をひいている。これは定常値“1”の±5％の範囲を示す。この範囲に波形が入った時間を**整定時間**（settling time）T_s と定義している。ここで、律儀な技術者は±5％という数値範囲が重要と思い込む。しかし、整定時間 T_s の短縮に取り組む研究開発の場面で、±5％という数値は用いられない。研究開発が終了してこれを出荷する場面でも、定常値の±5％の範囲に入った時間を整定時間と定める製品はない。理由は明らかである。装置が使われる場面では、定常値に到達したときの精度そのものが問題となるからである。つまり、定常値の±5％内に応答波形が入っていても、装置が要求する精度に達していなければ整定はしていないことになる。

【実例の波形から整定時間をみる】

以下に、リニアモータを用いたステージと超音波モータの位置決め波形を観察する。研究開発の場面における整定時間の把握の仕方を説明する。

まず、**図 2.15.7** はリニアモータを使ったステージの位置決め波形である。ただし偏差の波形である。左側の図面から整定時間を読みとると、おおむね 0.23 s 程度である。ところが、整定の領域を拡大した同図右側をみたとき、波形が落ち着くまで 0.7 s 程度を要している。時間短縮を図るため、低周波数の揺れを制御の工夫によって抑制する方策を見つけ出すことになる。

次に、**図 2.15.8** は超音波モータを 1 回転（1000 count）させたときの位置決め波形である。PI 補償を施しており、P のゲイン k_p と、I のゲイン k_i を調整したときの波形を重ね書きしている。1 回転から行き過ぎ、そして戻り過ぎるという過渡現象を経て、目標位置である 1 回転に到達している。図中の両矢印で示すように 1 回転に落ち着くまでに 3.7 s 程度かかっている。位置決め時間の短縮と、過渡現象の期間に生じているオーバシュートとアンダシュートをな

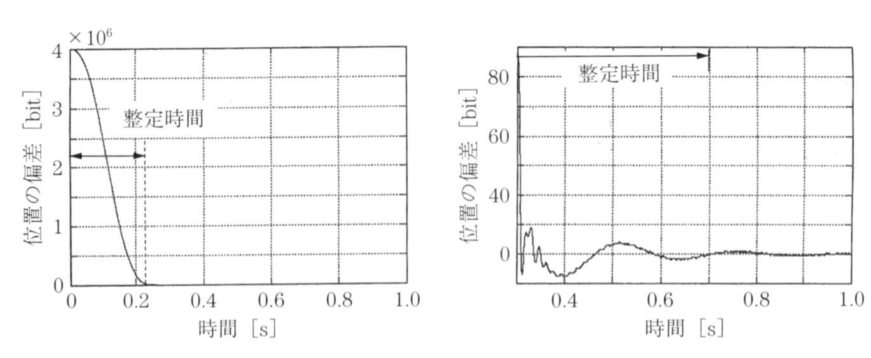

図 2.15.7　リニアモータを用いた位置決めステージの位置決め波形

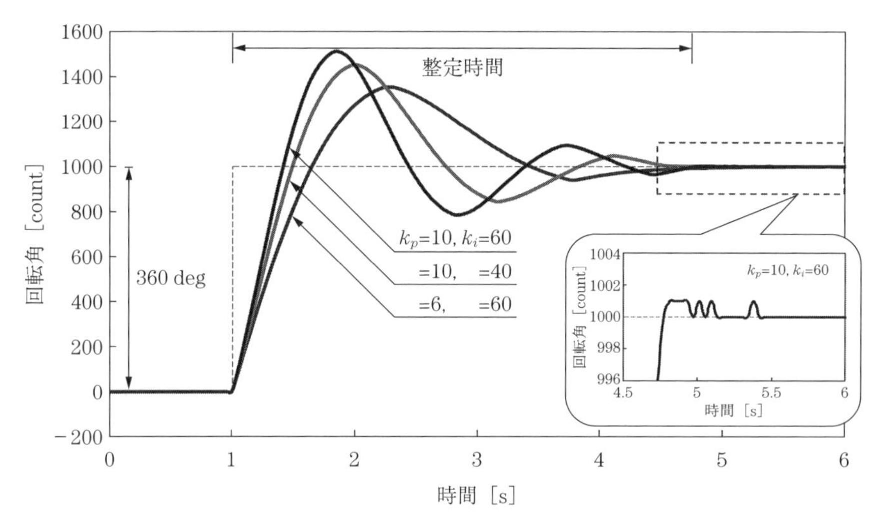

図 2.15.8　超音波モータの位置決め波形

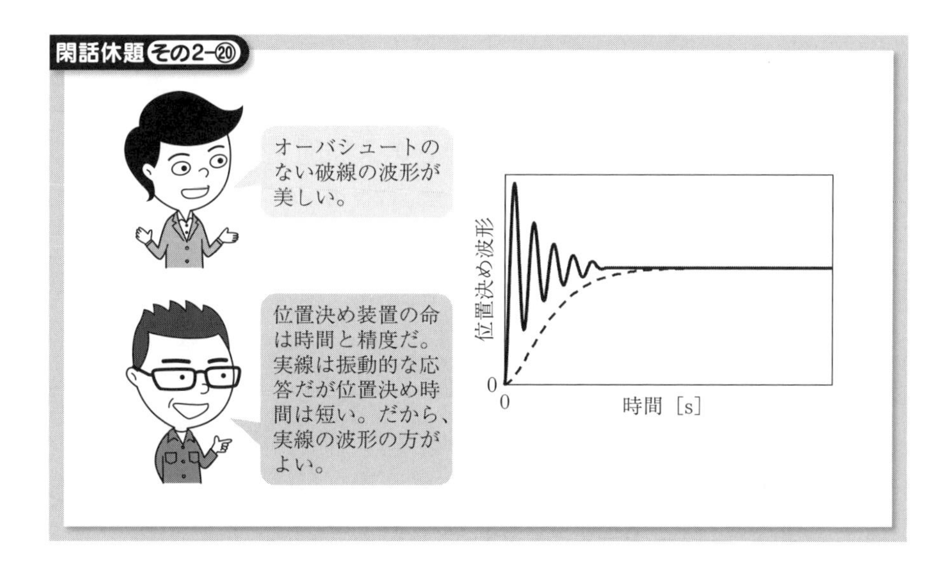

くす制御の工夫を試行している段階では、この時間を整定時間と言ってよい。図 2.15.6 の定義に基づく整定時間を求めたところで、目視で読み取った整定時間 3.7 s との違いはほとんどない。吹き出し内は、1 回転に到達した領域の拡

大波形である。1 回転で 1000 個のパルスをだすエンコーダを使用しており、整定後に ±1 count の変動があることは避けられない。

2.16 調整則

図 2.16.1 は CD プレーヤが世の中に登場した当時の某社の回路基板である。破線の楕円で囲む部分は、可変抵抗器である。固定抵抗ではなくて可変であるから、基板ごとに例えばオシロスコープの波形を観察しながら回転量の調整をしたのだ。安価であることが必要な民生品の場合、調整箇所が多いとコストがかかるので避けたいとことであるが、光ヘッドの制御性能を満たす調整が必要だったのである。このように、閉ループを構成して制御をかけるということは人為的な操作なのであり、このループによって実現したい性能を達成するために調整が行われる。

さて、調整と一言で言ったが、いくつかのバリエーションがある。以下に、順番に説明していく。

2.16.1 多重のループを調整するときの大原則

図 2.16.2 は、内側から順番に電流・速度・位置のフィードバックが施され

図 2.16.1 CD プレーヤの電子回路基板の調整箇所

ている多重ループの制御系である。モータに代表される電磁アクチュエータを使って機械を動かすときに採用される基本的な制御構造である。説明済みの図2.15.4を見ると閉じているループは一つだけであったが、図2.16.2の場合には三つのループがある。望ましい応答を得るように、各所のループに対してパラメータ調整を行うことになる。どうするのか？　じつは、調整の順番は決まっている。内側から外側に向かって調整を行っていかねばならない。

この調整順序が正しいことを二つの比喩を使って説明しよう。まず、図2.16.2左側を見ていただきたい。これは泥団子である。東京農工大学科学博物館の入り口付近にケース入りで陳列されている。この泥団子のようにサイズを大きなものとし、かつ簡単に壊れないようにするためには、固くせねばならない。そのためには、芯の部分を相当に固くたうえで、周囲を泥で塗りかためていく必要がある。逆に、芯を柔らかくした状態で、外側だけを固くすることなどはできない。

二つ目の例は図2.16.2右側に示す化粧の順番である。まず、スッピンの肌に基礎化粧品を丁寧に散布しお肌の状態を整えたうえで、最終的には、キラキラ

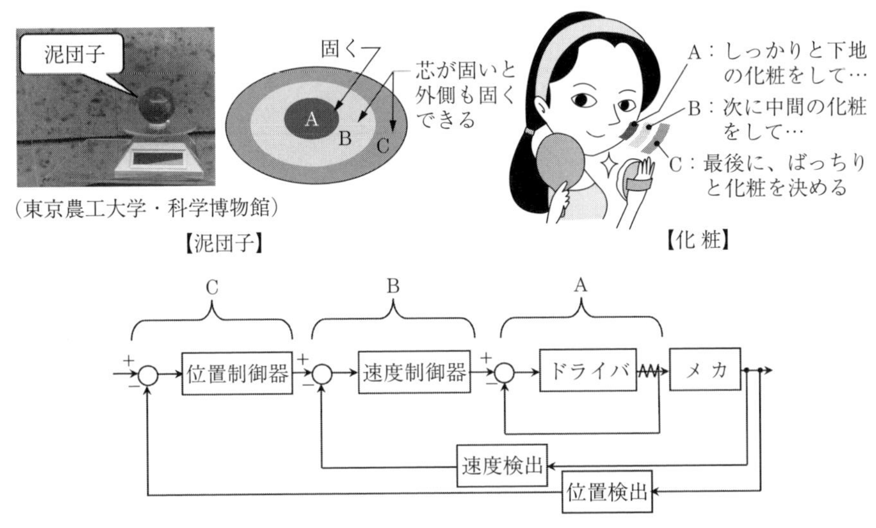

図2.16.2　電流・速度・位置の3重ループの調整順序

閑話休題 その2-㉑

3重の制御ループでは中は固い方がよい。しかし、握り寿司の場合、なかは柔らかく、外側の固いものが極上だ。

と光る最終化粧品を塗ったとき夏の汗でも簡単に脱落することのない化粧になる…はず。基礎化粧品の使用をいい加減に済ませて、最終化粧品だけを丹念に顔面にひいても、時間の経過で剥がれが生じてしまうことは明らかである。

多重ループを有する図 2.16.2 下段の制御系の場合も、泥団子の製作や化粧の順番とまったく同様である。同図では、泥団子、化粧、そして制御系に対して A、B、C の記号をつけているが、相互に対応する箇所を示している。3 重の制御系の話に戻せば、A の部分が柔らかい状態のままでは、最終の制御目的である C のループを思い通りには調整できない。

3 重ループの調整は内側から外側へと実施すべきことは、機械から実地に教えてもらったことがある。「お山の杉の子」の歌詞冒頭を使って、「昔々のその昔」「図 2.16.2 の制御系の調整順序を間違えて」、「性能が上がらずに困ったのさ、困ったのさ」という話をする。

図 2.16.3 のメカを駆動するため電磁モータが使われ、既に示した図 2.16.2 と同様に電流・速度・位置のループ構造が採用されていた。このとき、電流ドライバは専門メーカーからの購入品であった。図 2.16.3 の吹き出し内の写真に示すようなものであり、サーボアンプあるいはサーボパックと呼ばれる。じつは、これには電流ドライバのほかに速度フィードバックの機能も併せ持つ。電流ドライバだけを使用することもできるし、速度制御器と合わせての使用もで

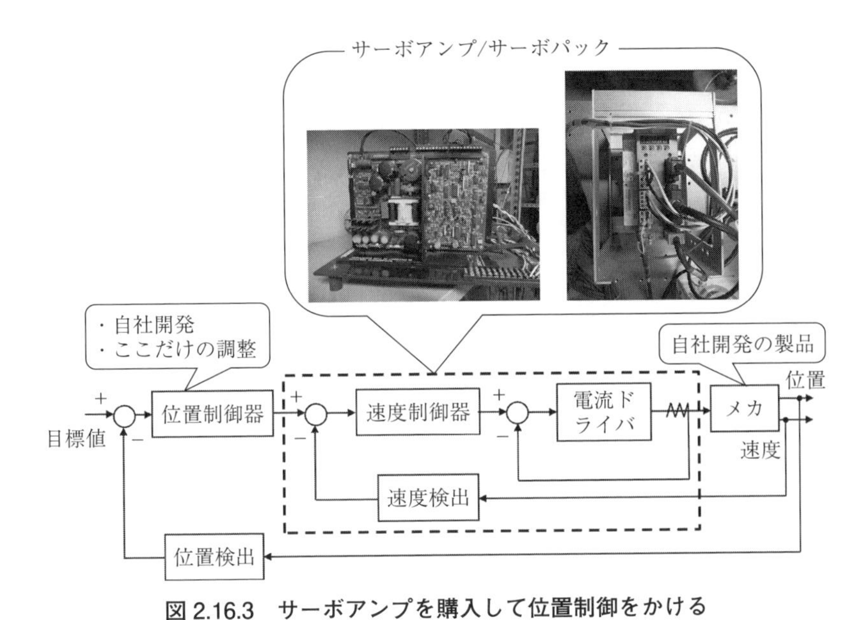

図 2.16.3　サーボアンプを購入して位置制御をかける

きる。機械装置の設計・製造メーカーの場合、購入品が備える機能を使わないことはない。速度制御器という要素開発が目的ではないので、「餅は餅屋」のことわざの教えの通りに専門メーカーに任せるスタンスをとる。つまり、装置全体を作り上げることに専念する。

そうすると、自社開発の部分はメカと位置制御器の部分となった。もちろん、電流ドライバおよび速度制御器については、マニュアルに記載されているとおりの調整が施され、そのうえで自社開発の位置制御器に対するパラメータ調整を丹念に実施した。しかし、図 2.16.3 に示す装置全体のパフォーマンスを向上させることはできなかった。

分析の結果、問題はサーボアンプ内の速度制御器にあった。この速度制御器は専門メーカーの作り付けのものなのでアンタッチャブルだ、あるいは詳しい制御構造は開示されていないのでユーザーは関与できない、と思い込んでいた。しかし、ユーザーに開放されていない箇所のパラメータを操作したとき、位置制御の性能を上げられるという解析を得た。そこで、アナログで構成され

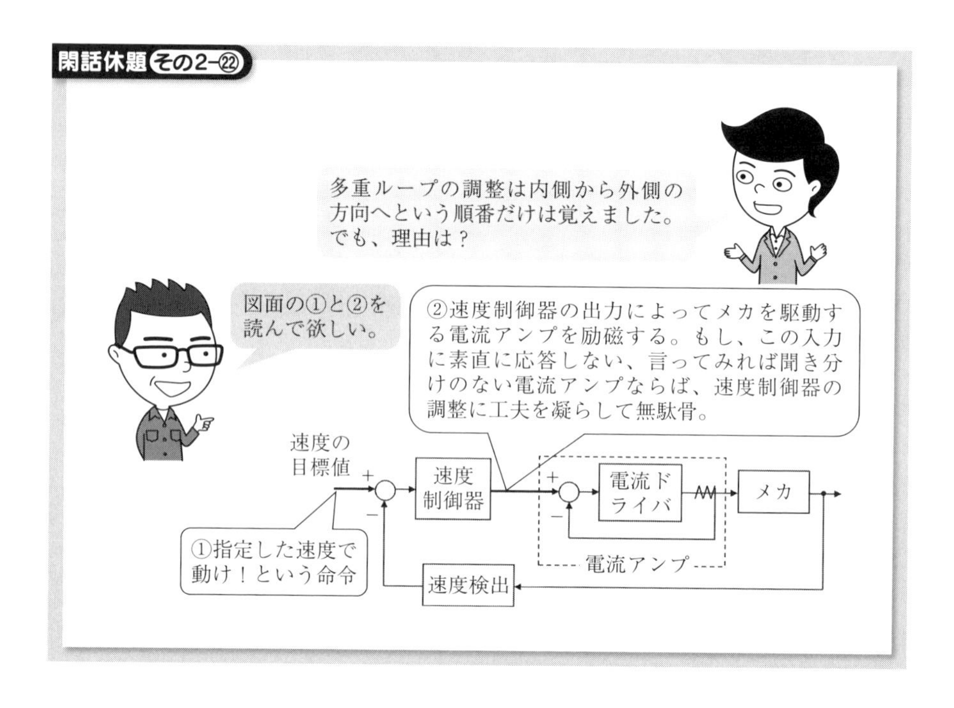

ていた速度制御器の一つのコンデンサを、解析結果から導いた値のものに付け替えた。その結果、位置制御系の応答を改善することができている。既に、2.11.1 項の図 2.11.2 に示した整形後の周波数応答がそれに相当する。

2.16.2 テキスト記載の有名な限界感度法

有名であり、そのためほとんどのテキストに記載されている調整則として**限界感度法**（Ziegler and Nichols の提案であり、以下、ZN 法と略記）がある。結論を先に言ってしまうと、実際の産業応用の場面では使わない。強く言い切れば、使ってはならない。

表 2.16.1 は ZN 法の使用方法を示す。PID 補償器のなかで、積分と微分動作を不使用のとき P 補償の動作となる。同様に、微分動作を使わない $T_D=0$ のとき、PI 補償の動作になる。この PI 補償を選んだとき、$K_P=0.45K_u$ と $T_I=T_u/1.2$ の値を設定せよと指示している表である。それでは K_u、T_u は何か？

表 2.16.1　限界感度法に基づく PID パラメータの設定

制御動作	K_P	T_I	T_D
P	$0.5K_u$	∞	0
PI	$0.45K_u$	$T_u/1.2$	0
PID	$0.6K_u$	$0.5T_u$	$T_u/8$

※ PID 補償の基本形：$K_P\left(1+\dfrac{1}{T_I s}+T_D s\right)$

ということになる。K_u は、安定限界まで比例ゲイン K_P を上げたときの値であり、このときの発振周期が T_u である。

つまり、発振させることよって、普段は発振させない適切なパラメータを見出す手法である。しかし、危険な物質を製造しているプラント制御の場合、発振は許されるはずがない。メカロト機器の場合でも、例えば1台数千万円をかけた精密機器を発振状態にしたとき機械衝突を招きかねないので、ZN 法など危険このうえない調整則と言える。だから使えない。

2.16.3　バランスをとるための調整

図 2.16.4 は、三つの光ビームでディスク面の情報を読みとるタイプの光ピックアップ（後述の 3.3 節）を使ったとき、これら光ビームの照射状態と光検出回路の一部を示している。同図左側を参照して、情報が書き込まれているトラック上にメインの光ビームがあるとき、トラッキング用の光ビーム TR–A と TR–B の反射光を受ける光検出回路の出力はバランスしていなければならない。なぜならば、ディスク偏心の影響で TR–A と TR–B がオン・トラックの状態からずれるが、このとき光ピックアップに戻ってくる光量に差異がでて、これを差動回路で検出するからである。つまり、オン・トラックの状態では、図 2.16.4 右側の差動回路の出力は零とせねばならない。これを実現するために、同図右側の光検出回路には、光量のバランス調整用の可変抵抗器がある。

上記の説明で明らかなように、巧妙な調整によってより良い性能を実現しようとするものではない。正しいトラッキング信号を得るためのバランス調整で

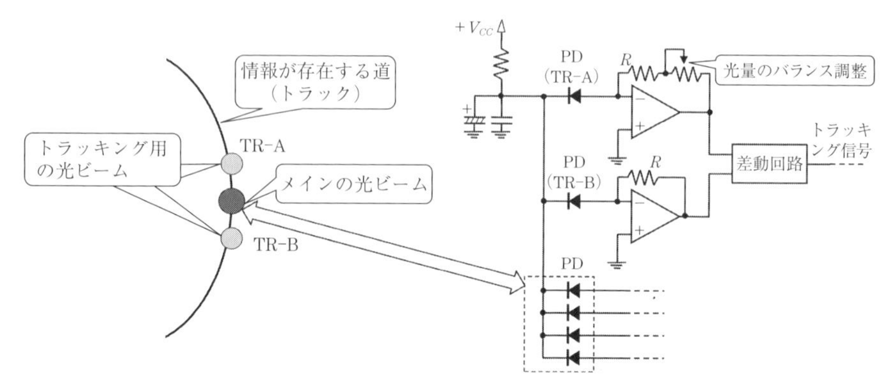

図 2.16.4　光量のバランスを調整する光検出回路

ある。調整がない場合、信号は正常ではなく、ディスク面の情報の読み出しが不良となる。つまり、CD の基本的な機能は満たせないことになる。

2.16.4　順番が大事な調整

図 2.16.5 は空圧式除振装置のブロック線図である。図中、$k_{fv}(s)$ は床振動フィードフォワード補償器と呼ばれ、空圧式除振装置に入り込む床振動をキャンセルする目的を持つ。調整パラメータは k_p と k_i の高々二つある。床の振動が構造部材を介して伝達する振動量を、電気的に模擬して互いにキャンセルさせるのであるから、二つのパラメータには最適値が存在することは工学的に容易に理解できる。

ここで、高々二つなので最適な調整は容易と思われるかもしれない。しかし、調整順序を間違えると最適な特性を実現できない。このことを**図 2.16.6** で説明する。同図は除振率と呼ばれる除振装置の性能指標である。床振動の変位 x_0 が除振台に伝達した変位 x の比 x/x_0 として定義されているので、この値が小さいほど優秀な装置と言える。

まず、k_i を設定して除振率 x/x_0 を最小にし、次に k_p を投入してこれを最小にする調整をした場合と、k_p を最初に次に k_i を投入した場合の除振率 x/x_0 を比較したとき、後者の調整順序の調整が優る。調整順序を間違えてはならない

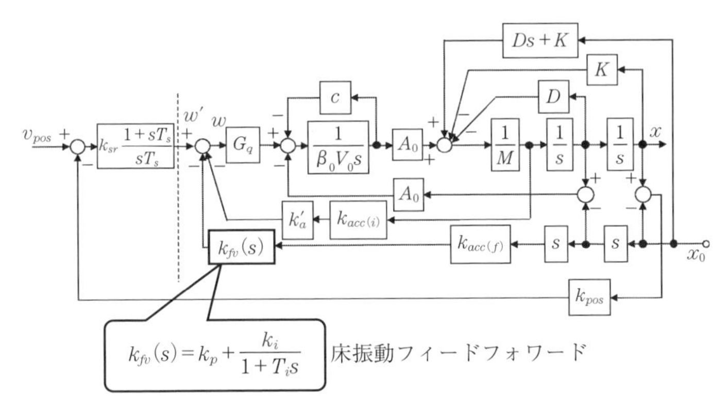

図 2.16.5　空圧式除振装置における床振動フィードフォワード補償器の調整

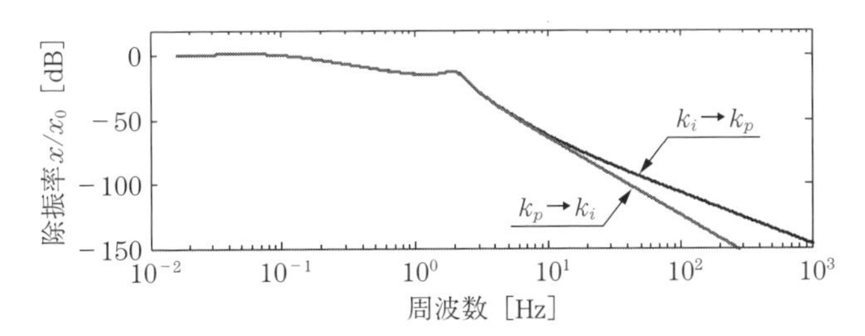

図 2.16.6　調整順序による除振率 x/x_0 の差異

事例である。

2.16.5　手戻りが発生する調整

調整箇所が A、B、C と三つの場合、A → B → C の順番に調整し切れることが望ましい。C の調整の後に再び既に実施済みの A あるいは B の調整をせねばならない、すなわち手戻りを要する調整では時間がかかるし、これはコストに反映するので厄介である。

パラメータが 2 個の PI 補償器を例にして、パラメータ調整における手戻りについてもう少し説明する。著者の一人として上梓した「現場で役立つ制御工学の基本（コロナ社）」には、**図 2.16.7** の PI 補償器 $C_{PI}(s)$ のブロック線図が示されている。

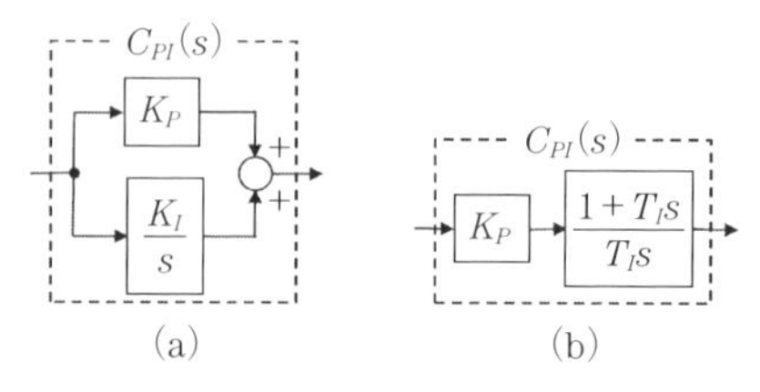

図 2.16.7　2 種類の PI 補償器

数式で記載すると、図 2.16.7(a)(b)それぞれの伝達関数 $C_{PI}(s)$ は以下のとおりである。

(a)の場合：$C_{PI}(s)=K_P+\dfrac{K_I}{s}$

(b)の場合：$C_{PI}(s)=K_P\left(\dfrac{1+T_I s}{T_I s}\right)$

上記二式の比較から、$T_I=K_P/K_I$ という極めて単純な関係で結ばれていることがわかる。したがって、どちらの $C_{PI}(s)$ を選んでも大差ないと考えられる。しかし、状況に応じて補償器を選択する必要がある。

まず、新規の機械であって、これが動くのか否かという初歩的な検証を行う状況を想定する。このとき、$C_{PI}(s)=K_P+(K_I/s)$ を選びたい。そうすると、**図 2.16.8** のように目標値を零にセットし、かつ負帰還であることから確認できる。恐る恐る小さ目の値 $K_P=2$ だけをセットする。制御対象に外乱を加えて、もとに戻る動作になることを確認できたならば、負帰還である。外乱に対して、もとに戻らない動作の場合には、負帰還としたいにも拘らず正帰還なのである。帰還が負であることを確認することは、新規な機械に制御をかける場合に極めて重要である。次に、図 2.16.8 下段中央では $K_P=2$ のままで、ループのなかで積分器 $1/s$ を働かせるために $K_I=2$ をセットしている。2.6 節で説明したように、積分器 $1/s$ をループ中に備えたとき、外乱の印加に対して必ず偏差零でもとに戻ることを期待している。しかし、$K_I=2$ の投入で制御対象の動きが振動的になったので、図 2.16.8 右上では、$K_P=2$ から 0.5 へと小さな値としている。このように、K_P と K_I を交互に調整しながら所望の動きを実現す

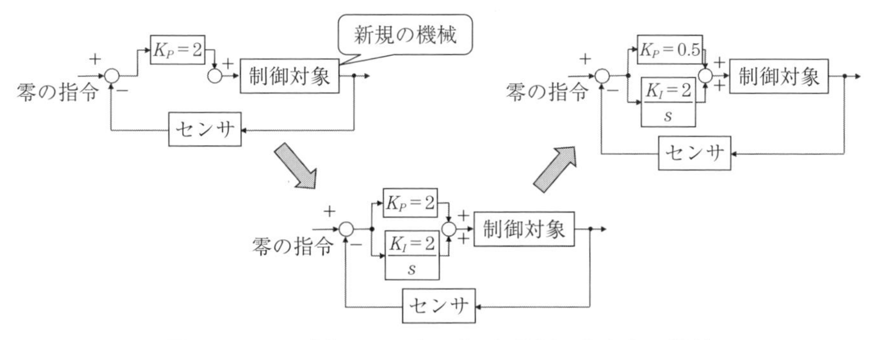

図 2.16.8　$C_{PI}(s)=K_P+(K_I/s)$ を選択したときの調整

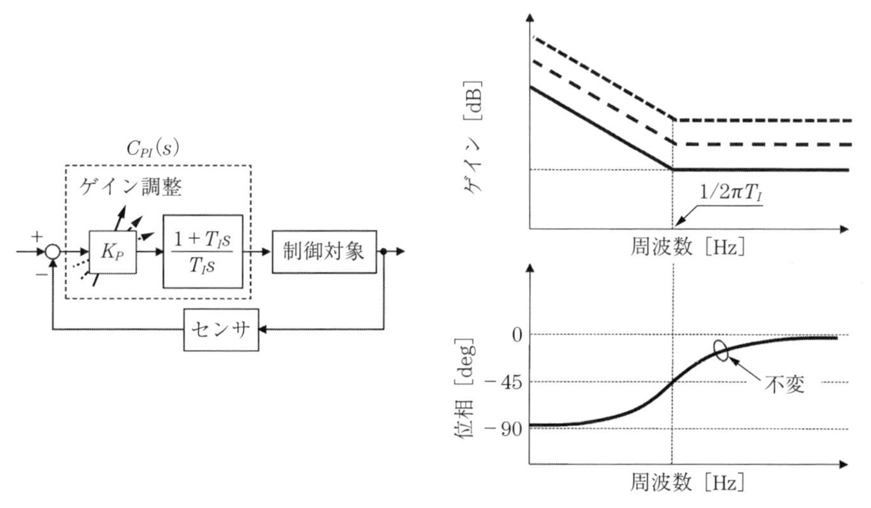

図 2.16.9　$C_{PI}(s)=K_P\{(1+T_Is)/T_Is\}$ を選択したときのゲイン K_P の調整

る最適な値をセットすることになる。

しかし、$T_I=K_P/K_I$ の関係から、K_P と K_I の調整のたびに時定数 T_I は変化している。T_I の設定によって最適化される制御系の場合、$C_{PI}(s)=K_P\{(1+T_Is)/T_Is\}$ と選んだ方が調整の手戻りは発生しない。つまり、**図 2.16.9** 右側に示すように、T_I の設定によって $C_{PI}(s)$ の周波数応答の形状が決まる。折点周波数 $1/2\pi T_I$ では不変であり、K_P の調整をしたとき、周波数応答の形を変

閑話休題 その2-㉓

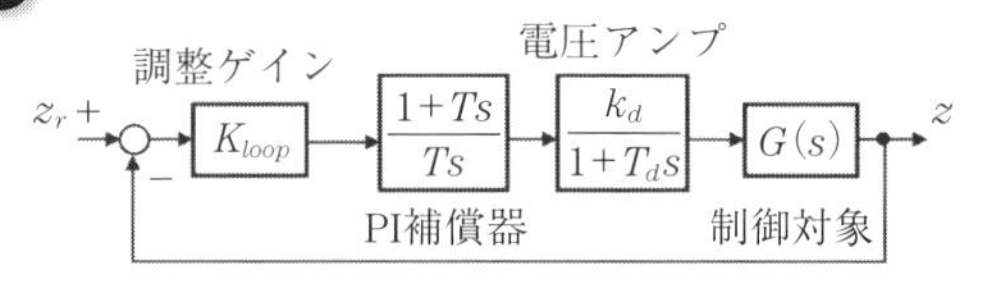

シミュレーションでゲインK_{loop}を大きくすると、位置決めが限りなく速くなる。

しかし、装置ではK_{loop}を大きくし過ぎると発振する。

「サチル」のだ。

「さっちゃん」のことですか？

電圧アンプ飽和のこと。Saturation のことです。

閑話休題 その2-㉔

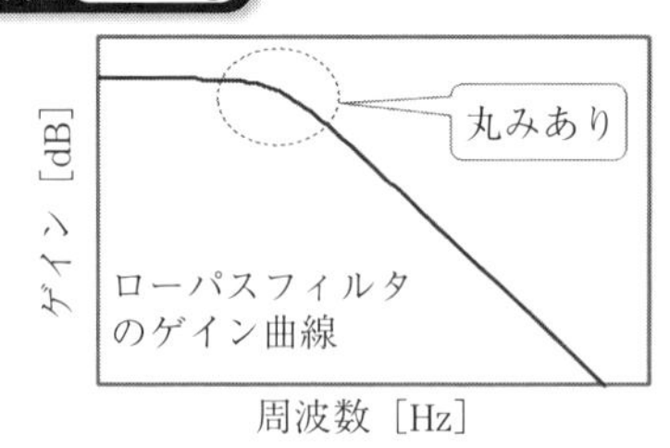

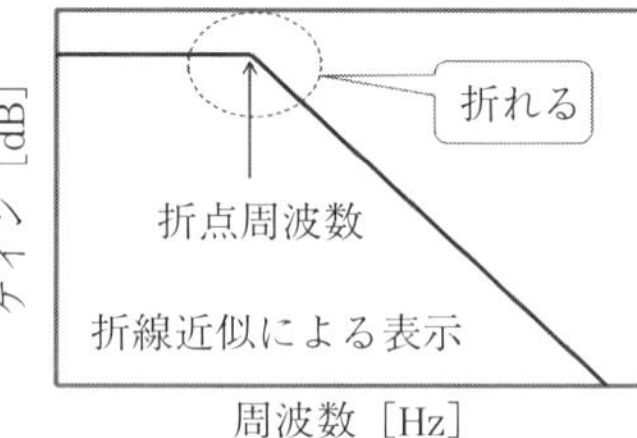

折れる点と言いながら、
折れていない曲線です！
おかしい！

基本設計の際に、折線近似を使う。このとき使う技術用語だ。

折点（**せってん**）周波数という名称にも違和感がある。辞書には**節点**、**接点**の漢字しかない。

折点周波数と書いて、「おれてん」と読み替えると誤解を生まない。

えることなくゲイン特性を上下動させる調整が施せる。このとき、位相特性は K_P の調整によって変化していない。

2.16.6　最適値が存在する調整

パラメータ調整と言うと、性能向上のために安定な範囲でギリギリまで調整するというイメージがある。しかし、適切なパラメータの値が理論的に定まっている制御系がある。この場合、調整値が不足でも過度でも不適切であり、最適値を設定せねばならない。このような例を**図 2.16.10** で説明する。これは、空気ばねで支えられた構造体に位置決めステージが搭載されている様子を示す。

位置決めのための位置センサは構造体に取りつけられている。ステージを加速・減速させたとき、この反力が構造体に作用して、柔らかい空気ばねで支えられた構造体は反力を受けて揺れる。つまり、ステージの位置決め用の位置センサも構造体と一体で揺れるので、ステージの位置決め波形に揺れの影響が入る。揺れが収まるとステージは停止するが、揺れの収束まで待てない生産装置の場合、この現象は著しく生産性を落とす。この解決のために、構造体にはこの揺れを検知する加速度センサが取りつけられており、この出力信号をフィルタリングして適切なゲインを与えて、ステージを駆動するドライバの前段に正帰還している。ここでは、定盤加速度フィードバックと呼ぶ。

この動作は「あなた（定盤）が揺れるのならば、私（ステージ）もあなたの

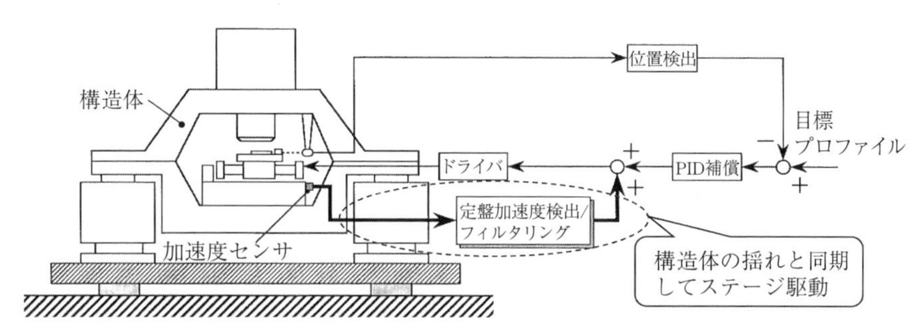

図 2.16.10　最適値が存在する定盤加速度フィードバック

揺れに合わせましょう」ということである。ステージに駆動反力で、定盤がこの固有振動で揺れを発生する。それならば、この動きに同期してステージも揺らせれば、位置センサとステージ間に距離は一定に保たれる、という原理である。ここで、定盤の揺れに同期してステージを動かすのであるから、加速度センサの出力をステージのドライバ前段の正帰還する量を決めるゲインには最適値が存在することは容易に理解される。

図 2.16.11(a)は定盤加速度フィードバックがないときのステージの位置波形である。定盤の揺れが波形に重畳している。一方、定盤加速度フィードバックを投入した同図(b)の場合、構造体の固有振動に同期してステージも動かされて、構造体に取りつけられている位置センサとステージ間の距離が一定に保たれている。

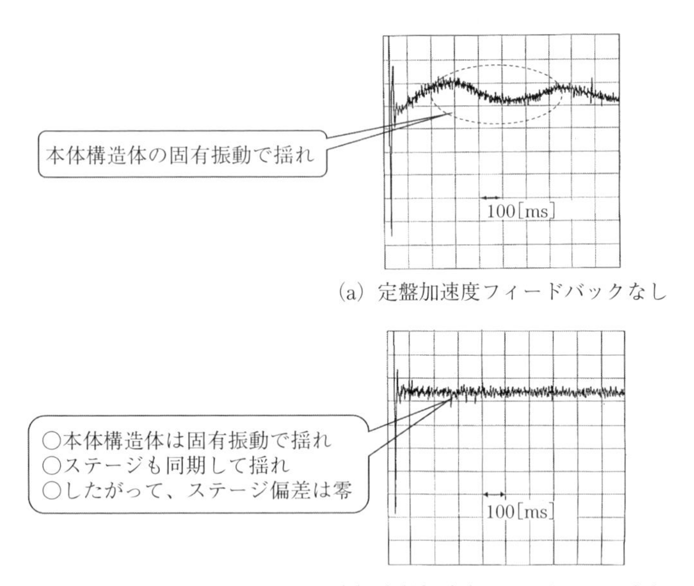

図 2.16.11　定盤加速度フィードバックの有無によるステージの位置決め波形

2.17 ロバスト制御系とは

2.16 節で述べた制御系の調整によって、所望の性能が達成されれば仕事は終わりだ…と言いたいが、考慮を要する事項はまだ残っている。時間が経過したときにも、機械制御系が安定な動作をし続けてくれるのかという観点である。加えて、１台目の機械に対する調整では性能を満たせたが、複数台の機械に適用したときにも同様なのであろうか、という観点での分析と実証が必要となる。

図 2.17.1(a)は厳しい罵倒に意気消沈している人間を、(b)は同じ批判を受けても馬耳東風の人間を描いた漫画である。多少の批判に狼狽(うろた)えるようでは、永い人生を暮らしていけはしない。後者のようにタフな人間でありたい。制御工学の用語を使って、図 2.17.1(a)の場合はロバスト性が低い、(b)の場合はロバスト性が高いと言う。ここで、ロバスト（robust）とは「頑健な、強固な」という意味である。

制御系の場合に即してロバスト性の一つを説明すると、**図 2.17.2** のようである。同図(a)の場合、スペック内の数値に入れるために、１台目に位置決めステージに対して、補償器のパラメータ調整を行っている。既に調整済みのパ

図 2.17.1　ロバストな人間とそうでない人間

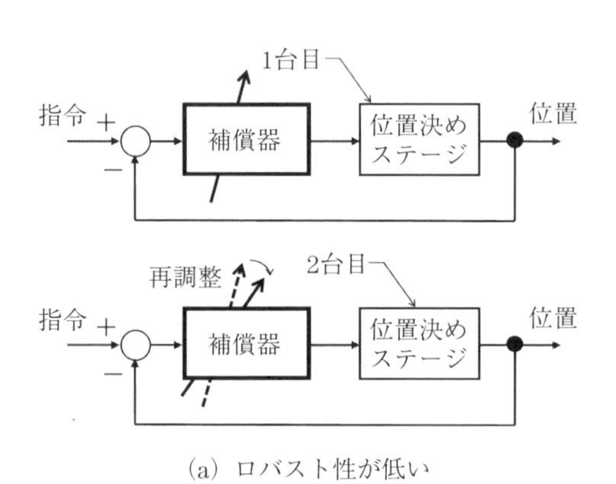

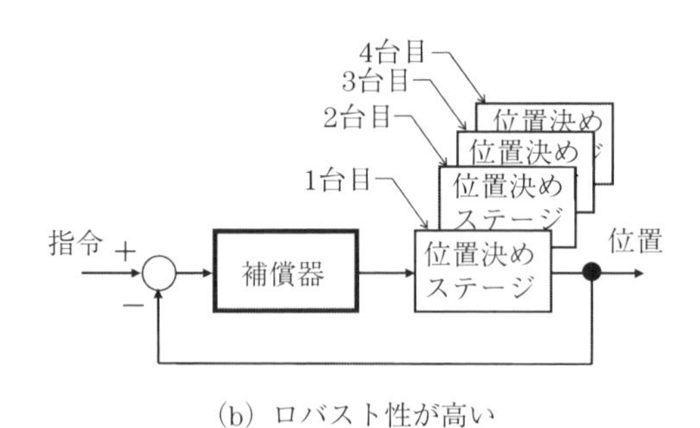

図 2.17.2　パラメータ変動に対するロバスト性

ラメータを使って、2台目の位置決めステージもスペックインすれば好ましいが、補償器に対する再度の調整を施さねばならない状況を示す。

一方、図2.17.2(b)の場合、製造によるバラツキを持つ位置決めステージに対して、補償器のパラメータを一切変更することなく、スペックインとなっている。このとき、位置決めステージのパラメータ変動に対してロバストな制御系と言う。

第3章 コントロールによって生きている証(あかし)

電源投入前はだらけていた機械が、センサ、アクチュエータ、そして補償器をセットとするフィードバック系によって、生き生きと動き回る様子を紹介する。

一つ目は、玩具のホバークラフトに、これよりも高価なジャイロセンサを搭載させて姿勢制御を行った事例である。二つ目は、産業用の精密位置決めステージを取扱う。超精密と言いながらオーソドックスな補償器が組み込まれていることが理解できる。三つ目は、CD プレーヤである。これには5個のサーボ系が入っており、この中でも光ピックアップの際立って律儀な働きぶりを紹介したい。四つ目は、空中浮揚のような磁気浮上の話である。五つ目は、センサとアクチュエータを多数個配置した空圧式除振装置の制御系の話である。六つ目は、仏教用語で「因果応報」が機械系に存在していると気づいたとき、フィードフォワード補償が活用できる事例を紹介する。最後の七つ目は、微細位置決めに使われる圧電素子を使ったステージの制御についてである。

3.1 ホバークラフトを直進させる

無線操縦のホバークラフトを**図 3.1.1** 上段左側に示す。これが地上を滑らかに疾走する様子を眺めることは楽しい。しかし、同図右側の姿勢データからわかるように、直進走行はなかなか難しい。推進用のモータ 2 個にバラツキがあるし、目視では見きわめられない床面の微妙な傾斜に起因している。そこで、まっすぐにホバークラフトを進ませたいと考えた。この実現のためには、ものづくりを伴う。そのため、学部 4 年生レベルに与える研究テーマとしては適している。

【姿勢検出のためのジャイロセンサ】

ホバークラフトを直進させるために、どのようにしたらよいのであろうか。まず、目で観察していれば機体の蛇行は明白であるが、この現象を自動的かつ連続的に検出するセンサが必要である。このために、ジャイロセンサを選択した。

同センサは空間基準のセンサとして、ヨーレートセンサ（自動車の高度道路

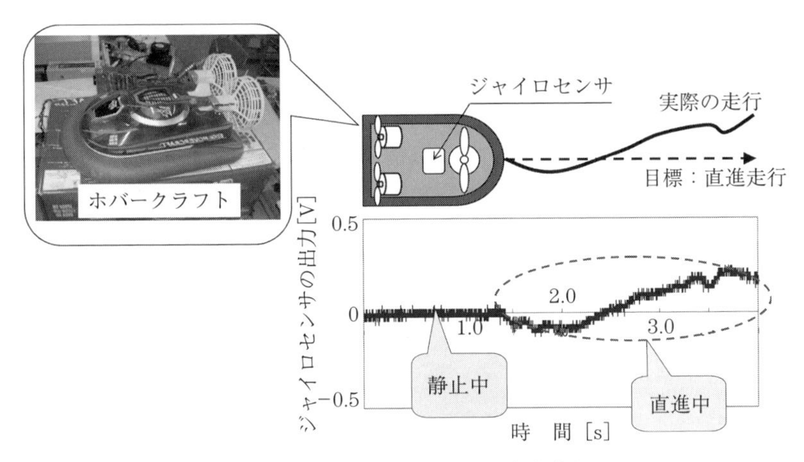

図 3.1.1　ホバークラフトの直進走行

交通システム Intelligent Transport Systems やビークルダイナミクスコントロール Vehicle Dynamics Control など)、コンパス補正（レーダ、オートパイロットなど)、あるいはセグウェイに使用されている。図 3.1.1 のホバークラフトには、(株)シリコンセンシングシステムズジャパンの CRS03-02 を載せた。仕様は**表 3.1.1** のとおりである。

【機体の姿勢を変えるためのファン】

機体には三つのファンつきモータを備える。**図 3.1.2** に示すように、一つ目はスカートで囲まれた圧力室にファンで空気を送ることで機体を浮上させるもの。残る二つのモータＲとＬは、機体後部に取りつけられており、対として直進と旋回を行う。ここで、直進走行の指令にも拘らず、図 3.1.2 ①のように機体が時計回りに旋回したとき、②のようにモータＲの回転を強め、もう一方のモータＬの回転を弱めると姿勢を修正できる。この動作をフィードバック回路で実現すればよい。

【閉ループ系】

直進と旋回を行わせるフィードバック系を**図 3.1.3** に示す。加算点の○印の箇所に注目して、直進指令が入力されたとき加算点の符号はモータＲとＬの両者に対してプラスである。したがって、電流アンプが両モータを同量回転さ

表 3.1.1　ジャイロセンサの仕様

型番	CRS03-02
角速度検出範囲	±100 deg/s
使用温度範囲	−40〜+85 ℃
出力感度（SF）	20 mV/(deg/s)
SF 温度変動（全温度範囲）	±3 %
ゼロ点（中心電圧）	電源電圧の 50 %
ゼロ点温度変動	±60 mV
ゼロ点初期設定誤差	±60 mV
他軸感度	1 %
非直線性	<0.5 % FS
応答帯域（−3 dB, $\phi=-90°$）	10 Hz
外形寸法（突起部除外）	29×18×29 mm
静止ノイズ	<1 mVrms（3 Hz to 10 Hz）
電源電圧	5 VDC±250 mV
消費電流	<50 mA

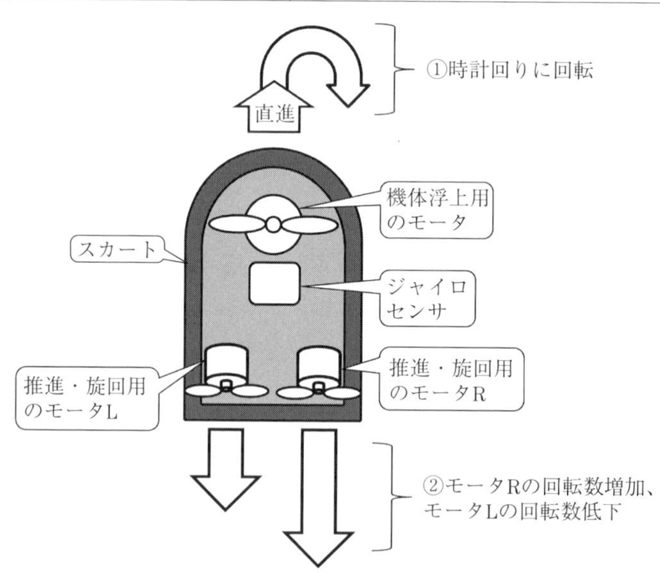

図 3.1.2　機体に備える三つのモータ

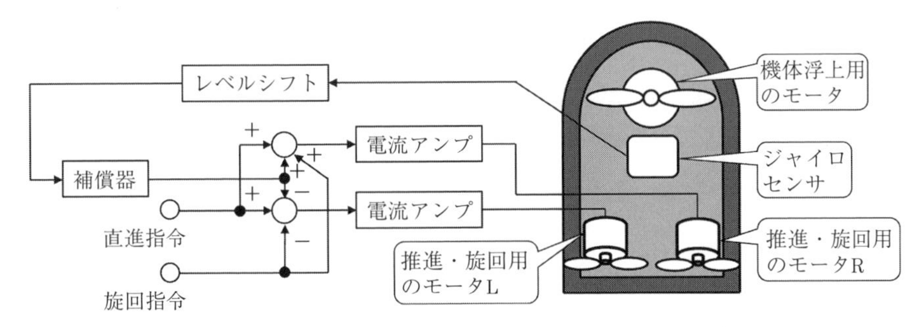

図 3.1.3　直進と旋回を行わせるフィードバック系

せるので機体は直進する。しかし、機体が回転するすなわちヨーイングが発生するとジャイロセンサがこれを検出して、補償器を介した信号がモータＲにはプラス、モータＬにはマイナス符号で加算されて機体の姿勢の修正が行われる。

一方、旋回指令の入力は２箇所の加算点で一つ目はプラス、二つ目はマイナスとなっている。この入力がプラスのときモータＲの推進を強めて、モータＬのそれを弱めるように機能するので機体は反時計回りに回転する。

ここで、図 3.1.3 の補償器の具体的な構成を**図 3.1.4**(a)に示す。ゲイン調整器、擬似積分器（時定数を大きくしたLPF)、そして擬似微分器が並列に接続されている。

実装した回路図そのものであるが、役割の理解のためにはもう少し簡潔なブロック図の方がよい。まず、同図(b)のように簡略化できる。さらに、2.6 節で説明した汎用的な表記に改めると、同図(c)のように PID 補償器ということになる。もちろん、Ｉに相当する回路は完全な積分器ではない。同様に、Ｄも完全な微分器ではないが、意図としては PID 補償器を使っている。

さらに、味気のない PID の言葉に代えて、物理的な意味を持たせたブロック線図の表示が図 3.1.4(d)である。ジャイロセンサによる検出量は角速度である。この物理量にゲインを乗じてモータを駆動するので、Ｐは速度フィードバックである。そして、Ｉでは角速度を１階積分するので変位に相当して変位フィードバックとなる。最後のＤは角速度の１階微分なので加速度フィード

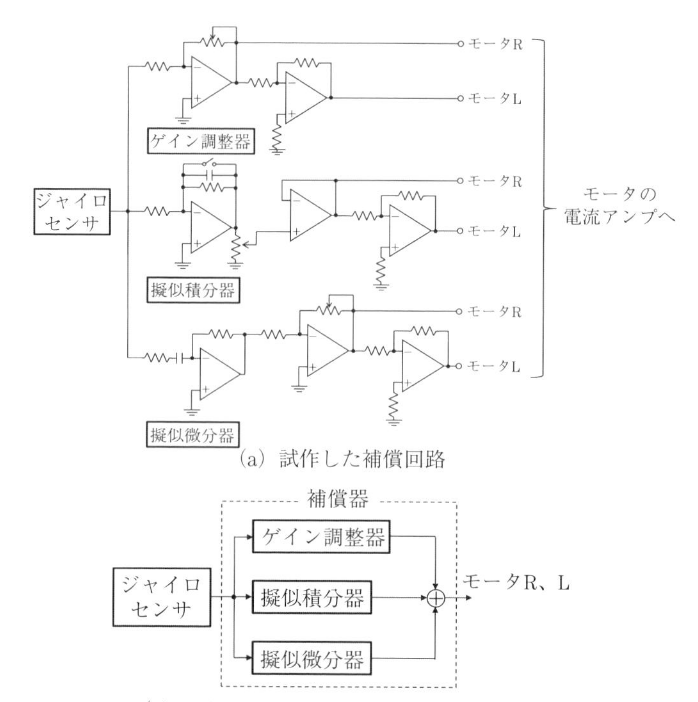

(b) 補償器を回路機能で表示したブロック線図

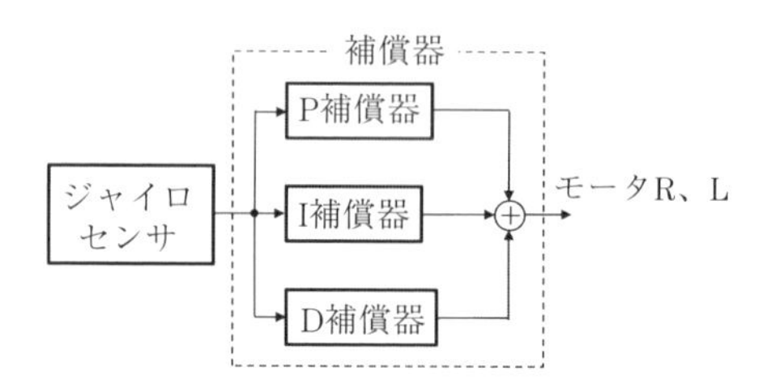

(c) 補償器の汎用的な表記

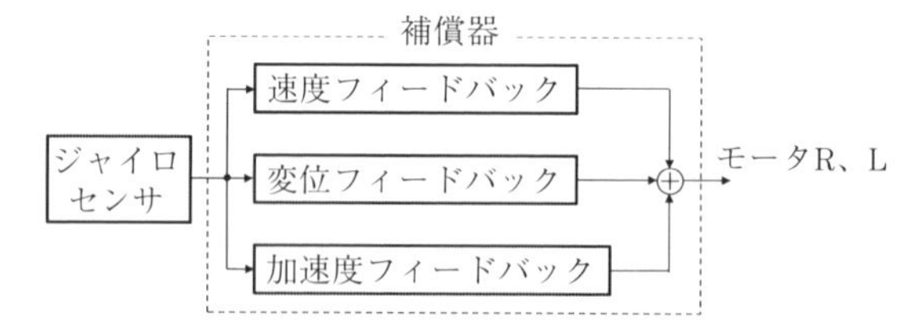

(d) 補償器を物理的な意味で表示するブロック線図

図 3.1.4 フィードバック系は PID 補償だ

図 3.1.5　姿勢制御のための試作回路

バックに相当する。

図 3.1.5 は試作回路の写真である。これを機体には搭載できない。そこで、2 m の配線で機体とつないだ。走行実験の際には、試作回路を載せたキャリヤを機体と一緒に走らせることによってデータを取得した。

【結果】

まず、ジャイロセンサの出力にゲインを乗じたＰ補償器だけを使ったときの姿勢制御の効果を確認した。**図 3.1.6** である。機体のほぼ重心位置に支持棒を立て、前進させずに回転の自由度だけは確保した。そして、Ｐ補償器の有無で機体に手動で回転を与えたときの姿勢をジャイロセンサの信号で観測した。同図に示すように、Ｐ補償器ありの方が素早く姿勢を戻せている。

次に、Ｄ補償器を利かせずにＩ補償器だけ、そしてＰとＩ補償器を同時に投入して直進走行時の機体の姿勢を観測した。じつはＤ補償も実装したが、姿勢制御に及ぼす効果は見分けられなかった。実機に適用した結果を**図 3.1.7** に示す。図中、既述とは別名称をつけてデータの区別をしている。ジャイロセンサの出力に基づくフィードバックの効果をより直接的に表現する名称であり、

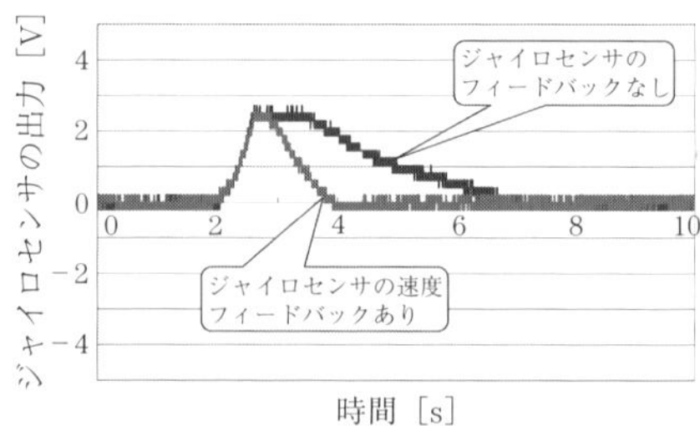

図 3.1.6　回転を与えたときの機体の動き
―ジャイロセンサによる速度フィードバックの有無―

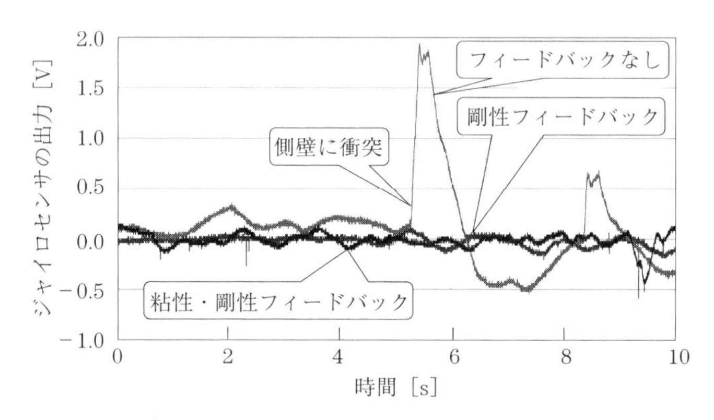

図 3.1.7　ジャイロセンサのフィードバックの有無による直進走行の差異

剛性フィードバックとはＩ補償器を用いたとき、粘性・剛性フィードバックとはPI補償器を用いたときに相当する。

データをみると、ジャイロセンサのフィードバックがない場合、直進指令にも拘らず床の傾斜に起因して即座に壁に衝突する。ところが、フィードバックをかけると、直進走行が容易に実現される。そして、剛性フィードバックと粘性・剛性フィードバックの両者を比較すると、図 3.1.7 で計測した時間範囲では差異がないように見えるが、粘性・剛性フィードバックをかけたとき、常に最長の直進走行を実現した。

3.2 ステージを高速に位置決めする

手の脂をつけてはならないステージの場合には、ゴム手袋を着用せねばならない。しかし、基本は手でステージを触ることである。単に触れるだけではなく、手動で左右に力をかけて移動させる。難しい理屈を振り回す前に、これが設計者のするべき行為である。すると、ステージ移動の素性を感覚として捉えられる。

【まず触ってみる】

図 3.2.1 は、リニアモータによる推力で駆動されるステージである。ホバークラフトのように空気を吐き出して生じる空気層でガイド（案内）されている。そのため、手動の軽い力で滑らかに動く。

一方、**図 3.2.2** は、図 3.2.1 と同様にリニアモータを使っているが、案内は転がり軸受である。すなわちコロコロと転がる針状の軸受でステージが動く。この場合、図 3.2.1 のステージと比べて大きな力を与えなければ動かせない。

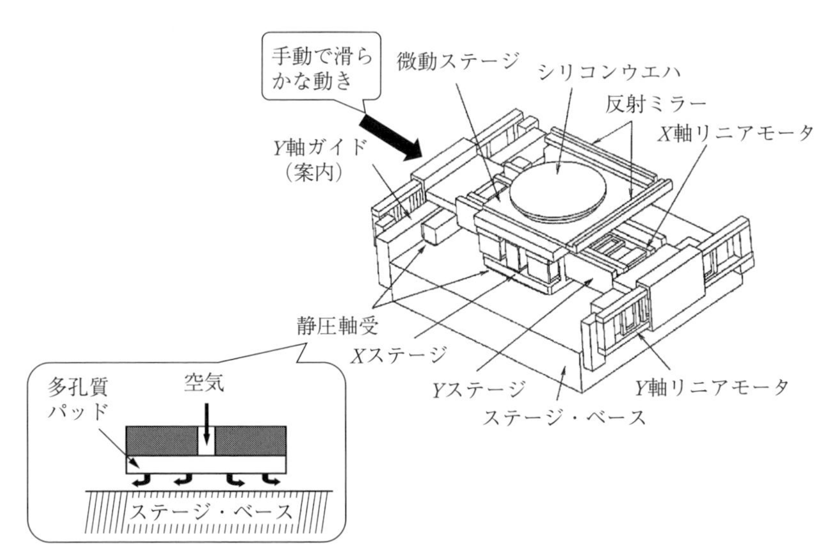

図 3.2.1　静圧軸受を使った位置決めステージの動きは滑らか

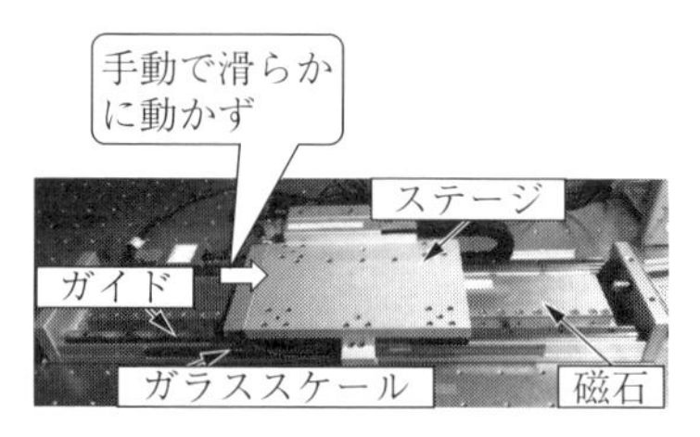

図 3.2.2 転がり軸受を使った位置決めステージの動きはしぶい

両者を触った感覚から、図 3.2.1 の静圧軸受に対して、図 3.2.2 の転がり軸受という案内を用いたステージの方は、高速な位置決めと精度を確保することがより難しい。このように判断できる。

【案内方式】

図 3.2.1 では案内として静圧軸受を使っていると述べた。この軸受の機能を容易にイメージしてもらうため、3.1 節で紹介した玩具のホバークラフトのように空中浮揚すると説明した。しかし、さらに両者を厳密に対比されると困る。まず、**図 3.2.3**(a)を参照して、ホバークラフトのように可動体を浮上させただけであると、これに外力を与えるとプヨプヨと上下動する。そうすると、ステージでは位置決めのたびに上下動が生じて位置決め精度を確保できない。そんなことは許されない。じつは、静圧軸受の空気層に対しては、固さ（剛性）を持たせている。具体的には、図 3.2.3(b)に示すように、空気層で浮上させたうえで、この空気層を縮小させる予圧を与えている。磁石の吸引力による予圧と、空気を突出させてこれを即座に吸引する真空予圧方式がある。

次に、**図 3.2.4** に伝統的なボールねじ・ナットを用いた位置決めステージに採用される 2 種類の案内を示す。一つ目は、位置決めの基準であるヨーガイドに、油膜を介してステージと一体の駒を突き当てている摺動案内である。二つ目は、針状の軸受でステージ移動時の姿勢を規制する転がり案内である。前者の場合、非線形の強烈な摩擦が存在する。これを緩和したものが転がり案内である。

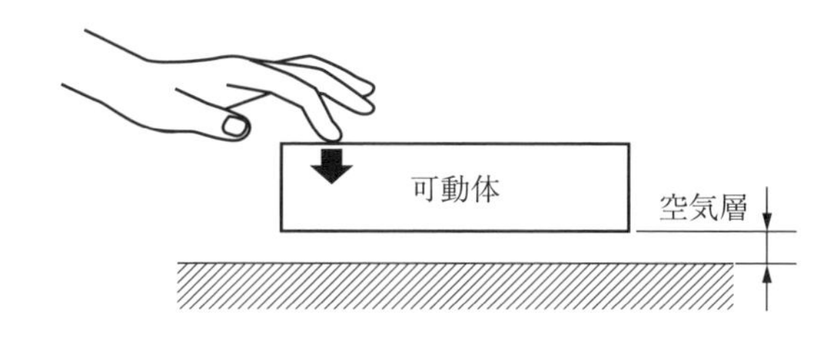

(a) 空気層

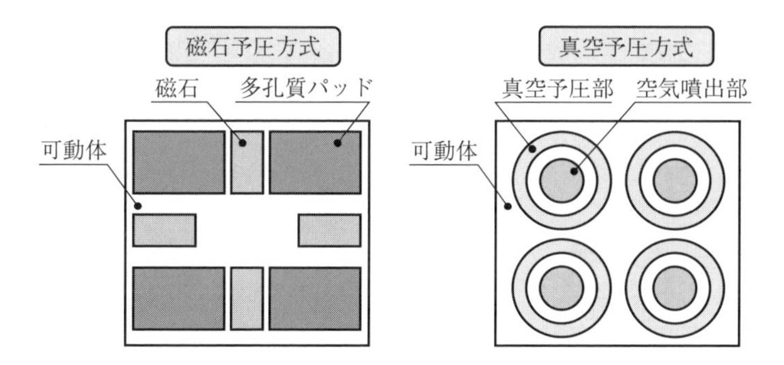

(b) 予圧方式

図 3.2.3　空気層で浮かせているだけじゃない

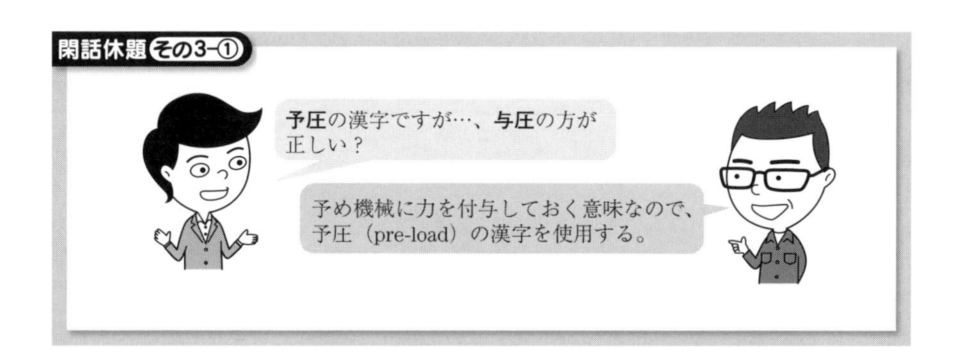

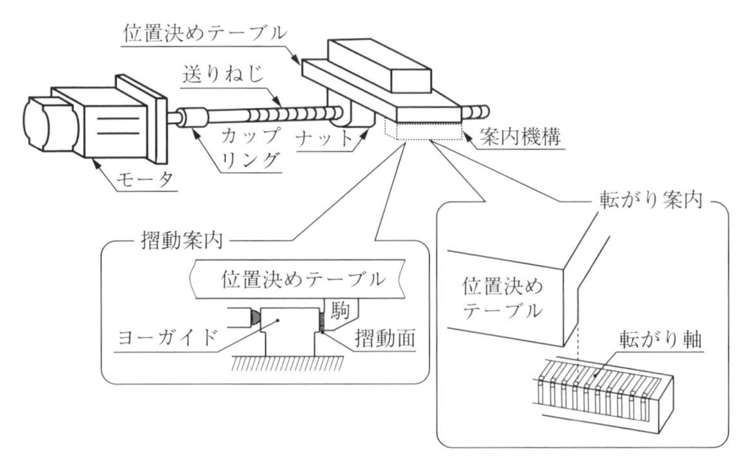

図 3.2.4　伝統的なボールねじ・ナットを持つ位置決めステージの案内

閑話休題 その3−②

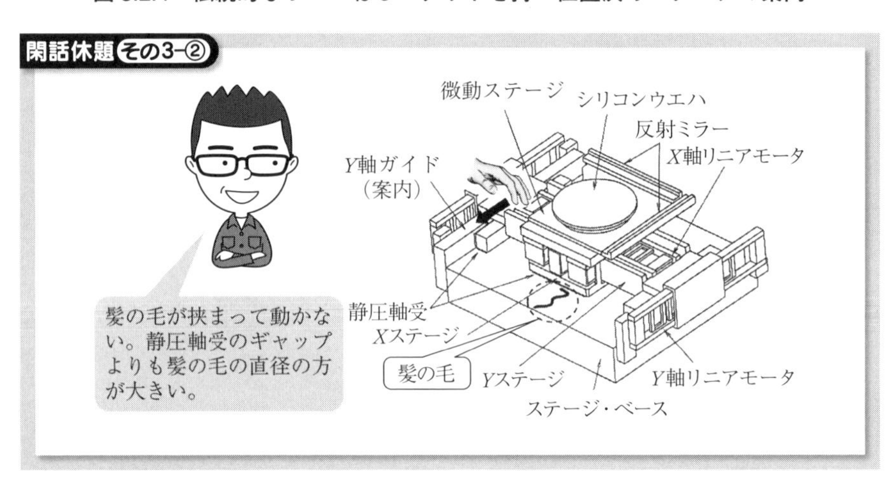

閑話休題 その3−③

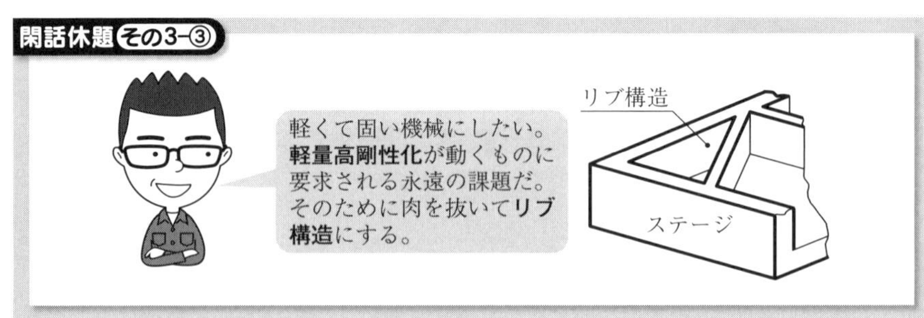

【位置決め用センサとしてのレーザ干渉計とリニアエンコーダ】

まず、レーザ干渉計を用いた位置決めステージの測長の一例を**図 3.2.5** に示す。レーザヘッドの光源からの出射光を二つ以上に分割し、別々の光路を通ったあと再び重ね合わせる。光路差で発生する干渉縞を捉えることで、光の波長を物差しとした測長が行える。

次に、位置決め用のセンサとしてのリニアエンコーダを**図 3.2.6** に示す。これは、直線位置を検出する機器であり、位置計測の基準となるスケール（目盛）と、この位置情報を検出するヘッドから構成される透過形リニアエンコーダの構造である。ヘッド部の発光素子 LED とコリメータレンズによって生成された平行光は、格子目盛を照射している。透過した平行光は、受光デバイス

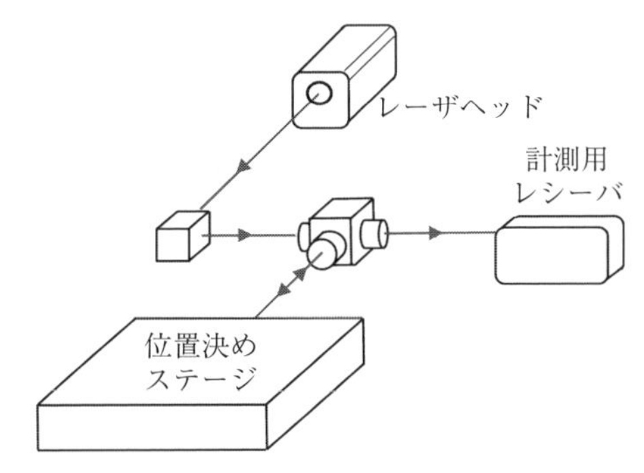

図 3.2.5　レーザ干渉計を用いた測長

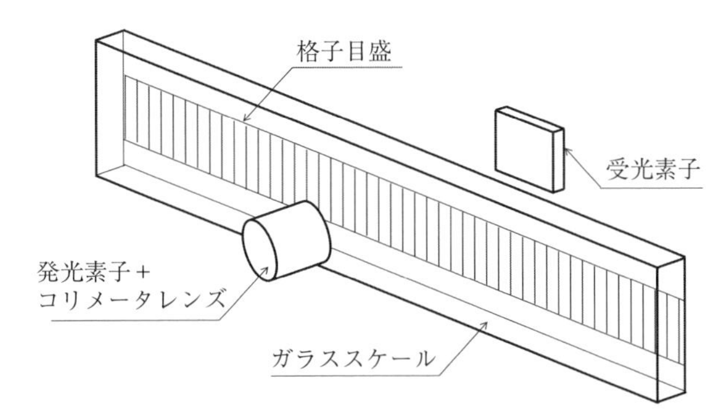

図 3.2.6　透過形エンコーダの構造

閑話休題 その3-④

のフォトダイオードアレイ上に格子目盛と同じ周期の干渉縞を生成する。ここでガラススケールが測長方向に移動のとき、この干渉縞が移動して受光デバイスから格子目盛の周期の正弦波が出力される。正弦波は内挿回路で電気分割されて最小分解能を持つパルスになる。これをカウントすることによって、位置計測ができる。透過形の他に、ガラススケールの反射光量変化を電気信号に変換する反射形リニアエンコーダもある。

【局所フィードバック用のセンサとしてのタコ・ジェネレータ】

図 3.2.7 のように直流サーボモータのシャフトに直結しているタコ・ジェネレータ（TG：tacho-generator）は、モータの回転速度に比例した直流電圧を出力する発電器である。回転子側に電機子巻線、固定子側には永久磁石があり、モータの回転によって電機子巻線が磁界中を動く。そのため、フレミングの右手の法則にしたがって発電する。後に示す図 3.2.13(a)のように、TG はフィードバック用の速度センサとして使用される。

既に、第 1 章の図 1.3.1 では、ミニ四駆のモータを手動回転したとき、発電してランプが点灯することを説明した。これは、タコ・ジェネレータの原理そのものである。そして、後の 3.3 節の図 3.3.29 に登場する速度センサも、同様の原理で動作している。

【アクチュエータとしてのリニアモータ】

その昔、「1192 いいくにつくろう鎌倉幕府」という語呂合わせで年号を覚え

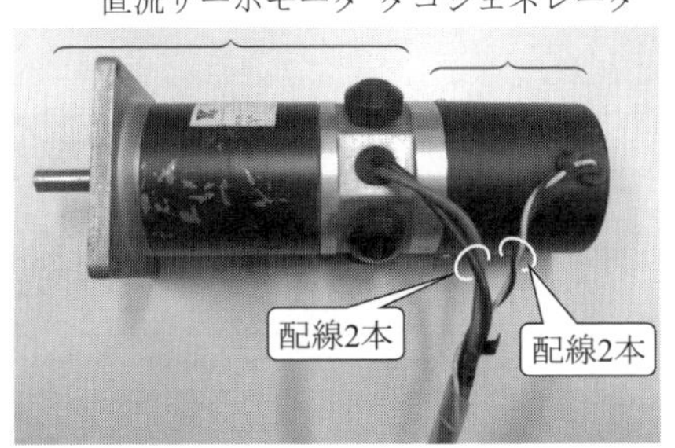

**図 3.2.7　直流（DC）サーボモータに直結
していているタコ・ジェネレータ（TG）**

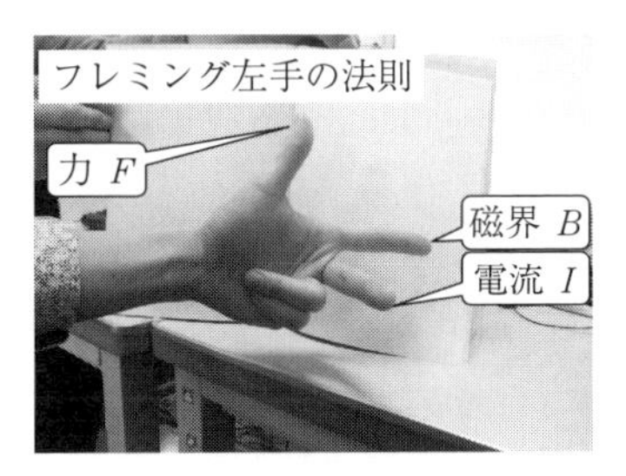

**図 3.2.8　フレミング左手の法則を忘れたとき
アメリカ連邦捜査局 FBI と唱える**

たものである。同様に、電磁アクチュエータの駆動原理であるフレミング左手の法則の指先の意味は、語呂合わせで覚えておきたい。なお、鎌倉幕府の成立は 1185 年という学説はここでは問題視しない。

準備のため、映画の話をする。猟奇的な殺人犯のレクター博士と連邦捜査局の見習い捜査官クラリスの知的で奇妙な信頼関係を描いた映画は「羊たちの沈黙」である。女優ジョディ・フォスターが演じたクラリスは FBI に所属していた。この FBI の呼称と順番が大事である。つまり、フレミング左手の法則は、**図 3.2.8** のように左手の親指が力 F、人差し指が磁界 B、そして中指が電流 I となる。指の意味を忘れたときには、「アメリカ連邦捜査局の名称は FBI だ」と思いだせばよい。

そうすると、フレミング左手の法則を使って図 3.2.1 の静圧ステージに使用

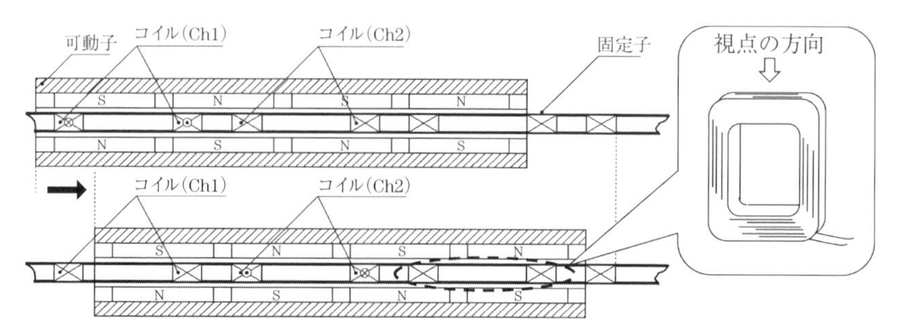

図 3.2.9　リニアモータの駆動はフレミング左手の法則で理解

される**図 3.2.9** の一見複雑そうに見えるリニアモータの動作が理解できる。

図 3.2.9 上段では、コイル Ch1 だけに電流を流している。電流の向きは×と●印で示している。電流の向きが互いに逆なことは、吹き出し内に示すコイルの立体図から理解される。コイル Ch1 左端で磁界の向きは下方の N から上方の S であり、この方向に左手の人差し指を向ける。次に、紙面手前から奥の方向である×印の向きが電流の方向であり、この向きに中指を向ける。このとき親指の方向が推力の発生方向であり、磁石を抱える可動子は右側に移動する。同様に、コイル Ch1 右端の●印は紙面奥から手前の方向に電流が流れていることを示す。磁界は上方の N から下方の S であり、フレミング左手の法則から、可動子は右側に駆動力を受ける。

続いて、可動子が駆動力を受けて図 3.2.9 下段の位置に移動したときを考える。この場合、コイル Ch2 にだけ図に示した方向に電流を通電する。上述と同様にフレミング左手の法則を適用すると、可動子には右方向に推力が与えられ、連続して右側に移動する。

さて、左手の指 3 本の意味を忘れたとき、アメリカ連邦捜査局 FBI と唱えながら、親指→人差し指→中指の順番どおりに $F \to B \to I$ としなさいと説明した。注意したいことは、この順番が推力発生の因果律ではないことである。図 3.2.9 の場合、まず永久磁石による磁界 B が存在している。次に、磁界中にあるコイルに電流 I を流す。その結果、力 F が発生するという順番である。2.5 節の閑話休題で解説済みのコーザリティという技術用語を用いたとき、

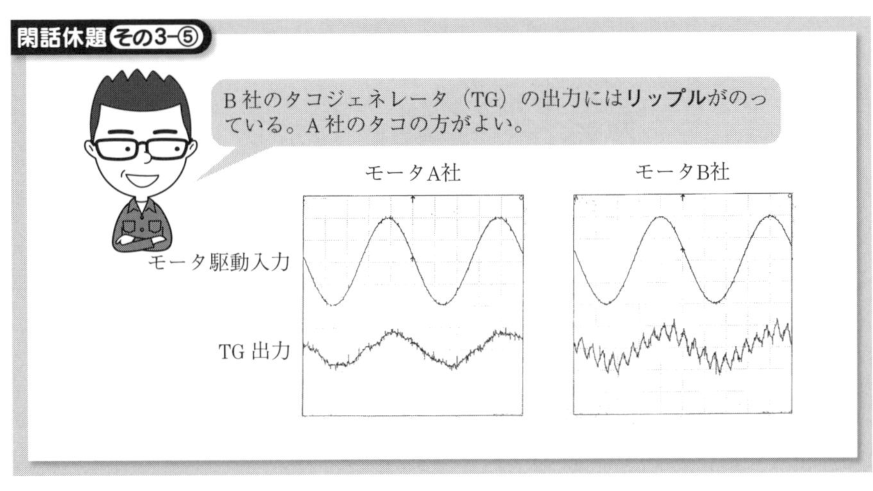

$B \rightarrow I \rightarrow F$の順番がそれに相当する。

【アクチュエータとしてのDCモータ】

既に、DCサーボモータの写真を図3.2.7に示した。あらためて別機種のDCサーボモータを**図3.2.10**に示そう。モータから伸びた2本の太い線に直流電流を流すとシャフトは一定方向に回転する。電流の向きを反対にすると、回転方向は逆転する。当たり前の動作であるが、モータ内部ではシャフトの回転を一方向にするための整流が行われており、この役割を担っている部品が黒鉛ブラシである。これは回転子のコミュテータと呼ばれる電極に押し当てられており、ここで巻線に流す電流を切替えることによって、常に一定方向の回転を実

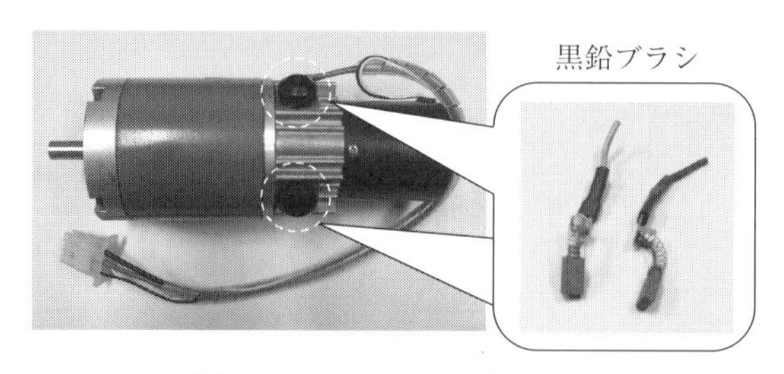

図 3.2.10　DC サーボモータ

現している。したがって、黒鉛ブラシの摩耗は避けられない。正逆運転を頻繁に行うと、摩耗が著しく進行し最悪の場合にはクラックが生じて使い物にならなくなる。産業用装置の場合には、DC サーボモータを交換することになる。制御性がよく扱いやすいアクチュエータであるが、保守性が悪い。

【静圧ステージの位置決め制御系】

静圧ステージの制御系の一例を**図 3.2.11** に示す。補償には PID 補償器が用いられている。さらに、局所フィードバックとして、2.16.6 項で説明済みの定盤加速度フィードバックが用いられている。

さて、2.16.5 項では、図 2.16.7(a) に示す並列形の PI 補償器を選んで、これを用いて制御対象をはじめてコントロールするとき、二つのパラメータの調整に関して手戻りを繰り返して最適値が探索できることを説明した（図 2.16.8）。図 3.2.11 で使用している並列形の PID 補償器も同様である。同補償器には、調整パラメータが K_P、K_D、K_I の三つ存在している。この補償構造のとき、ステージの動特性が全く不明の状態でも、徐々にパラメータを設定していくことができる。

この様子を**図 3.2.12** に示そう。故障あるいは損傷させてはならないステージの場合、まず低いゲインを設定して位置決め動作を確認する。同図上段において、$K_P = 0.1 \rightarrow 1 \rightarrow 10$ の調整であり、この順番に位置決め時間が短縮されている。しかし、積分ゲイン $K_I = 0$ のままであると、定常偏差零は原理的に実現できない。そこで、図 3.2.12 下段に示すように、$K_I = 1$ を投入している。ところが発振したので、これ抑制するめに $K_D = 40$ を投入して発振を抑えてい

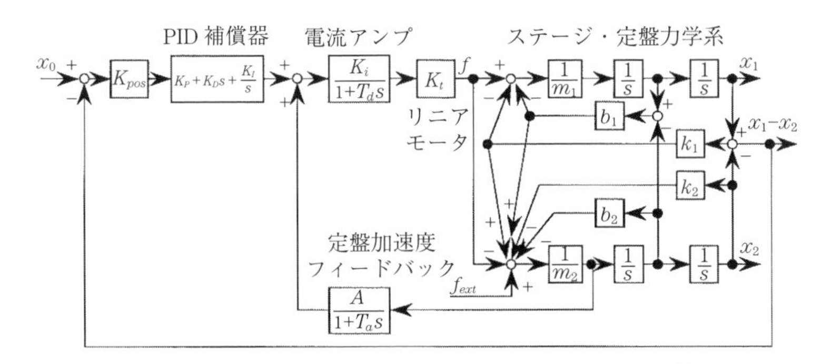

図 3.2.11　静圧ステージに対する PID 補償器の実装

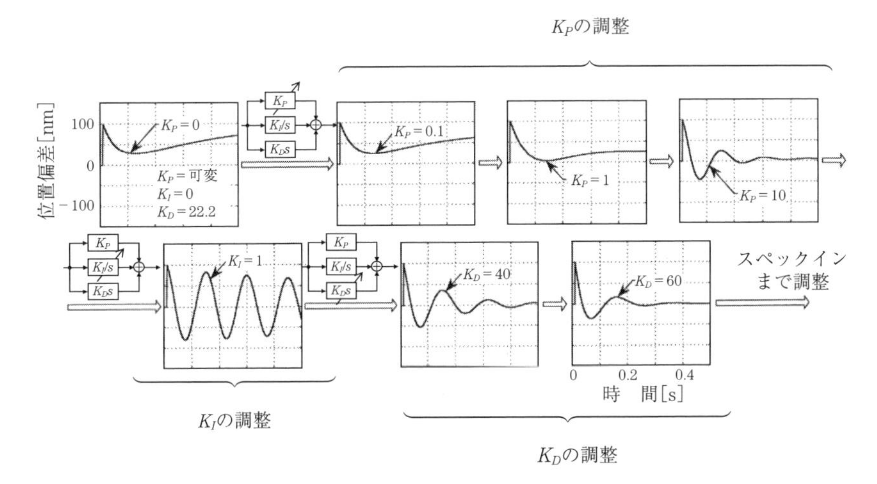

図 3.2.12　徐々に PID パラメータのゲインを高めていく調整の様子

る。このように、位置決め波形を観測しながら、K_P、K_D、K_I を交互に調整することによって、仕様の数値に入るまで調整を繰り返すことになる。

【ボールねじナットを用いた位置決め制御系】

図 3.2.4 の回転・直動変換機構を有するステージに対する制御系の構成を**図 3.2.13** に２種類示す。このようなステージの場合、変換機構の箇所での損失発生は避けられない。このロスをなくすには変換機構を排除して、駆動力をダイレクトにステージに印加する。既に示した図 3.2.1 や 3.2.2 のダイレクトド

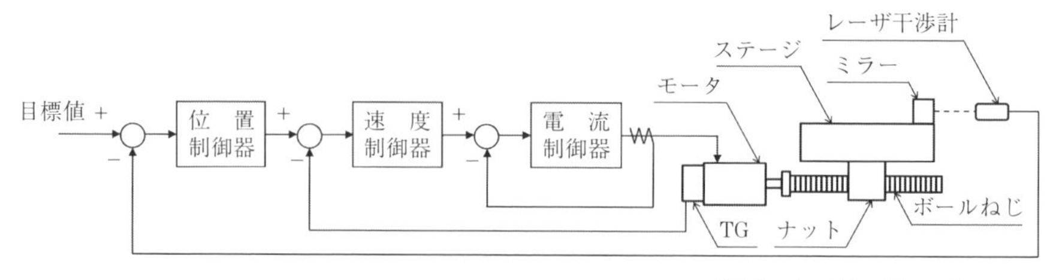

（a）フルクローズド制御

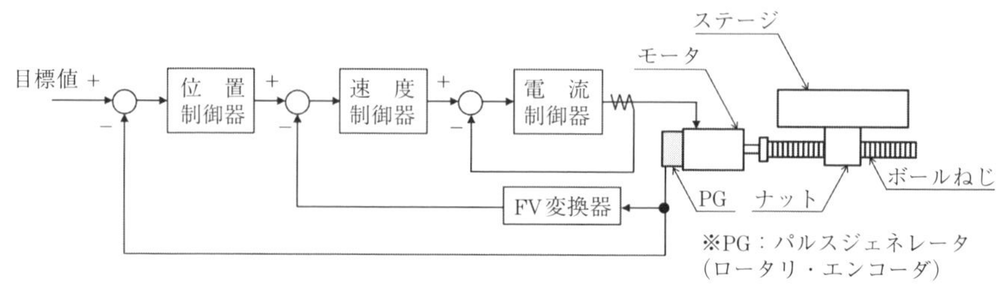

（b）セミクローズド制御

図 3.2.13　フルクローズドとセミクローズド制御

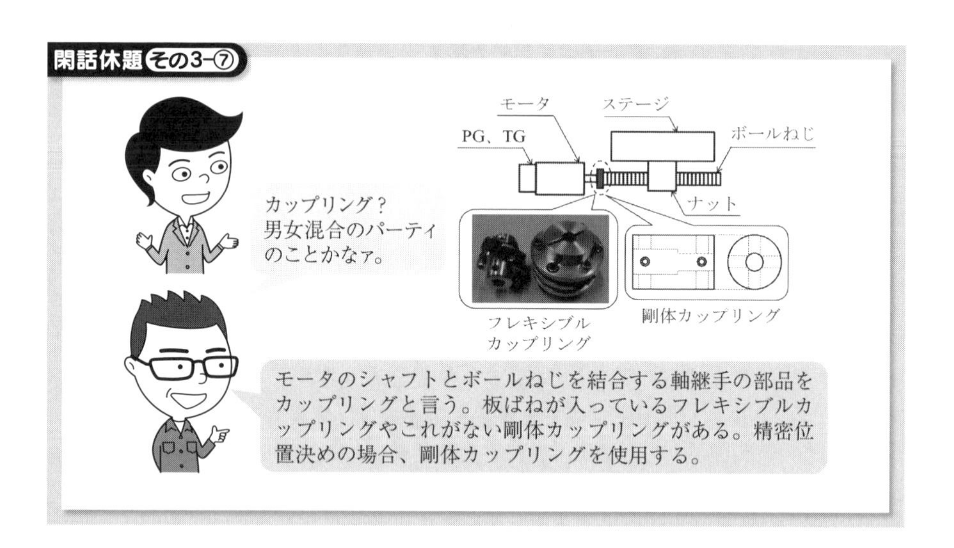

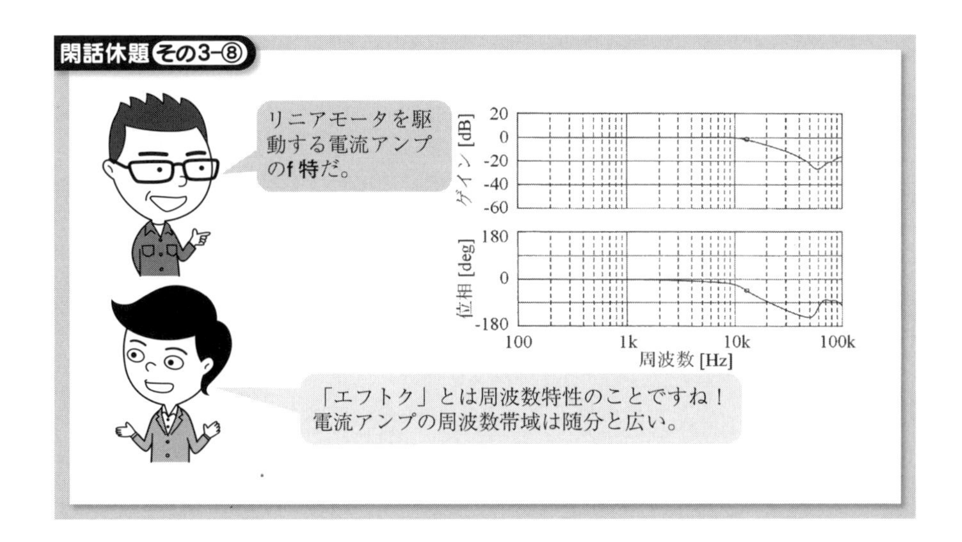

ライブ（Direct Drive：DD）方式を採用することになる。

まず、図 3.2.13(a)ではモータ駆動軸の速度発電器（TG）の信号をフィードバックして速度ループを構成している。そのうえで、ステージの位置を直接計測するレーザ干渉計の出力をフィードバックして位置制御系とするフルクローズド方式である。一方、図 3.2.13(b)はステージ側の位置の観測はせずに、モータ軸側の位置センサであるパルスジェネレータ（ロータリエンコーダとも呼称）の出力によるフィードバックのセミクローズド方式である。

図 3.2.13(a)から明らかなように、ステージの位置そのものを制御したいのであるから、これを計測してフィードバックするフルクローズド方式の方が位置精度は良い。しかし、メリットがあれば必ずデメリットはある。ボールねじの回転によってナットが直進運動するのであり、この部分の振動成分も計測してフィードバックされる。つまり、ループの中に回転・直動変換機構の機械共振が取り込まれる。したがって、閉ループの安定化が少しだけ難しくなる。

それに対して、図 3.2.13(b)のセミクローズド制御の場合、クリアランス（隙間）があるからこそ動くのであり、そのためモータ軸の角度を制御によって高精度で管理できても、ステージ位置の高精度位置決めは保証されない。しかし、ボールねじ・ナット部の機械共振はループ内に取り込まれない。だから、制御の安定化はフルクローズド制御と比較すれば容易となる。モータ軸の位置制御はガッチリと行い、モータ軸とつながるステージの位置制御には関知しない方式である。例えば、モータ軸が停止している場合で負荷側のステージが振動で揺れていても、それはあずかり知らない制御方式ということになる。

【静圧ステージの位置決め特性】

図 3.2.14 に静圧軸受を備えたステージの位置決め波形を示す。このステージの場合、移動時の摩擦はほとんどない。そのため、位置決めの過渡現象時の波形は正弦波状であり上下対称となる。いわゆる振動減衰波形である。

【摺動・転がり案内の位置決め特性】

一方、強烈な非線形摩擦を持つステージの場合には、**図 3.2.15** のように過度現象時の位置決め波形の上下対称性はくずれて、収束中の波形は硬質的である。特に、図中の破線の丸の部分は、目標位置を境にして切り替わるときであり、摩擦に起因した不連続な波形である。

次に、長期にわたる連続稼動を行わせると、滑り案内面に油膜切れが発生して特異な位置決め波形になることを示す。**図 3.2.16** が一例である。位置決め方向と直交しており、サーボロックされている軸に矩形状の発振が生じている。しゃくりあげるような動きである。スティックスリップあるいはジャーキングモーションと呼ばれる。

最後に、**図 3.2.17** に転がり案内を有するステージの位置決め波形の一例を

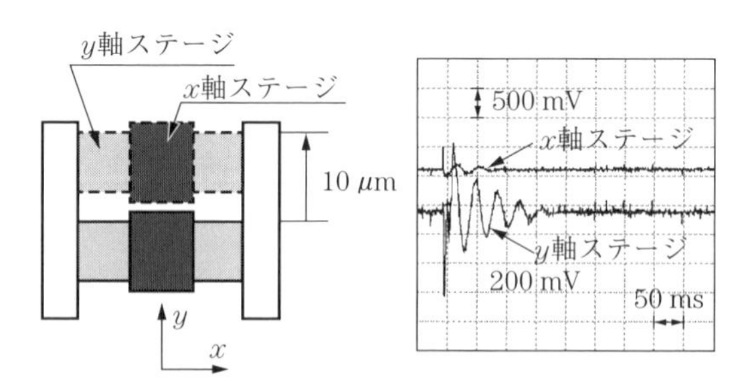

図 3.2.14　調整未了の静圧案内の位置決め波形

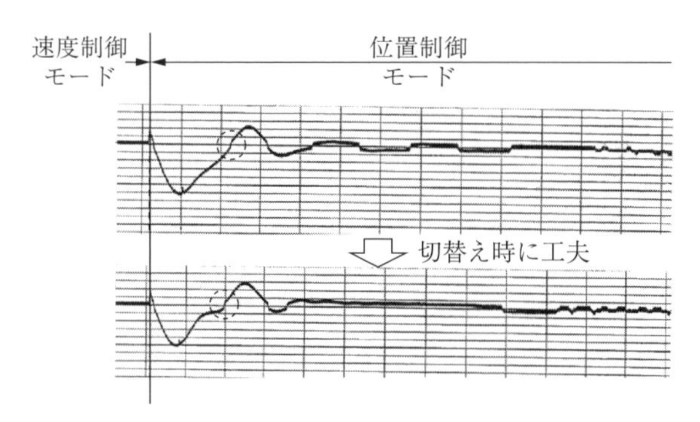

図 3.2.15　ボールねじナット駆動で摺動案内の位置決め波形（その 1）

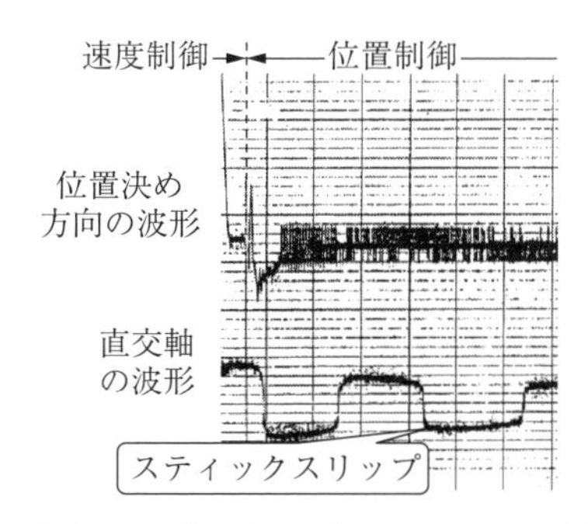

図 3.2.16　ボールねじナット駆動で摺動案内の位置決め波形（その2）

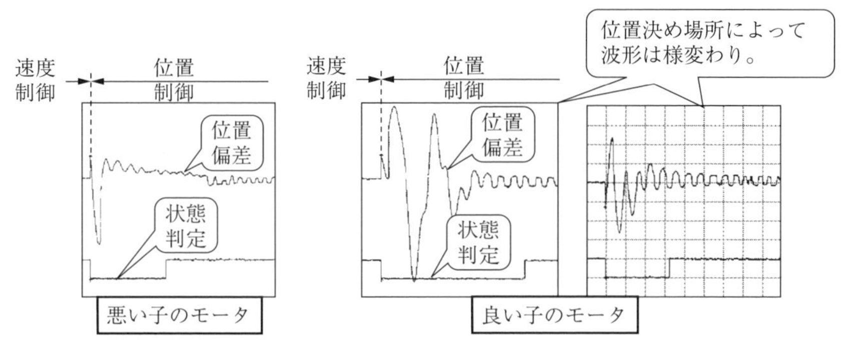

図 3.2.17　ボールねじナット駆動で転がり案内の位置決め波形

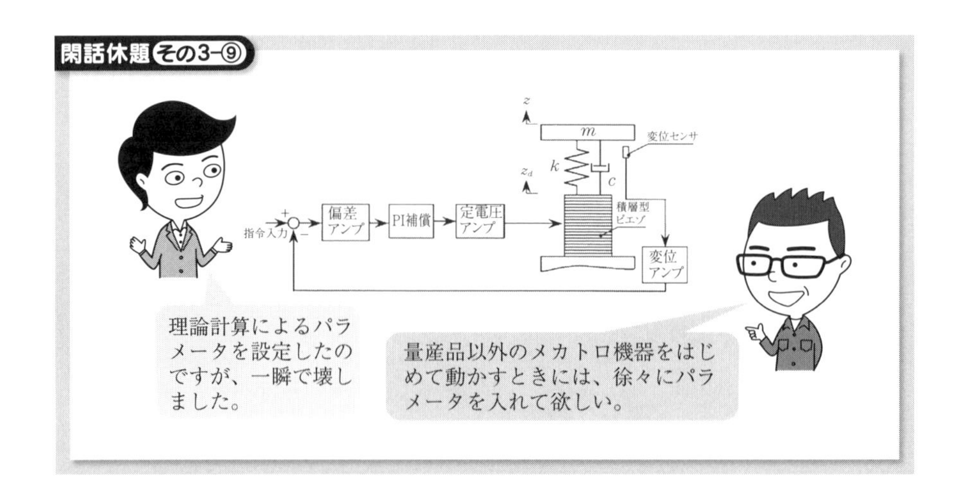

示す。同図左側を参照して、ステージは速度制御で移動させた後に位置制御に切り替えられる駆動がなされている。位置の偏差波形にはナット部の機械共振に起因する振動が長く重畳しており減衰が悪い。これはDCサーボモータ単体の周波数応答が狭い「悪い子のモータ」が使われていたためと考えられた。改善を図るため、これよりも周波数応答が伸びた「良い子のモータ」を使って同一の場所で位置決めを行わせた。

この結果が図3.2.17中央である。位置偏差信号の振幅はさらに増大しており、帯域が伸びたという意味で優れたモータを使ったにも拘らず、位置決め波形の劣化を招いた。しかも、位置決め場所を変えたときには、右側に示すように波形が様変わりになる。帯域が伸びたDCサーボモータに置き換えたため、位置決め機構に存在する機械共振を励振しやすくしたためである。アクチュエータとしてのDCサーボモータの特性が良いにも拘らず、単純な置き換えでは位置決め特性の改善にはならなかった例である。

3.3 働きモノのコンパクトディスクプレーヤの光ピックアップ

LPレコードの時代、円盤上に刻まれた溝にたまったごみをクリーナで取り

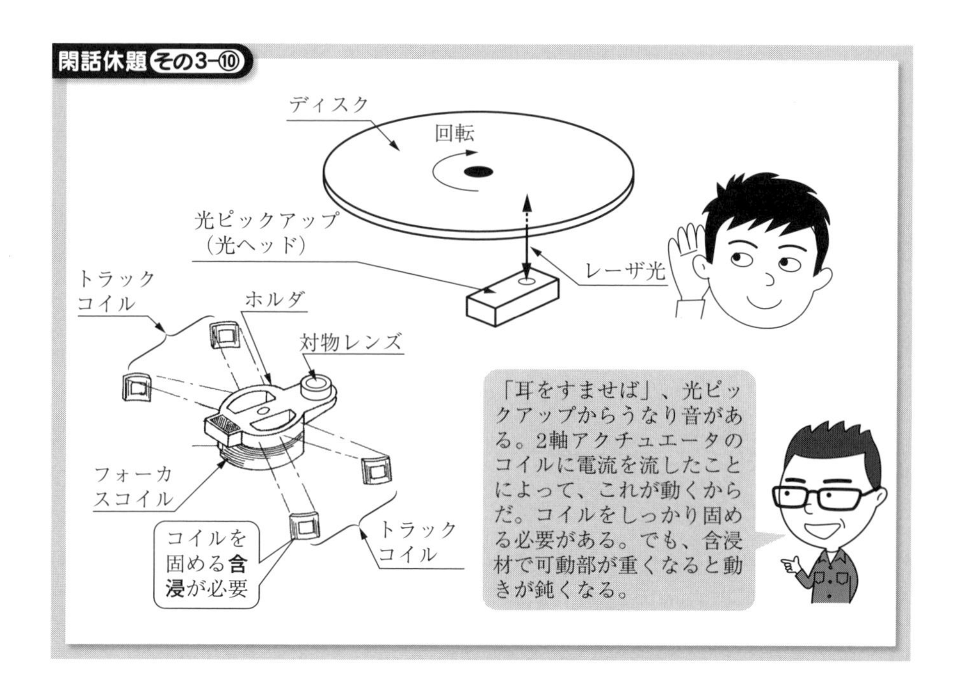

除き、これをターンテーブルにセットした後に、一番外周に針を落とす。すると「ジリジリ」という雑音がスピーカから流れてきて、しばらくすると音楽を再生した。

そして、LP に代わって CD プレーヤが登場した。まったく無音の状態から、いきなり音楽が再生される。このことに感動したものである。そして、いままさに再生されている音楽をスキップして先の曲番号を指定したとき、これも無音状態から突如として音楽が再生される。このとき、プレーヤ本体に耳を押しつけていると、「キュ、キュルキュル」という音がある。何かが動いている。

動くものの正体は、光ピックアップの対物レンズ、光ピックアップ全体をディスク半径方向に搬送するスライダ機構、あるいはディスクを回転させるスピンドル・モータのいずれかである。正体を明らかにしたい。そこで、ディスクを挿入した後、スタートボタンを押す。すると風切り音を伴ってこれが回転し始める。低く唸るような音であり、明らかにスピンドル・モータから発せられている。そして、音楽の再生がはじまりその途中で早送りをしたときには、いくぶん甲高い「キュ、キュルキュル」という音を発するCDプレーヤがある。これは、光ピックアップの対物レンズが強制的に駆動されたときの音であろう。

これら動くもの全てには、閉じたループ、すなわちサーボ系が構成されている。そして、光ピックアップ、スライダ機構、そしてスピンドル・モータという機械を正常に動かすために、対物レンズから出射する動かないレーザ光のパワー制御にもサーボ系が入っている。

以下、各サーボ系の動作を解説していくことにする。

3.3.1 半導体レーザに対するサーボ系

デバイスの研究開発者に聞かれたら叱られそうであるが、半導体は「生もの」だ。専門家ではない筆者のこのような暴言は許してもらおう。実際、半導体レーザ（Laser Diode：LD）は温度に敏感である。

具体的には、温度上昇で発光輝度が低下する性質がある。CDプレーヤはレーザ光をディスクに照射したときの反射光を検出して情報を再生する。これを、温暖な沖縄に持ち込んだとき、情報が再生されなければ困ったことになる。そこで、LDに対しては、温度によらず発光輝度一定とするサーボ系が入っている。これをALPC（Automatic Laser Power Control）と言う。

【LDの出射パワーをモニタする仕組みと回路記号】

LDの温度を一定にするには、どのようにすればよいのだろうか。例えば、温度制御を施した箱のなかにLDを収めるという手段がある。もちろん不可能ではないが、機器の携帯性が損なわれる。じつはCD用のLDには巧妙な仕掛けが存在する。LDそれ自身の発光輝度を常にモニタするフォトダイオード（PD）を同一パッケージ内に備えている。**図3.3.1**は、発光素子のLDとこの発光量を受光するPDが同一のパッケージに収められている半導体レーザの回路記号である。LDとPDの共通端子の設け方によって2種類ある。だから、抵抗やコンデンサが破壊したときのような安易な交換はできない。LDの種類によって、ALPCの回路構造が異なるからである。

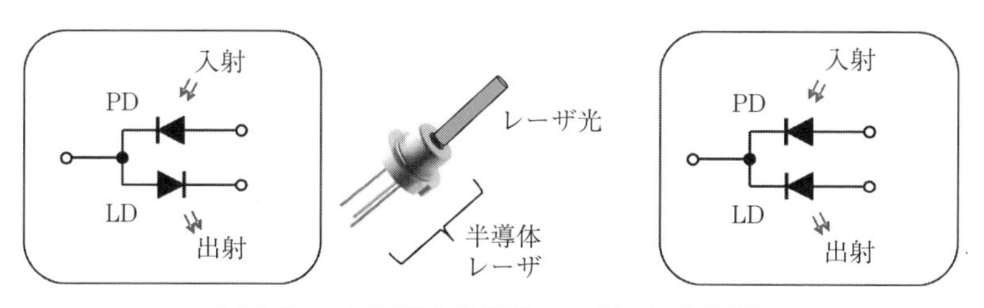

図 3.3.1　2種類の半導体レーザの回路記号

【書き込み用の ALPC】

図 3.3.2 は、試作した ALPC 付き変調回路のブロック図である。温度によらず出射パワーを一定に保ち、かつディスクへ情報を書き込みする変調機能を合わせ持つ。同図において、電源＋15 V 投入時に、回路系にはゆっくりと電源が投入される。これは、電源サージで LD を破壊させないためのスロー・スタータ回路である。そして、温度によらず出射パワーを一定に維持する ALPC と、変調信号に基づいて出射パワーを変えるカレント・スイッチ部を備える。両回路には電子スイッチが入っており、これらはレーザの発光・非発光指令 $\overline{\text{LDON}}$ と、出射パワーの増減指令 $\overline{\text{UP}}$/DOWN に応じてスイッチ駆動回路によってオン・オフ制御される。

まず、図 3.3.2 の回路を使って、半導体レーザの出射パワーを計測した結果を**図 3.3.3** に示す。同図(a)は計測方法である。書き込み用光ピックアップの対物レンズ上に光パワーメータを設置し、LD の順方向電流を増加したときの出射パワーを計測した。この結果が図 3.3.3(b)である。pn 接合の順方向に電流を流して発光するのであり、したがってダイオード特性の曲線になっている。

次に、**図 3.3.4** のタイミングでスイッチ駆動回路への指令に基づく電子スイッチの動作を確認した。ここでは、変調信号を入力しておき、出射パワーの増減を指令する試験を実施した。**図 3.3.5** の実測波形は、$\overline{\text{LDON}}$ の下で、DOWN および $\overline{\text{UP}}$ の指令に対する LD 電流の波形である。変調信号どおりに LD 電流が変化、すなわち出射パワーが変化している。

最後に、図 3.3.2 の試作回路の機能確認のために、Te 系合金の記録膜

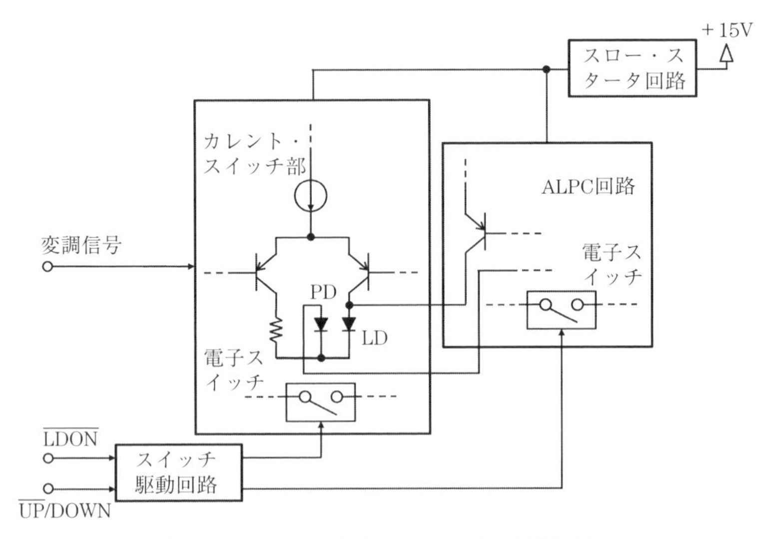

図 3.3.2　LD に対する ALPC 付き変調回路

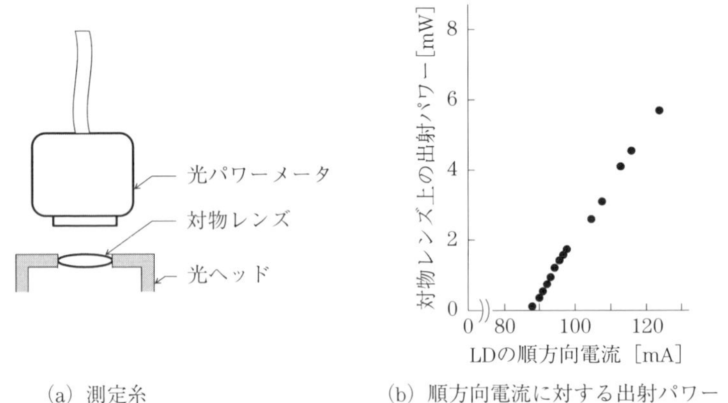

(a) 測定系　(b) 順方向電流に対する出射パワー

図 3.3.3　半導体レーザの出射パワーの測定

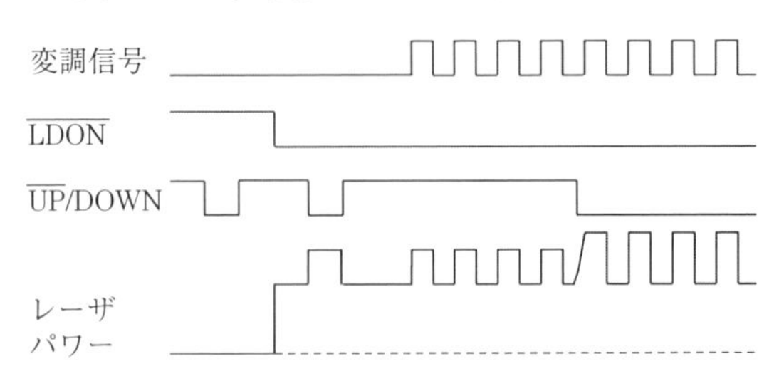

図 3.3.4　試験のためのタイミング

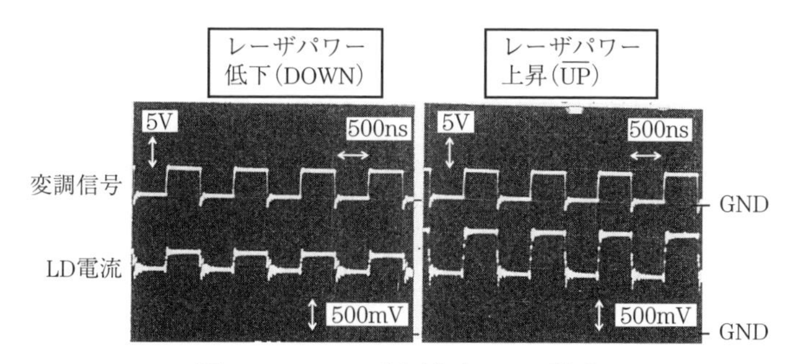

図 3.3.5　レーザ出射パワーの増減

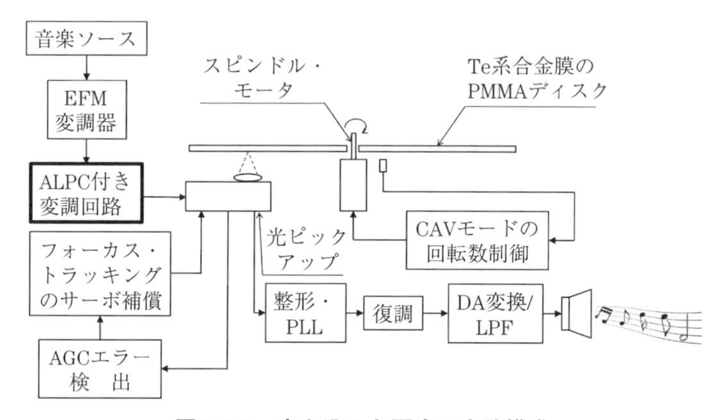

図 3.3.6　書き込みと再生の実験構成

(300 Å）を持つ光ディスクに音楽情報を書き込み、そして再生する実験を行った。実験構成は**図 3.3.6** である。

カセットテープにおさめた音楽ソースを再生し、これを DAD エンコーダにかけて EFM 信号に変換する。TTL レベルの EFM 信号を図 3.3.2 の ALPC 付き変調回路に導き、光ピックアップの対物レンズから出射する光ビームを強度変調して、光ディスクにピットを形成する。ここで、光パワーの強度変調を行うと、フォーカスおよびトラッキング・サーボ系のループゲインの変動をもたらす。これを避けるために、AGC（Automatic Gain Control）検出回路を使用した。具体的には、**図 3.3.7** に示すように、フォーカス信号 V_{fe} およびトラッキング信号 V_{te} は、割算回路を使って全信号 V_{tot} で割算して規格化した。

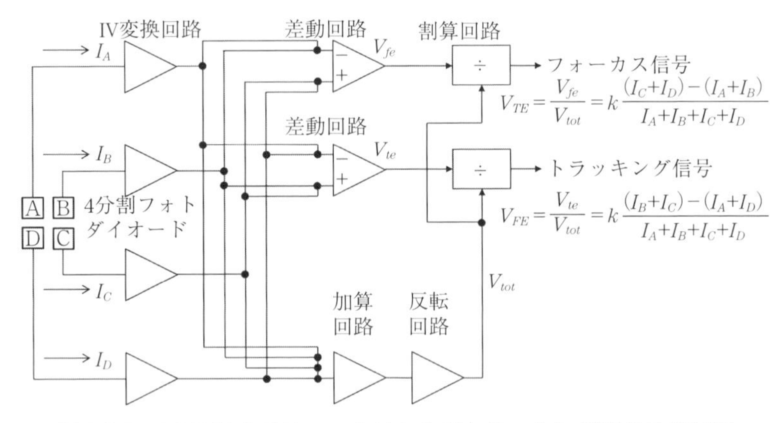

図 3.3.7　AGC によるフォーカスおよびトラッキング信号検出回路

再生時には、ALPC 付き変調回路を直流光モードに、すなわち一定かつ低い出射パワーに設定して EFM 信号を検出する。続いて、図 3.3.6 のように EFM 信号を整形して、ここから PLL 回路を用いてクロック信号を再生する。このクロックに同期して信号を復調回路に取り込み、DA 変換後に LPF を通して音楽を聴くことができた。

【読み出し専用の ALPC】

読み出し専用CDの場合には、図3.3.2に示したカレント・スッチ部は不要で、ALPC だけでよい。**図 3.3.8** は ALPC の一例である。破線の四角で囲む部分は電源ノイズを平滑化する *RC* フィルタ（図 3.3.2 ではスロー・スタータ回路）である。可変抵抗器 *VR* は定格出射パワーを得るための調整抵抗であり、時計回転のとき LD 電流 i_{ld} は増加する。コンデンサ C_{int} は積分用であり、ALPC 回路にはこれが必ず挿入されている。

ここで、発光輝度が高くなった場合を考える。これから負帰還動作を説明するのであり、結果は輝度を抑えるために LD 電流 i_{ld} は小さくなるハズだ。確認してみると以下のとおりに動作する。

(1)　発光輝度が高くなったとき、PD に流れる電流 i_{pd} は増加するのでトランジスタ Tr_1 のベース電位は上昇する。

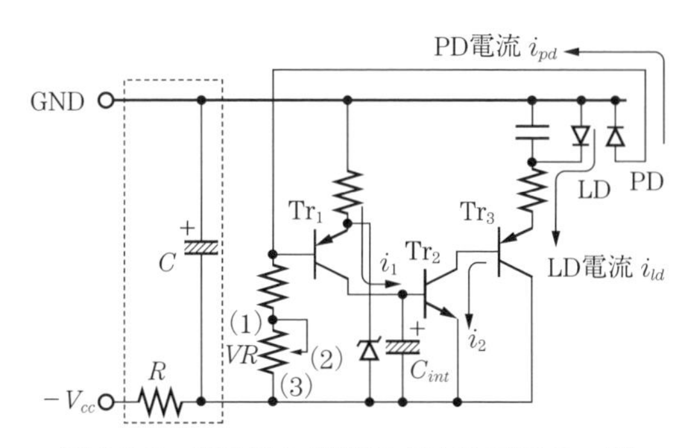

図 3.3.8　読み出し専用の ALPC 回路の一例

(2)　したがって、Tr_1 のエミッタ電流 i_1 は絞られる。

(3)　i_1 は次段のトランジスタ Tr_2 のベース電流であり、Tr_2 のコレクタ電流 i_2 も絞られる。

(4)　i_2 の減少は、最終段のトランジスタ Tr_3 のエミッタ電流、すなわち LD 電流 i_{ld} を小さくする。

次に、型番が同じ半導体レーザ 4 個を同一の ALPC 回路（図 3.3.8）につなげて、温度特性を計測した。**図 3.3.9** のように、ALPC 回路と半導体レーザだけを恒温槽に入れて、－10～＋60 ℃の温度変動を 6 サイクル繰り返した。出射光は光ファイバで恒温槽外の光パワーメータに導いている。表中の番号 1 の LD だけを、出射窓で定格 3 mW の調整とした。このときの変動量の最大・最小値を**表 3.3.1** に示す。光ファイバを介して光パワーを計測しているので減衰は大きいが、同表より ALPC 回路の使用によって、温度変動に対する発光パワーの増減は抑えられていることがわかる。

しかし、この回路の場合には変動幅が大きい。そのため、市販の CD プレーヤ内のこの ALPC 回路に対しては、出射パワーを変化させる仕組みを備えている。具体的には、後の図 3.3.24 で説明する RF（Radio Frequency）信号の大小に応じて電源 $-V_{CC}$ を操作して、出射パワーを変化させている。**図 3.3.10** は電源 $-V_{CC}$ の変化に対する出射パワーが線形的に変化する実測結果の一例である。

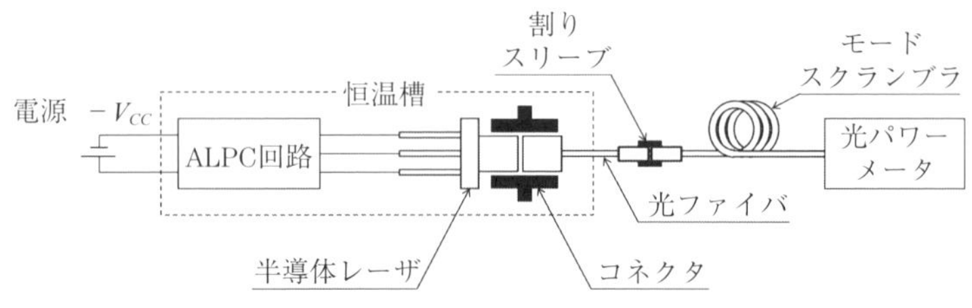

図 3.3.9　温度特性の計測方法

表 3.3.1　温度変化に対する出射パワーの変動

LD の番号	プラス変動の最大［μW］	中心値（25 ℃）［μW］	マイナス変動の最大［μW］	変動率［%］
1	3.61	3.01	2.62	＋19.9 －12.7
2	2.66	2.23	2.03	＋19.4 －19.6
3	3.33	2.63	2.21	＋26.5 －16.1
4	2.70	2.35	1.95	＋14.8 －17.2

※温度範囲：－10～＋60 ℃

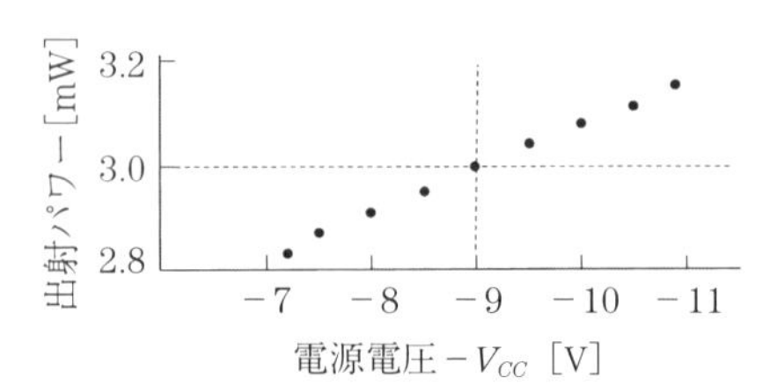

図 3.3.10　電源電圧の変化に対する出射パワー

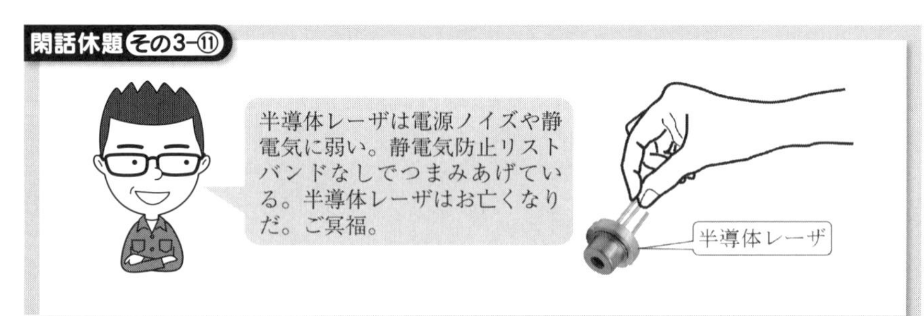

3.3.2　光ピックアップのフォーカスおよびトラッキング・サーボ系

図 3.3.11 は回転するディスクの情報を読み出す光ピックアップの役割を示す。回転するディスクは鉛直方向（フォーカス）および横方向（トラッキング）にブレを生じており、これら変動下にあってもディスク面トラック上の情報を読みとらねばならない。そのために、光ピックアップ内の対物レンズをフォーカスおよびトラッキング方向に追尾させるサーボをかけている。

CD プレーヤが登場した初期の光ピックアップの写真を**図 3.3.12**(a)に、自室で使用している PC のそれを同図(b)に示す。両者を比べると、現在の光ピックアップは随分と薄くなっている。もちろん、いずれにも先端には対物レンズが取りつけらており、これを上下および左右に微細に動かすことによってディスク面の情報を検出する。

まず、図 3.3.12(a)下段のように、ピンセットを使ってレンズを上方あるいは下方に動かす。ピンセットを外すと、レンズはだらしなく元の位置に戻る。まったく面白くもない動きであるが、ピンセットによる力をなくしたとき元に戻るので、ばねが存在するという基本的なことがわかる。これは制御にとって重要なことである。レンズというマス（質量）がばねで支えられており、モノの動きに対しては減衰が作用するのであるから、マス・ばね・ダンパ系とみなせる。すなわち、光ピックアップのレンズ駆動機構は2次遅れ系となる。

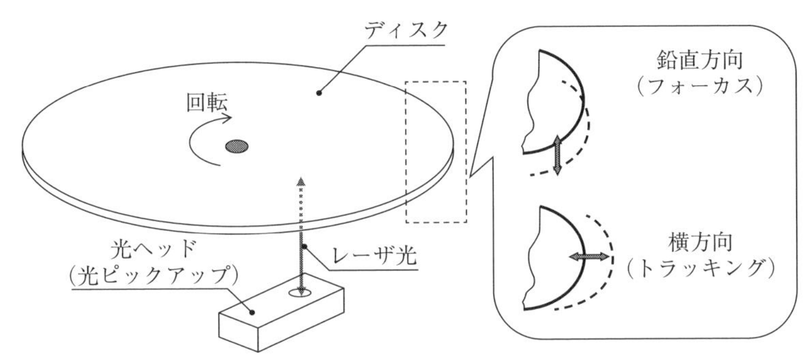

図 3.3.11　ディスク面の情報を読み出す光ピックアップ

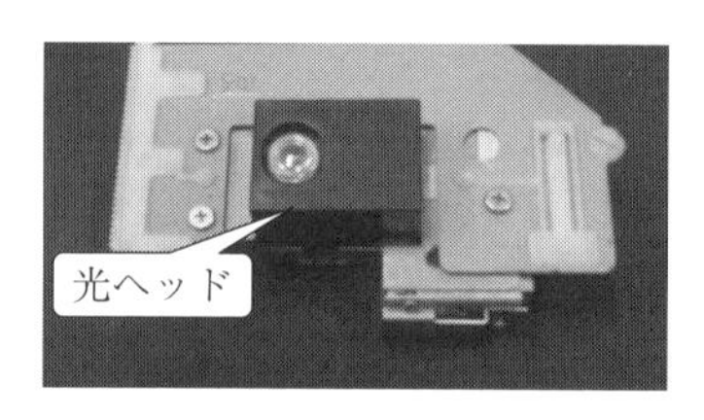

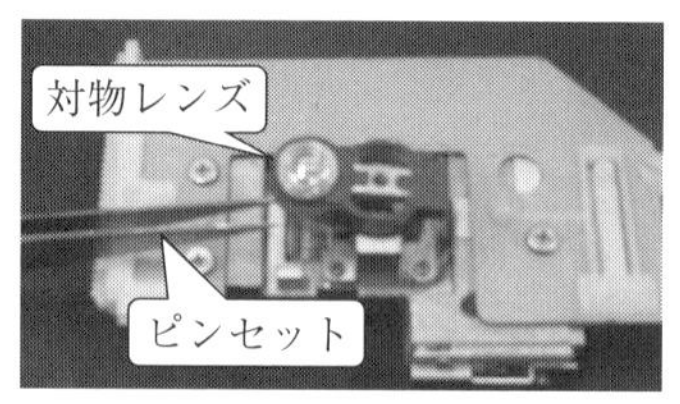

(a) CDプレーヤ初期の光ピックアップ

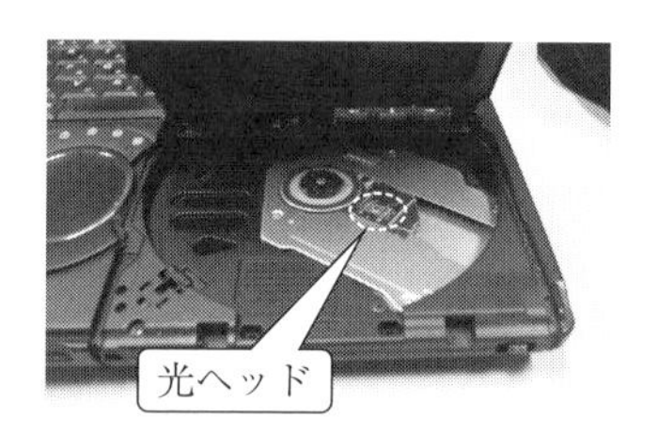

(b) PCの読み出し・書き込み用光ピックアップ

図 3.3.12　初期および PC 内の光ピックアップ

【対物レンズを動かすフォーカスとトラッキング・アクチュエータの周波数特性】

2次遅れ系になることを実測の周波数応答から確認してみよう。ここでは、トラッキング・アクチュエータの周波数特性の測定例を**図 3.3.13** に示す。同図から、共振ピークがあり、それ以降 −40 dB/dec の傾斜でゲインが低下することがわかる。2次遅れ系そのものの特性と言える。さらに、ゲイン特性だけではなく対としての位相の変化も確認する。すると、低周波数から高周波数の掃引によって 180 deg の遅れがある。したがって、ゲインと位相の両曲線から2次遅れ系と明確に言い切れる。このように、ゲインと位相特性は常に対で観

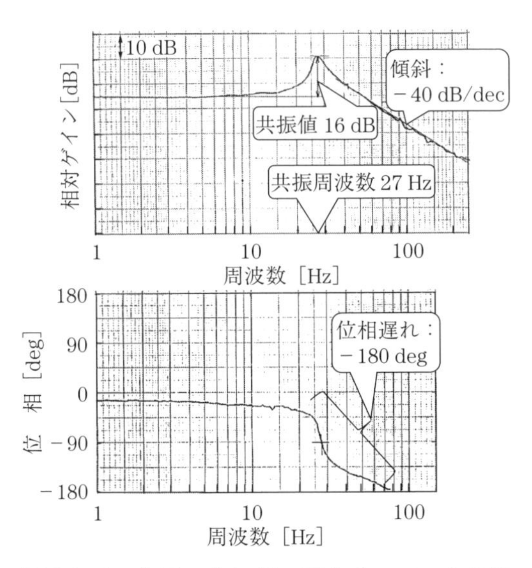

図 3.3.13　トラッキング・アクチュエータの周波数特性

測・評価する必要がある。

図 3.3.13 はトラッキング方向の測定例であったが、フォーカス方向も 2 次遅れ系となる。つまり、両者の周波数特性には共振ピークが存在し、これ以降ゲインが減衰していく。初期の光ピックアップに限定するが、フォーカスとトラッキングの共振周波数はそれぞれ 15～20 Hz と 20～30 Hz 程度である。この特性に対して、閉ループの周波数帯域は、1 kHz 程度に伸ばしている（後の図 3.3.15、あるいは表 3.3.2）。したがって、共振周波数以降の極めて高域に生じる共振（副振動、スプリアス振動）でさえフォーカスおよびトラッキングの性能に悪影響を及ぼす。具体的には、ディスク面の情報の定常的な再生中は問題なくとも、隣接トラックにジャンプさせる、あるいはディスク内周から外周へ光ピックアップをスライダ・サーボで移動させた後に所望のトラック上の情報を読みとらせる過渡現象を伴う動かし方をさせたとき、サーボ系の動作は不良になる。

そのため、**図 3.3.14** 左側のように共振周波数におけるゲインに対して相当

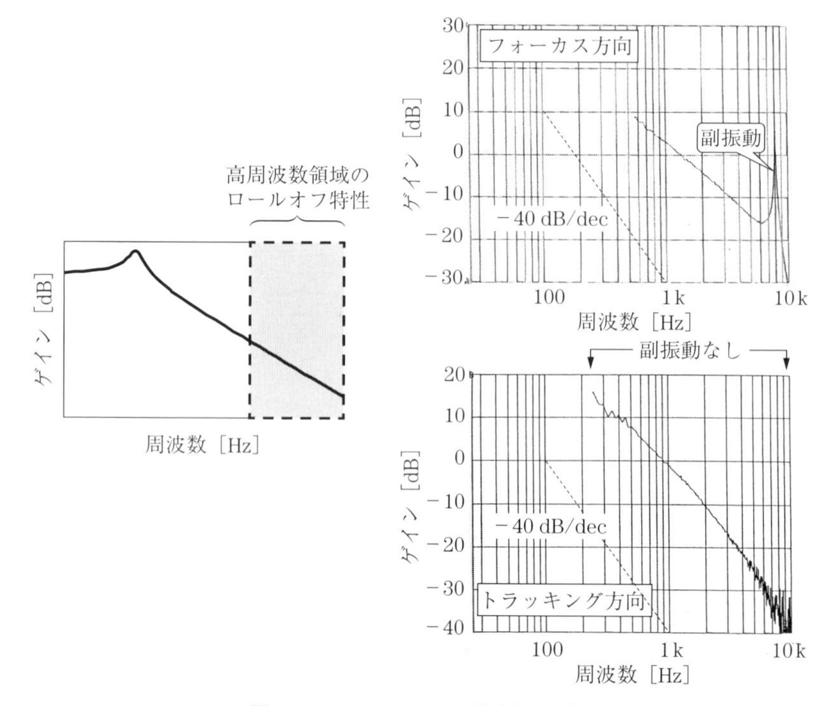

図 3.3.14　ロールオフ領域の評価

に減衰する高周波領域の周波数特性を評価している。同図右側はフォーカスとトラッキング方向に計測結果の一例である。フォーカスには 8 kHz に副振動が存在する。これは光ピックアップのサーボに悪影響を及ぼす。一方、トラッキング特性には副振動がないクリーンな周波数特性になっている。ここで注意したいことは、対物レンズ駆動の 2 軸アクチュエータは一体で組み込まれていることである。したがって、図 3.3.14 のフォーカス・アクチュエータは廃棄し、トラッキング・アクチュエータだけを採用することはできない。

さらに気づくことは、図中に挿入した破線の傾斜 −40 dB/dec とロールオフ曲線の平行度を見てわかるように、フォーカスとトラッキングの何れも高周波数領域のロールオフはこの数値の傾斜ではないことである。2 次遅れ系というならば、ロールオフの傾斜は常に −40 dB/dec であるが、実機の場合の高周波ダイナミクスはそのようにはならない。

さて、多くのメカトロ機器では、図3.3.14右側上段のような機械共振が発生し、これがサーボ性能に悪影響を及ぼす場合、例えばノッチフィルタ（2.11.3項参照）を補償器として閉ループの中に挿入して低感度を図る。ところが勃興期のCDプレーヤの光ピックアップという限定をつけて、ノッチフィルタの挿入を行っている例はない。2軸アクチュエータそのもので高域に副振動にないものとする設計と製造に精力を傾ける。

【ディスクの振れに追従するフォーカスとトラッキング・ループの応答性】

多少変形したディスクであっても、光ピックアップは情報を読み出してくれる。この場合、対物レンズのフォーカスおよびトラッキングは情報追尾のために、高速に動くことになる。どのくらいの速さなのであろうか。市販のCDプレーヤを使って、応答の速さを計測した。

図3.3.15(a)は測定方法である。山口百恵さんの「いい日旅立ち」を再生しながら、フォーカス・サーボ系に低周波数から高周波数までの正弦波信号を印加した。この振幅が過大であると、サーボが外れて音楽の再生は途切れる。そこで再生が乱れない程度の正弦波の振幅とした。この信号をサーボアナライザ（図2.10.1(b)）のX端子に、そして印加した信号がフォーカス・サーボループを一巡してくる信号をY端子に接続して、Y/Xの周波数特性を、すなわち閉ループ周波数応答を測定した。トラッキング・サーボ系も同様である。音楽再生中、トラック追尾のために対物レンズはせわしなく動いているが、さらにサーボアナライザの発信器から対物レンズを半径方向に強制的に加振する信号を印加し、これが一巡する信号との比をとって閉ループの周波数応答を計測した。フォーカス・サーボ系の閉ループ周波数特性は図3.3.15(b)に、トラッキング・サーボ系のそれを同図(c)に示す。

この周波数特性から、応答の速さの指標の一つである**バンド幅**が読みとれる。直流領域のゲインから3 dB低下する周波数であり、実測結果の図3.3.15(b)と(c)から、

フォーカス　1 kHz

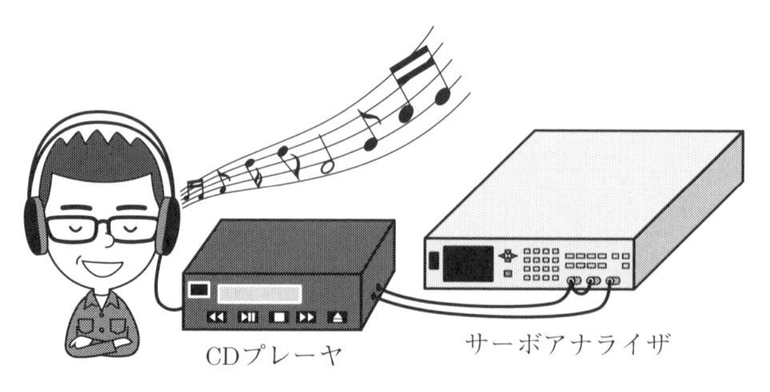

(a) フォーカスとトラッキング・サーボ系の
閉ループ周波数応答を音楽再生中に計測

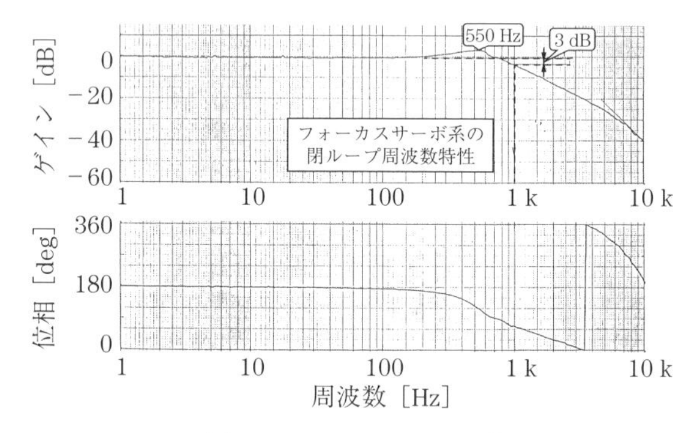

(b) フォーカス・サーボ系

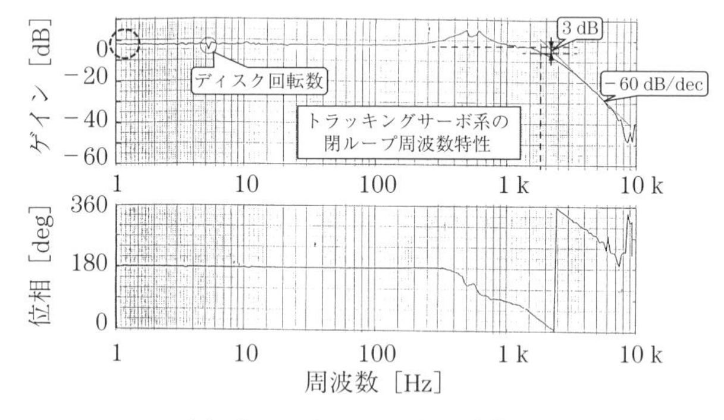

(c) トラッキング・サーボ系

図 3.3.15 フォーカスおよびトラッキング・サーボ系の周波数応答

表 3.3.2　某社の閉ループ特性

項目／種別	バンド幅	共振周波数	共振値
フォーカス	1.5 kHz	800～900 Hz	2 dB
トラッキング	3.3 kHz	1～2 kHz	4 dB

トラッキング　1.8 kHz

である。そして、ゲインのピークが生じる**共振周波数**は、

フォーカス系　550 Hz

トラッキング　500～600 Hz

でありこれも応答の速さを示す。そして、共振周波数における**共振値**の大きさから、過渡現象時の振舞いがわかる。この場合には小さく、したがってダンピングがよく効いている状態に調整されている。

さらに、図 3.3.15(c)の特性において、低周波数領域で破線の丸で囲む部分に注目すると、0 dB から低下している。積分器 $1/s$ を閉ループ中に持つ１型の場合には、低周波数領域で 0 dB となるので、図 3.3.15(c)の制御系は 2.6 節で説明済みの技術用語を使って 0 型である。事実、図 3.3.15(c)のトラッキング・サーボ系の回路を精査すると、積分器 $1/s$ は存在していない。それでは、図 3.3.15(b)のフォーカス・サーボ系では低周波数領域のゲインが 0 dB なので１型かといえばそうではない。ループゲインが高いので 0 dB ラインに接近しているだけであり、フォーカス・サーボ系を構成する回路に積分器 $1/s$ はなく、したがって 0 型の制御系である。

他の CD プレーヤの閉ループの周波数特性はどのようになっているだろうか。図 3.3.15(b)(c)の特性を得た CD プレーヤとは別機種でもバンド幅、共振周波数、そして共振値を計測した。この結果を**表 3.3.2** に示す。光ピックアップ自身の共振周波数がフォーカスとトラッキングともに 40～50 Hz 程度であるのに対して、閉じたループの応答は数 kHz オーダまでのばしている。そして、共振値の値をみると、過渡現象時の収束をよくするためのダンピングがこの機種でも十分である。

【ダンピングの効いている証拠】

光ピックアップのサーボ系では、ダンピングが十分な状態に調整されていることを時間波形で示そう。**図 3.3.16** が結果である。これは、音楽の再生中にあって、フォーカスおよびトラッキング方向の目標値（再生中は0Vの目標値）にステップ信号を印加したときの各信号の応答波形である。フォーカスの場合は、合焦点の状態から強制的にずらす指令を与えたことに、そしてトラッキングの場合は、オントラックの状態からずらした位置でトラッキングをさせていることになる。いずれも音楽の再生には支障のないズレである。フォーカスおよびトラッキング信号は、ステップ入力の角のところで暴れていない。これはダンピングが適切な証拠である。

【対物レンズに対するフォーカス・サーボ系の補償構造】

市販のCDプレーヤのフォーカス・サーボ系の補償構造を紹介する。まず、**図 3.3.17** にA社のフォーカス・サーボ系のブロック線図を示す。ループ中には位相進み補償器があるだけである。フォーカスコイルに電流を流したことによって駆動される対物レンズは2次遅れ系であるため、フォーカス・サーボの一巡ループ中に積分器 $1/s$ はない。したがって、2.6節で既述した技術用語を使って0型の制御系である。

図 3.3.17 で特殊なことは、FET（電界効果トランジスタ）を使ったスイッチが2箇所に挿入されていることである。まず、直列のFETスイッチはループの断続用である。電源未投入時の対物レンズは、これを機械的に支持するばね

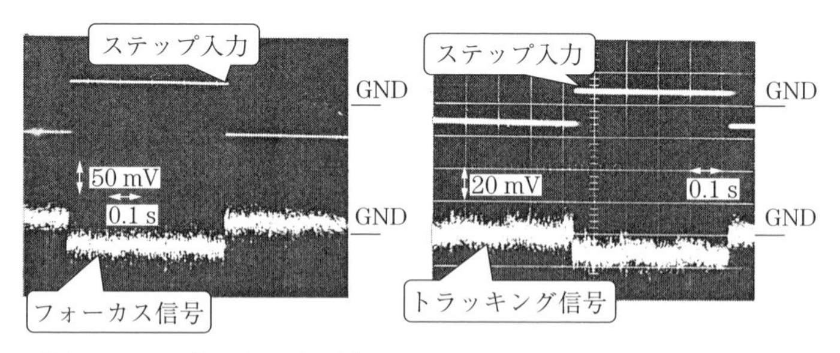

図 3.3.16　ダンピングが適切である証拠としてのステップ波形

によって平衡位置にある。電源を入れて次にディスクをセットしたとき、対物レンズを合焦点の位置まで引き上げねばならない。このとき、ループを切断した状態下で対物レンズを強制的に引き上げるオートフォーカス信号を電流アンプに入力する。そして、合焦点を検出したときループを接続する。次に、並列の FET スイッチの役割を説明する。このスイッチと直列にシャント抵抗（シャントとは分流の意）が接続されている。よって、スイッチオンでゲインは低下、オフでゲイン増加となる。つまり、対物レンズの動きを柔らかくあるいは固くするスイッチとなっている。

次に、**図 3.3.18** に B 社のフォーカス・サーボ系のブロック線図を示す。通常の音楽再生時のフォーカス信号は、位相進み補償器、ゲイン補償器、ゲイン調整器、そして並列補償器を通って、電流アンプを励磁する。図 3.3.17 と同様に、位相進み補償器さえ備えていればフォーカス・サーボはかけられるのであり、際立った特徴は擬似積分補償器と擬似微分補償器からなる並列補償器を電

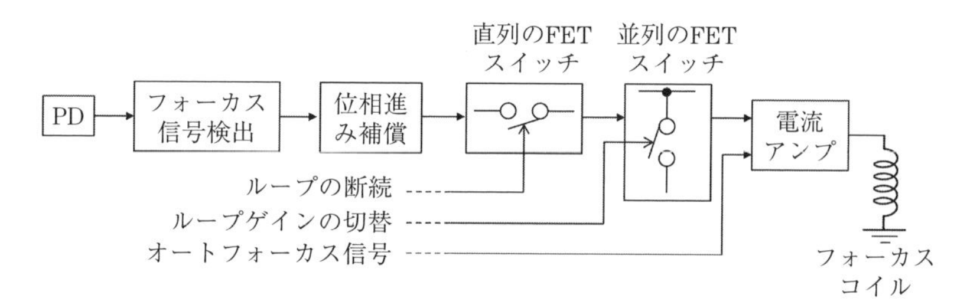

図 3.3.17　CD プレーヤのフォーカス・サーボ系（A 社）

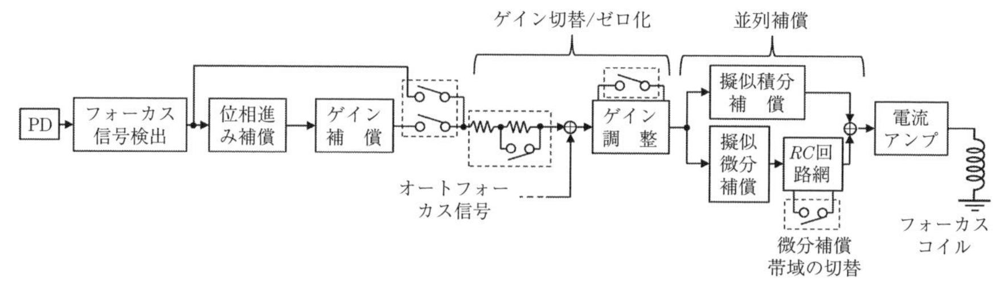

図 3.3.18　CD プレーヤのフォーカス・サーボ系（B 社）

流アンプ前段に配置していることである。

並列補償器の伝達関数を計算すると、複素共役な零点をつくりだしている。すなわち、共振ピークを持つ2次遅れ系の周波数応答の逆の特性である。フォーカス・アクチュエータの共振周波数と、並列補償器の複素共役が生み出すノッチの周波数は一致しており、制御工学の用語を使って「制御対象の複素共役な極を、並列補償器の複素共役な零点でキャンセル」する補償構造になっている。

さらに、擬似微分補償器の次段にはスイッチ付きのRC回路網がある。このスイッチは、ディスク面に欠陥やキズなどがある場合に起動する。具体的に、サーボ系の帯域が広い状態でディスク面の欠陥などに遭遇すると過敏な応答を示すので、これを避けるためにサーボ系の帯域を低下させて内部欠陥に強いサーボ系としている。一方、信号面に傷などが存在しない場合には、外部振動などの外乱に強いサーボ系としている。

このことは、原始的な実験で確認している。まず、CDの信号面に黒マジックで直径1 mm程度の汚れをつけた。このディスクをA社のプレーヤで再生したとき、(i) ディスク回転数の低下、(ii) 曲の再生テンポの低下、(iii) クリックノイズの混入という甚大な悪影響があった。ところが、同一のディスクを図3.3.18のB社のプレーヤで再生したところ、何らの影響もなかった。なお、B社の場合、トラッキング・サーボ系も図3.3.18と同様の補償構造を採用している。

【オートフォーカス】

ディスクがCDプレーヤにセットされ、スタートボタンを押すと、スピンドルが回転し始める。そして、レンズをディスク面に接近させて、合焦点の瞬間を捉えてフォーカス・サーボをかける。これをオートフォーカスと言う。

図3.3.19は、オートフォーカスの仕組み説明するブロック線図と実測波形の一例である。最初、同図のFETスイッチはオフの状態、すなわちフォーカス・サーボは開いている。ディスクをセットしスタートボタンを押すと電流アンプ前段に矩形波を積分したランプ状の信号①が印加される。この信号に応じ

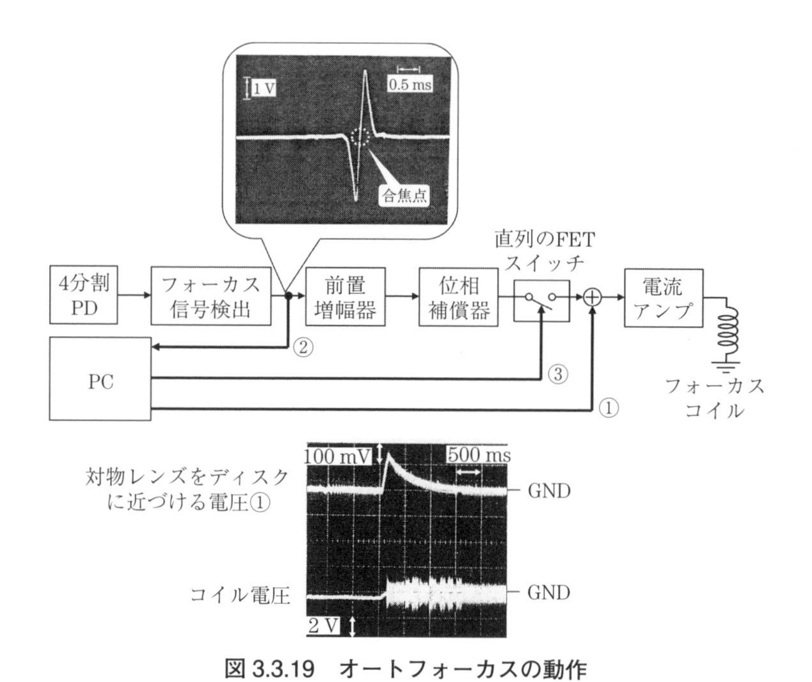

図 3.3.19　オートフォーカスの動作

て対物レンズが引き上げられてディスク面に接近する。引き上げ途中で焦点があったとき、フォーカス信号②が０V を横切る（吹き出し内の波形の合焦点）。このタイミングを零クロス検出し、ただちに FET スッチをオンにする信号③によってフォーカス・サーボ系が閉じたループとなる。

【対物レンズに対するトラッキング・サーボ系の補償構造】

図 3.3.20 に市販の CD プレーヤのトラッキング・サーボ系のブロック線図を示す。トラッキング信号は、位相進み補償、直列の FET スイッチ、そして電流アンプの経路でトラッキングコイルに電流を通電している。これがメインのループであり、補償器に積分器 $1/s$ はないので０型のサーボ系である。ここで、FET スイッチはメインループの断続を行う素子であり、次の状況のとき動作する。

（1）　サーボの引き込み

（2）　キックパルス印加時のループの断続

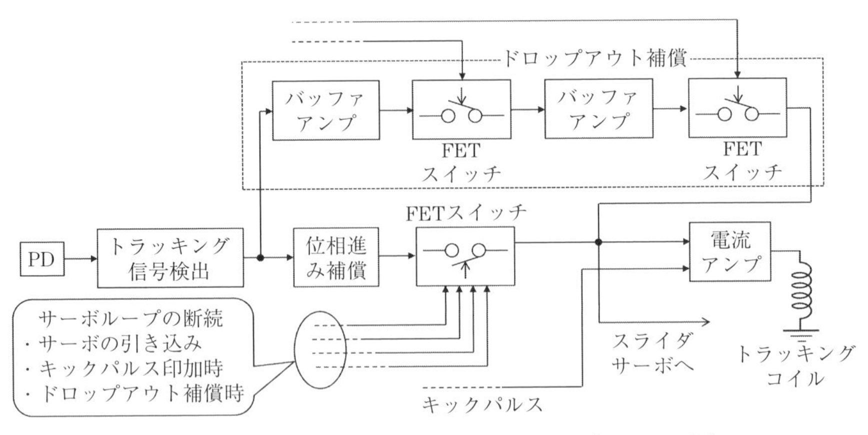

図 3.3.20　市販の CD-ROM のトラッキング・サーボ系

(3)　ドロップアウト補償時のループの断続

上記 (1)～(3) それぞれの動作は以下の通りである。

(1)　サーボの引き込み

CD プレーヤのスタートボタンを押すとディスクが回転しはじめる。まず、LD を点灯させ、次にフォーカス・サーボをかける。そしてトラッキング・サーボを投入することができる。

フォーカス・サーボはかかっており、しかしトラッキング・サーボ投入前の状態は**図 3.3.21** 左側に示すようである。回転中のディスクは半径方向に揺れているため、複数本のトラックを横切るのでトラッキング信号が出現する。左側上の写真に示すように正弦波状の信号波形となる。ここで、トラッキング・サーボをオンすると、同図右側に示すように、レーザ光が半径方向の揺れに追尾する。この動作は図 3.3.20 を参照して、位相進み補償後に直列接続されている FET スイッチが行う。このスイッチをオフからオンすることで、ループは接続された状態となる。この状態移行をサーボの引き込みと呼ぶ。

(2)　キックパルス印加時のループの断続

再生中の音楽を途中で停止させる動作がある。再スタートボタンを押すと、停止箇所から音楽の再生が行われる。これをポーズと言う。ディスクには渦巻

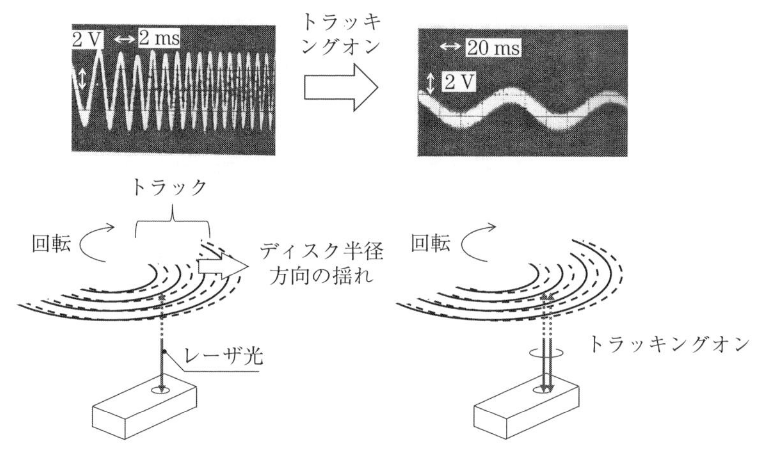

図 3.3.21　トラッキング・サーボの投入

き状に情報が刻まれているので、サーボが投入されていると光ピックアップは内周から外周へ追尾し続ける。指定したポーズの箇所から音楽を再生するためには、ディスクが１回転したとき、トラック１本分だけ元に戻す必要がある。あるいは、複数本先のトラックにジャンプして音楽を再生させることもある。このような動作のとき、対物レンズを強制的にディスク半径方向にシフトさせるキックパルスを印加する。同パルス印加時はループを遮断し、続いてループを接続してトラッキング信号を収束させるというトラッキング・サーボループの断続が行われる。

図 3.3.22 はポーズ動作時の波形である。同図下段は、対物レンズを隣接するトラックに移動させるための加速パルス、そしてレンズ移動に対して制動を与える減速パルスである。両者を対としたキックパルスがトラッキングコイルを駆動する電流アンプの前段に印加される。このときサーボループは切断されており、減速パルスの終端でサーボが投入されてトラッキング信号が収束している。

一般に、サーボ系では高速化が望まれる。図 3.3.22 の動作も例外ではない。しかし、この動作は閉じたループの振舞いではない。**図 3.3.23**(a) に示すよう

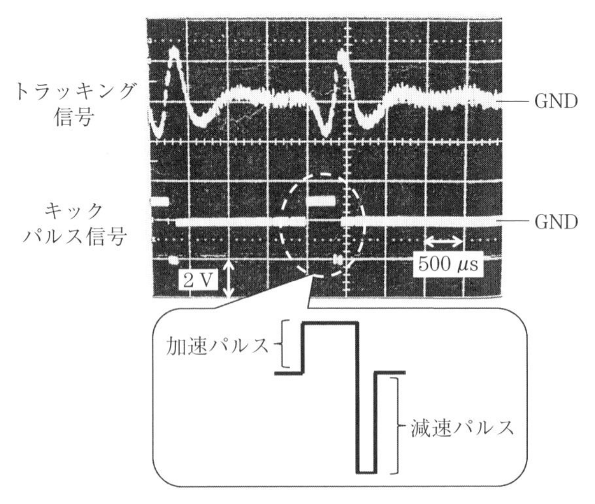

図 3.3.22　一時停止（ポーズ）時のトラッキング信号

に、光ピックアップのトラッキング・アクチュエータそのものにキックパルスを印加している。加速パルスの後の減速パルス終端で、光ビームの軌跡の速度が零になるすなわち収束するという条件で解析した結果を図 3.3.23(b)(c)に示す。

まず、同図(b)は、トラッキング・アクチュエータの固有振動数f_0を高くするとアクセス時間τの短縮が図れることを示す。f_0はアクチュエータそのものの応答の速さを意味する指標であり、したがって図 3.3.23(b)の解析結果は工学的に容易に納得できる。

次に、図 3.3.23(c)は「減速パルス電圧振幅 V_2／加速度パルス電圧振幅 V_1」に対するアクセス時間τの計算例である。図 3.3.22 の実測波形は $V_2/V_1=2$ である。このように、減速パルスの電圧振幅 V_2 を加速パルスの電圧振幅 V_1 よりも大きくすることによって、アクセス時間τの短縮が図れる。

(3)　ドロップアウト補償時のループの断続

ディスク面にゴミがある、あるいはピンホールなどの欠陥がある場合、再生される RF 信号には、**図 3.3.24** に示すような欠落や減衰が生じる。そうすると、トラッキング信号の欠落と等価なので、トラッキング・サーボは外れる。この

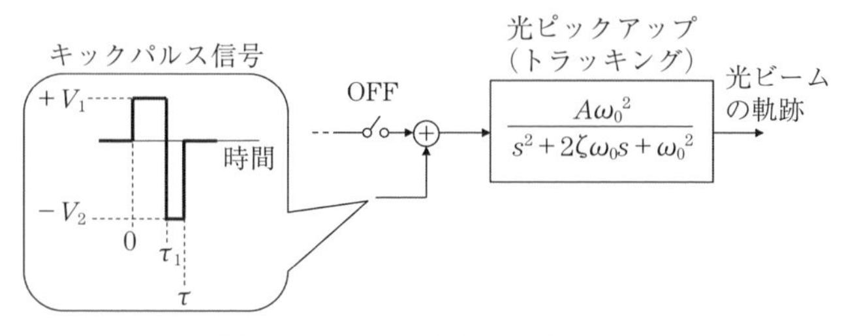

(a) キックパルス信号の印加

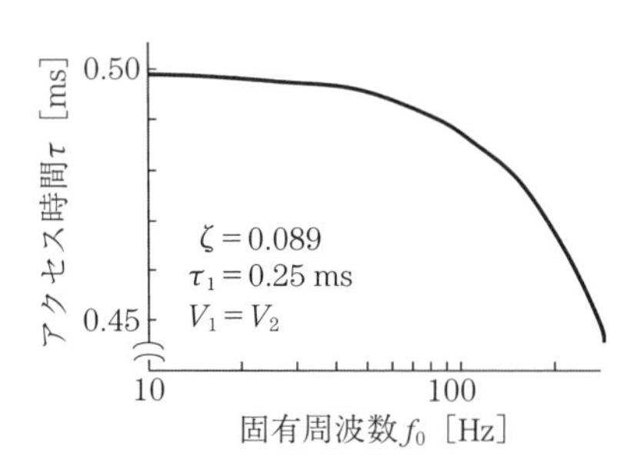

(b) 光ピックアップの固有周波数f_0に対するアクセス時間τの関係

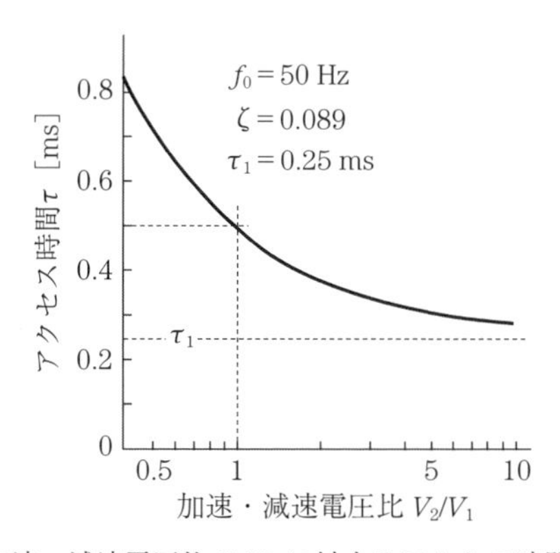

(c) 加速・減速電圧比 V_2/V_1 に対するアクセス時間τの関係

図 3.3.23　アクセス時間短縮の要因

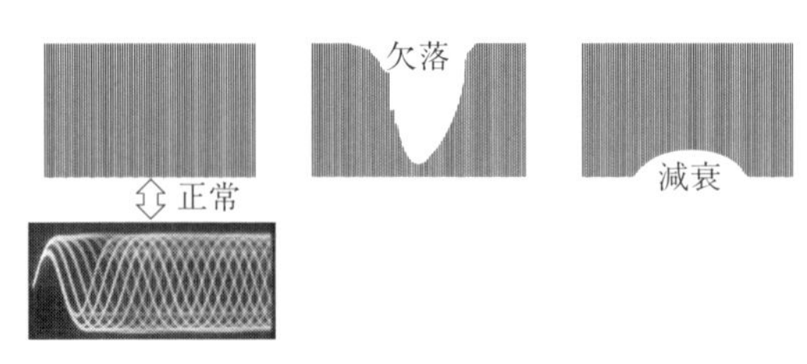

図 3.3.24　RF 信号の欠落と減衰

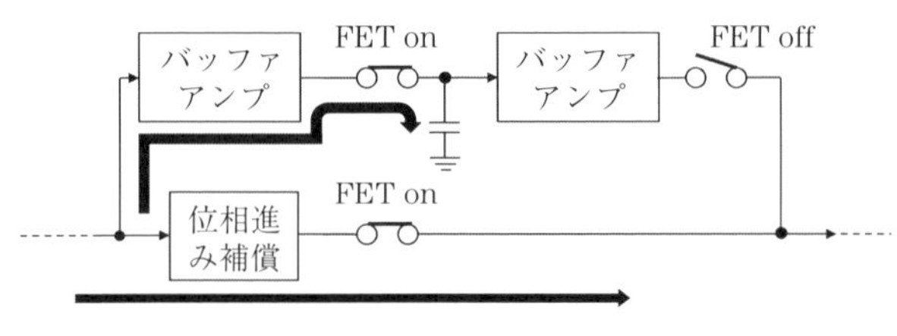

(a) 通常動作時

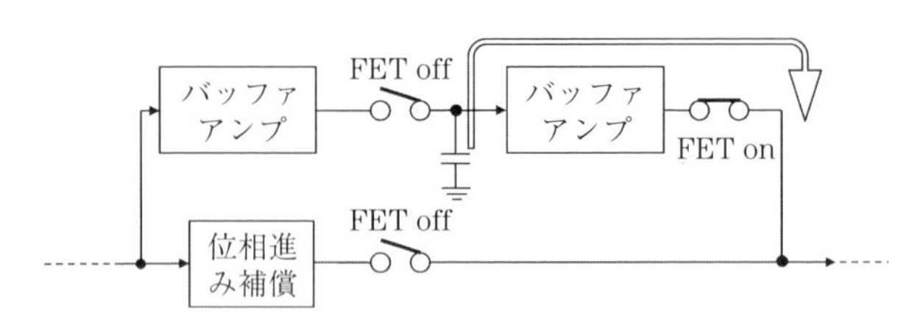

(b) ドロップアウト発生時

図 3.3.25　ドロップアウト補償の動作

現象を回避するため、損傷部に突入する前の信号を借用して、ドロップアウトの部分を通り過ぎる補償法がある。これをドロップアウト補償と言う。

具体的に、ドロップアウトなしの場合、**図 3.3.25**(a)に示すように、位相進み補償器後の FET スイッチはオンしており、左側から右側の一直線の矢印の方向に信号が伝わる。このとき、バッファアンプを通過したトラッキング信号は、次段の FET スイッチがオンなのでコンデンサに電圧として保持される。そして、ドロップアウト発生時には、図 3.3.25(b)に示すように、2 段目のバッファ以降の FET スイッチがオンし、それ以外の FET スイッチはオフして、ドロップアウト発生直前でコンデンサの保持されていた電圧が電流アンプに印加される。

【フォーカスとトラッキング信号零が意味すること】

フォーカスおよびトラッキング信号がともに零であることは、ディスク面の情報の完全な捕捉を意味する。そのため、この状態が理想である。ところが、サーボ系の働きによって取得した情報の品質そのものが、最終的な評価になることに注意したい。サーボ系の調整によって偏差零を実現したとき、光ピックアップが検出する情報の品質も最良と考えたいが、完全に対応しないことがある。事実として初期の光ピックアップでは、フォーカス信号をデフォーカスに留めた方が情報の品質が良好の場合があった。

さて、情報の品質とは何か。それは**図 3.3.26** に示す**アイパターン**の目の開き具合である。目元パッチリの美しいアイパターンは情報の品質が良好であ

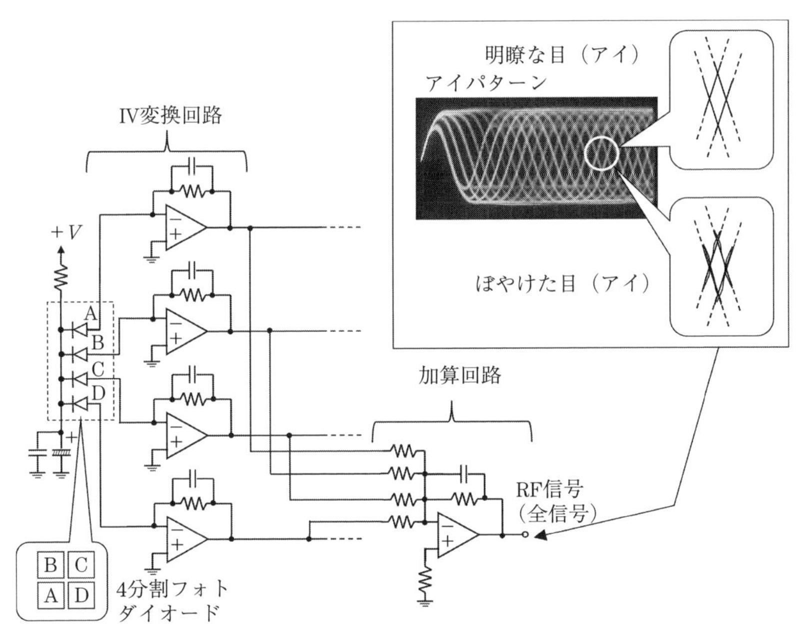

図 3.3.26　光ピックアップのサーボの最終目的はきれいなアイパターンの取得

る。同図には、ディスク面の情報である凸凹を検出する回路例も示した。4分割フォトダイオード（A～D）が受光した光電流はIV変換回路を介して電圧に変換され、これら四つ全てを加算回路に導いたときRF（RadioFrequency、高周波）信号となる。これがディスク面の情報そのものである。これをオシロスコープで観測すると図3.3.26右側の写真のアイパターンとなる。光ピックアップによる追尾のサーボ系として、フォーカス、トラッキング、スライダがあり、制御技術者はこれらの偏差信号をより圧縮すること、および過渡現象の収束時間の速さを追い求める。しかしながら、これらの評価および調整はCDにとっては間接評価に過ぎない。最終目的はCDの情報の正確な検出である。このために、RF信号の時間軸方向の揺れである**ジッタ**（jitter）の評価がある。

【ジッタの評価】

ディスク上の情報はピットとランドで形成され、それらは0と1の連続した羅列である。しかし、誤り訂正のための工夫がある。それは、8ビットを14ビットのデータに置き換える　EFM（Eight to Fourteen Modulation）変調法である。より具体的に、**図3.3.27**に示すようにピットとランドの長さはいず

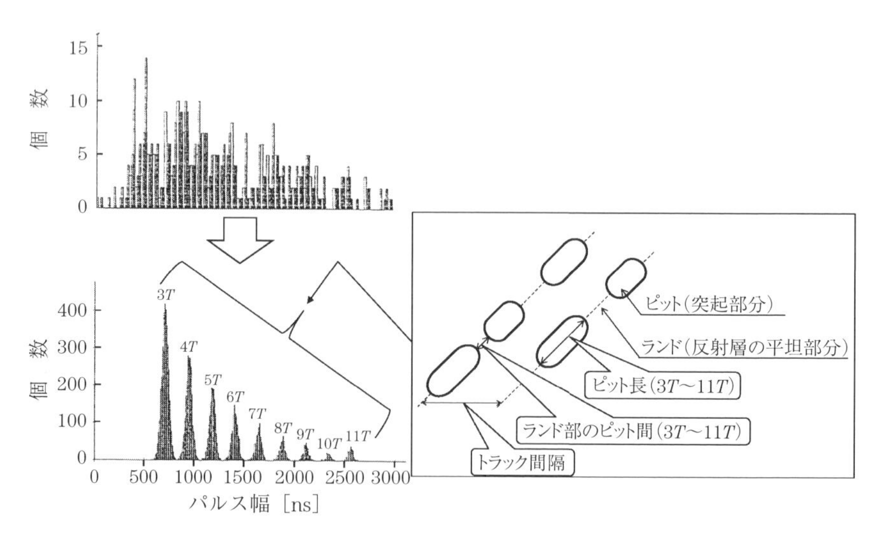

図3.3.27　最終評価のジッタの計測

れも $3T$〜$11T$（T＝230 ns）の9種類であり、この度数分布によって記録情報の品位が評価できる。この分布は $3T$ ほど多用される規格になっており、単峰性の山のピークは $3T$ から $11T$ の方向で小さくなる。情報の品位は、$3T$〜$11T$ の分布がそれぞれ明瞭であること、すなわち隣接する分布と接触しないことである。これがアイパターンの目が明瞭であることと対応する。

さて、フォーカス、トラッキング、そしてスライダ・サーボ系は正常に動作している。つまり偏差零である。それにも拘らずジッタ不良の結果を図3.3.27

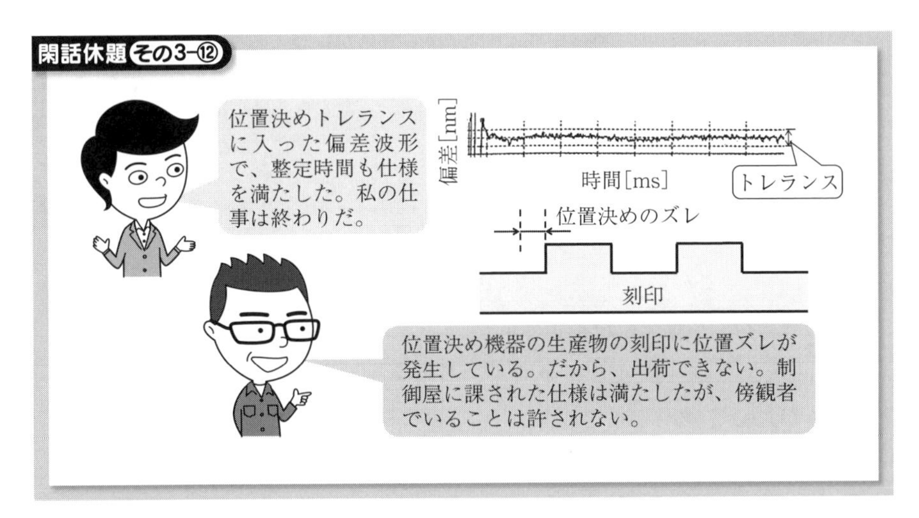

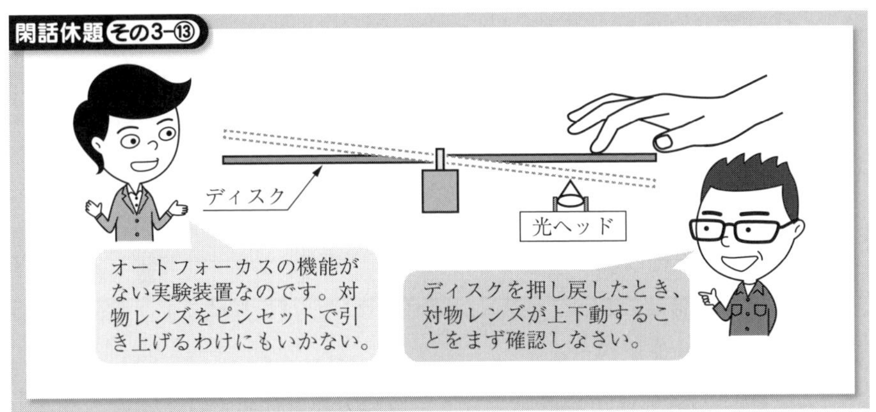

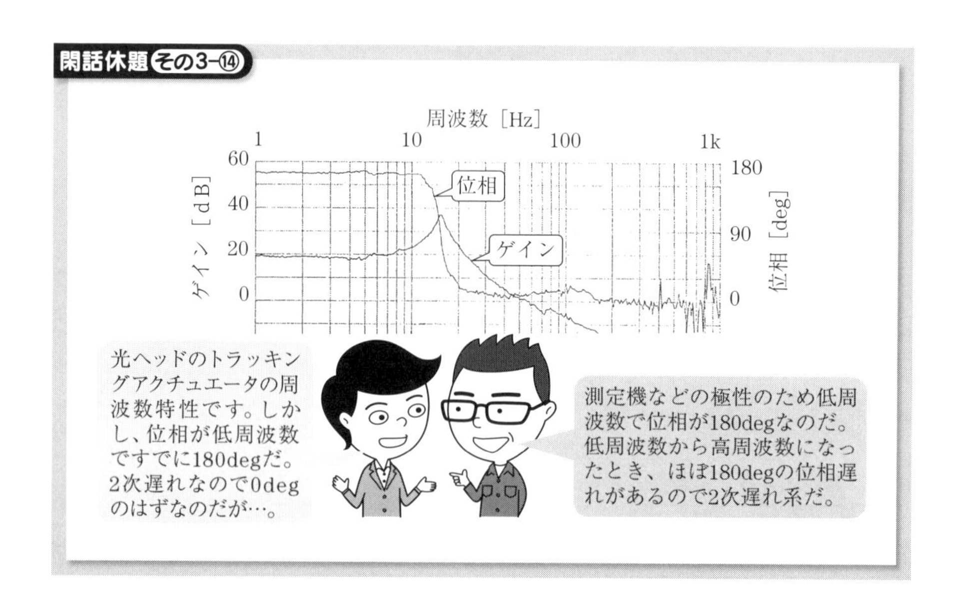

左側上に示す。この計測結果は、スピンドル・モータの回転制御が不良の場合であり、これを再調整した結果が同図下段である。図中には、$3T$、$4T$、…、$11T$ と記載した単峰性の分布があり、このように分離した山となったとき、RF 信号が正しく検出できている。

3.3.3　スライダのサーボ系

光ピックアップ全体をディスク半径方向に動かすための機構がスライダである。**ラック・アンド・ピニオン**（あるいは**ラック・ピニオン**）やリニアモータの使用がある。

【機構】

図 3.3.28 はラック・アンド・ピニオンを用いた送り機構の一例である。ピニオンと呼ぶ円形歯車の回転運動を、歯つきの平板状ラックに伝達して直線運動に変換する機構である。ラック上に光ピックアップを搭載して、ディスク半径方向への送り動作が行える。

一方、**図 3.3.29** はリニア直流モータを用いて光ピックアップをディスク半

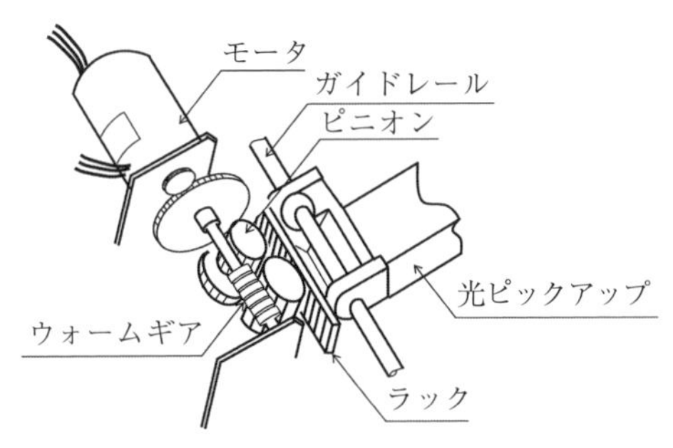

図 3.3.28　ラック・アンド・ピニオンを用いたスライダ機構

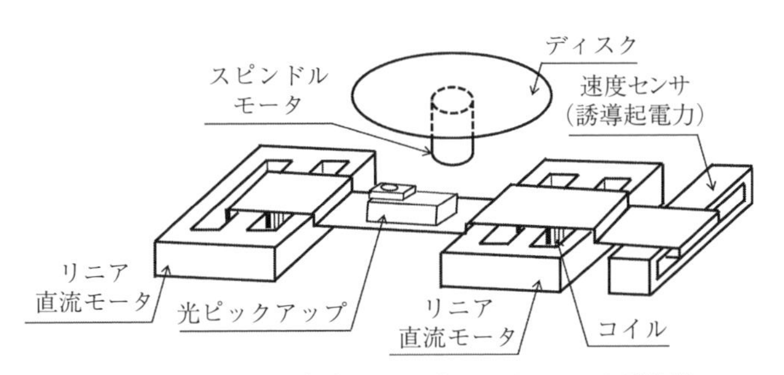

図 3.3.29　リニア直流モータを用いたスライダ機構

径方向に搬送する機構である。ラック・アンド・ピニオンに比べてコスト高となる。しかし、光ピックアップ全体をディスク半径方向へ高速移動させるポテンシャルを持つ。そのため、重い永久磁石は固定側に、軽いコイルは光ピックアップとともに動く可動側に配置している。さらに、磁界中のコイルが動く速度に比例した誘導起電力を検出する速度センサを備える。同センサの出力は、リニア直流モータを駆動する電流アンプの前段に負帰還されており、スライダ機構の速い動きに対してダンピングをかけている。

ここで、リニア直流モータの永久磁石を可動側に配置することも可能であるが、この場合には重い永久磁石を動かすことになり、光ピックアップ全体のディスク半径方向への高速移動性が損なわれる。メリットがあれば必ずデメリットがある。図 3.3.29 のように可動側にコイルを配置したとき、光ピックアップ全体の移動時にも配線を引きずる。つまり、この引き回しに配慮が足りないと、不均一なテンションをかけて、光ピックアップをディスク内周から外周方向に定常的に送る動作を不良にする。

【動作】

ラック・アンド・ピニオンを備えるスライダ機構のサーボ動作を**図3.3.30**を用いて説明する。トラッキング・サーボは定常的にかけたうえでスライダ・サーボがオフのとき、同図下段左側に示すように、トラックに追尾する揺れに加えて、内周から外周への追尾進行に伴って対物レンズは半径方向にシフトしていく。上段に示す実測波形においては、正弦波状の波形が徐々に下方へシフトしていくことに対応する。この状態からスライダ・サーボをオンとしたとき、図3.3.30下段右側のようにスライダ機構はオントラック直下に光ピックアップを移動させるので、対物レンズの半径方向へのシフトを解消して平衡位置の回りでのトラック追尾の揺動だけとなる。

具体的な回路図の一例は**図3.3.31**である。上記の「スライダ・サーボがオフ」

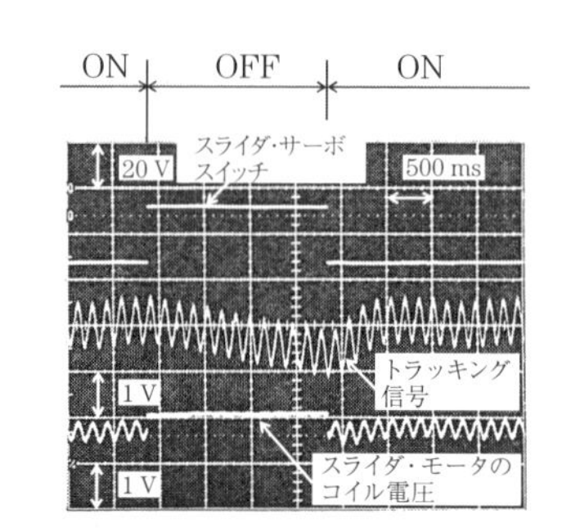

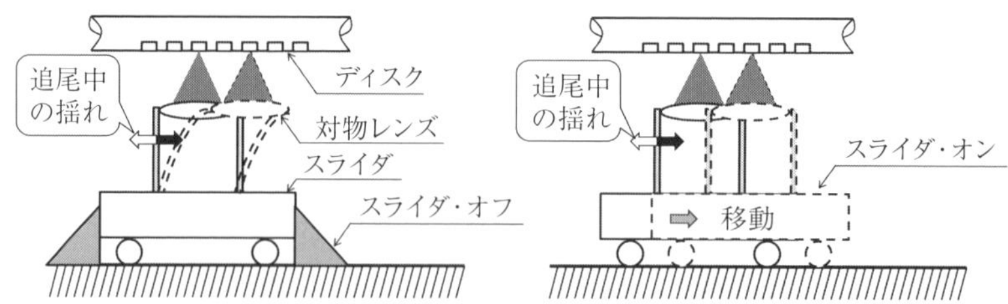

図3.3.30　スライダ機構のサーボ動作

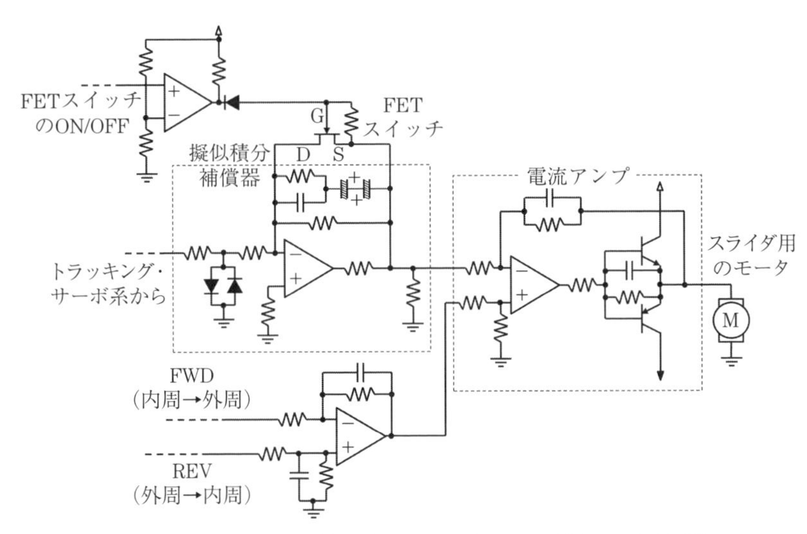

図 3.3.31　モータを使ったスライダ・サーボ系の一回路例

とは、FET スイッチがオンの状態である。このとき擬似積分補償器の出力は零となるため、スライダ・サーボを投入していないオフの状態にできる。一方、「スライダ・サーボをオン」の場合とは、FET スイッチをオフしたときであり、トラッキング・サーボ系から導いた信号はスライダ・サーボ系の擬似積分補償器を通過してスライダ用のモータに電流を通電する。

なお、FET スイッチをオンしてスライダ・サーボ系の定常的な送り動作を遮断してスライダを高速送りするとき、FWD あるいは REV に電圧が印加される。

図 3.3.32 は直流リニアモータを使ったスライダ・サーボのブロック線図である。トラッキング・サーボ系の機能によって、対物レンズは図中の矢印で示したように水平方向に徐々にシフトしていく。つまり、同サーボ系の補償器出力、あるいはトラッキングコイル両端にはオフセット電圧が発生する。この信号がスライダを水平方向に動かす信号源となる。具体的に、図中の実線あるいは破線であり、次段の擬似積分補償器を通してリニアモータコイルに電流を流す電流アンプを励磁している。結局、スライダ機構を定常的にディスク半径方

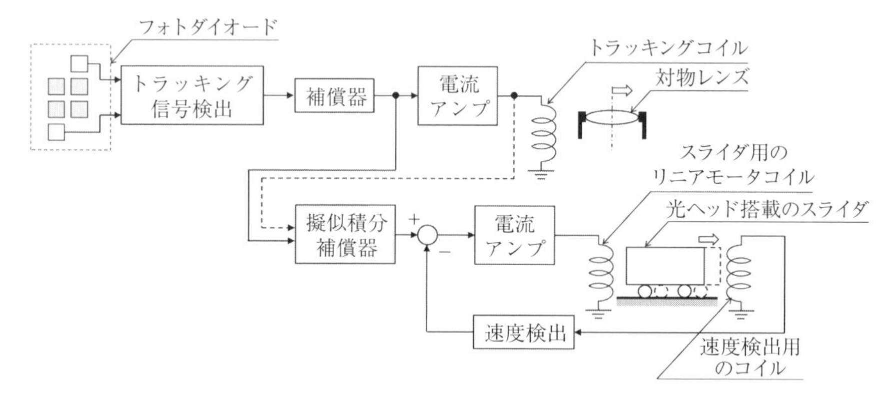

図 3.3.32　トラッキング・サーボに従属するリニア直流モータを使ったスライダ・サーボ系

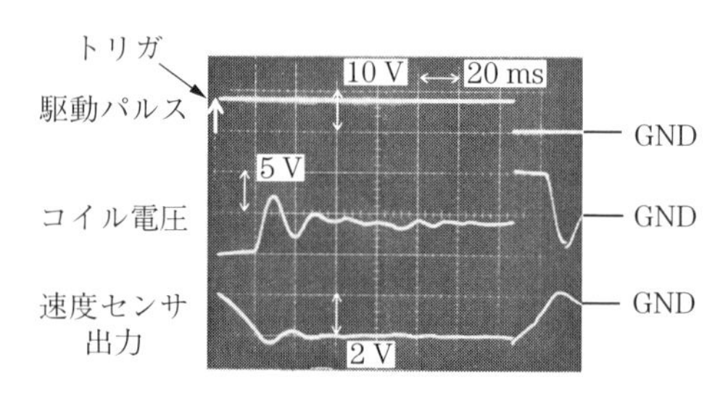

図 3.3.33　長ストローク駆動時の速度センサ出力

向に送る仕組みは、ラック・アンド・ピニオンを用いた図 3.3.31 の場合とまったく同様である。つまり、トラッキング・サーボ系に従属してスライダ・サーボ系が存在している。

ここで、図 3.3.31 と図 3.3.32 を比較して異なる箇所は、後者では速度センサを備えることである。この出力は電流アンプ前段に負帰還されて、スライダ機構の動きにダンピングを与えている。速度センサなしでもスライド送りは可能であるが、小振幅の揺れを伴いながらスライド送りがなされる。ディスク欠陥などに起因するトラック飛びがある場合、この過渡現象の信号もスライダ・サーボ系に導かれる補償構造であるため、スライダ機構の流れが生じる。

それに対して、速度センサの出力をフィードバックすると、定常送り動作時

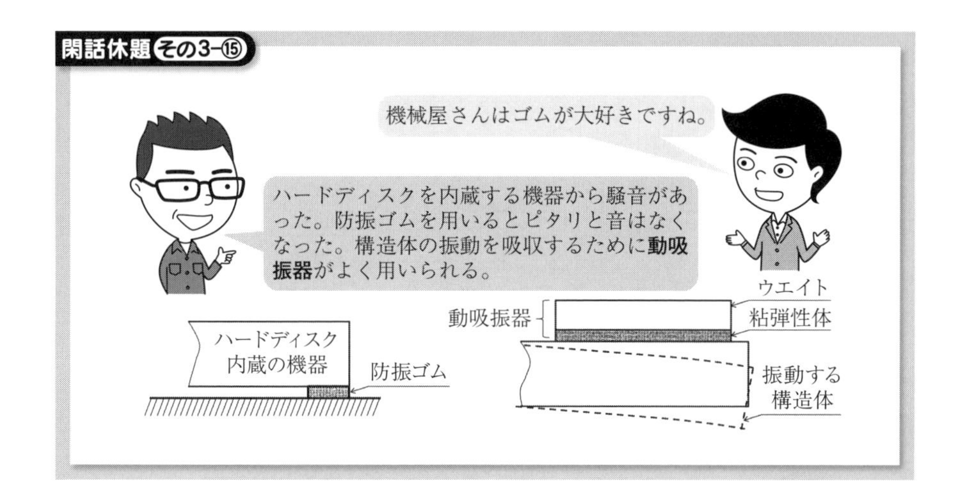

の揺れは除去され、トラック飛びの発生でスライダ機構が暴走する現象はなくなる。さらに、長ストロークのアクセス時に、有効なブレーキ力を発生するのでスライダ機構の整定性がよくなる。**図 3.3.33** は、矩形信号を使ってリニアモータを長ストローク動かしたときの、コイル電圧と速度センサの波形である。台形状の速度出力となっており、スライダの動きにダンピングがかかっていることがわかる。

3.3.4　スピンドル・モータのサーボ系

CD プレーヤのディスク回転、すなわちスピンドル・モータのサーボ系と対比するため、まず、記録媒体がフロッピーディスクと呼ばれる磁性体を塗布したプラスチック円盤で、これに読み書きする装置のフロッピーディスクドライブ（FDD）における回転制御方式の説明を行う。

【FDD のスピンドル・モータのサーボ系】

図 3.3.34 は市販されている 3.5 インチ FDD のモータ制御のブロック線図である。同図において、H はホール素子であり、ブラシなしで同素子を用いた整流が行われる。すなわちブラシレスモータを使用している。そして、回転を検出するセンサとしてフォトリフレクタを備えており、**FG**（Frequency

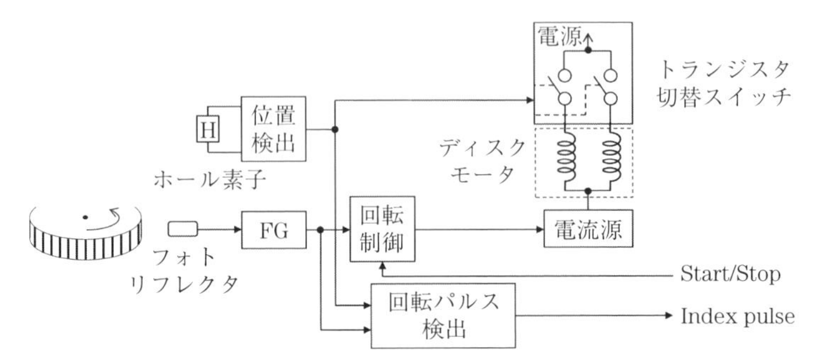

図 3.3.34　3.5 インチ・フロッピーディスクドライブのモータ制御

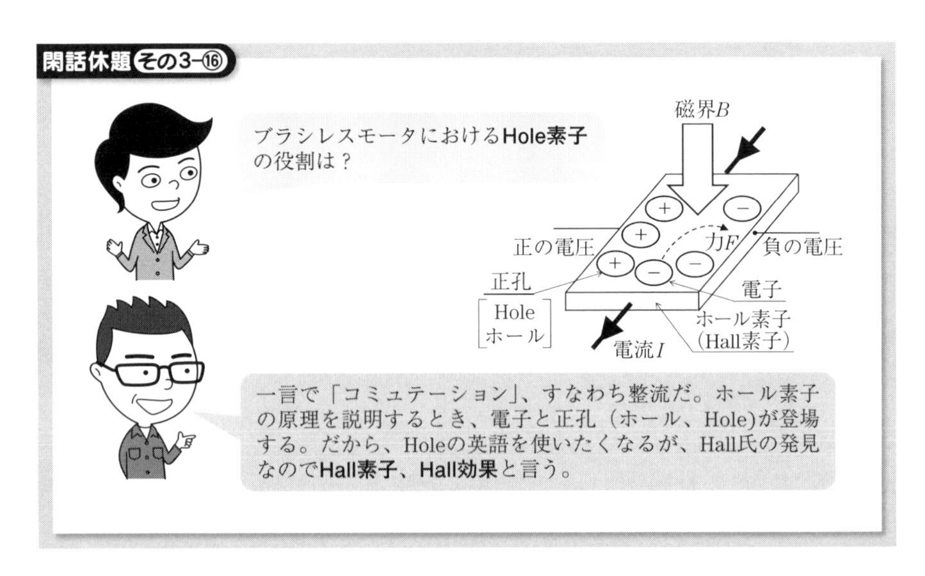

generator）のブロックに導いている。回転速度の検出であり、一定回転の制御が施されている。具体的には、600 rpm である。

【CD のスピンドル・モータのサーボ系】

図 3.3.34 の例のように、スピンドル・モータの回転数制御の場合、一定回転である用途が多い。ディスクメディアの分野では、一定回転数の場合を CAV（Constant Angular Velocity：角速度一定）と呼ぶ。一方、CD では、ディスクの最内周と最外周で記録容量の差をなくすための CLV（Constant Linear

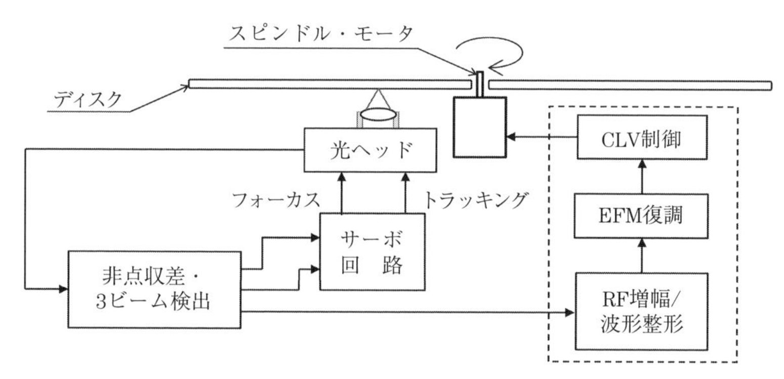

図 3.3.35　CD に使われている CLV 方式

Velocity：線速度一定）が採用される。具体的に言えば、線速度一定とするために内周の回転数は高く、一方外周のそれは低い。**図 3.3.35** は CD の情報を読み出すときの CLV 方式を示す。一般には、図 3.3.34 に示したように、回転数を検出する素子を備える。しかし、CLV 方式を説明する図 3.3.35 には、スピンドル・モータと直結した回転数の検出素子はない。一体、どのように回転数を制御するのであろうか？

まず、CD プレーヤメーカーA 社の解説書の記載を要約すると以下のとおりである。

「読みだされた RF 信号に同期したビットクロックを PLL 回路によって作りだす。周波数検出と位相差検出の両回路で、ビットクロックとクリスタル・ロックされた高精度のシステムクロックとを比較する。比較結果である周波数や位相のずれ量を使ってディスクモータの回転速度を制御する。前者を AFC（Automatic Frequency Control、自動周波数制御）と、後者を APC（Automatic Phase Control、自動位相制御）と言う。結果として、ビットクロックとシステムクロック波形とが、周波数も位相も一致する。」

次に、B 社 CD プレーヤの解説書の要約は以下のとおりである。

「再生した RF 信号の中から最長パルス幅 11T（既述の【ジッタの評価】参照）を検出して、これが一定となるようにスピンドルの回転を制御することに

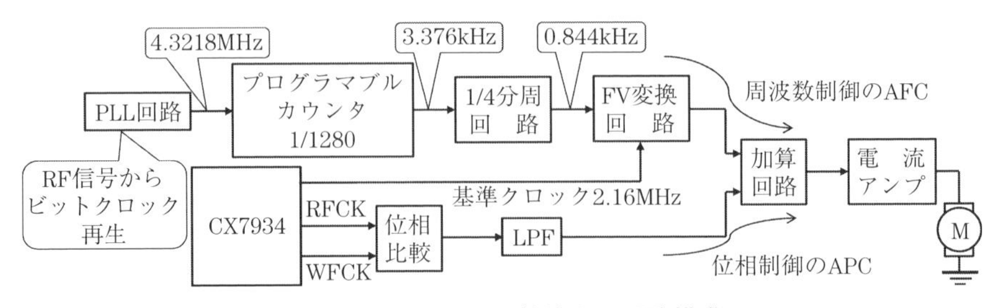

図 3.3.36　CLV の具体的な一回路構成

よって CLV を実現する。」

いずれも、ディスク面の情報を RF 信号として読み出すことこそが、CLV の回転制御にとって必須であることがわかる。一般に、スピンドルの回転数制御の場合、センサとしてのエンコーダをロータ軸に備える。一方、CD のスピンドル制御にとっては、ディスク面の RF 信号こそがエンコーダに相当すると言える。

具体的に、AFC と APC の両ループを備えるスピンドル・モータの一制御系を**図 3.3.36** に示す。同図では、RF 信号から PLL 回路でビットクロック 4.3218 MHz を再生している。このクロックは 1/1280 のプログラマブルカウンタ、そして 1/4 分周回路を通って 0.844 kHz のクロックとなる。これが基準クロックと比較する周波数である。基準クロックとクロック 0.844 kHz を比較し、さらに FV 変換（回転速度に比例した電圧に変換）されて周波数誤差信号となる。ここで周波数とは回転数に相当する。一方、RFCK（Read Frame Clock）と WFCK（Write Frame Clock）の位相差を比較して、位相差に比例したパルスを出力する。これを LPF に通して位相差に応じた直流信号を生成している。結果として、ビットクロックとシステムクロック波形とが、周波数も位相も一致するようにスピンドル・モータの回転数が制御される。

【CLV 動作の間接的な確認】

図 3.3.37 は CD の回転数の変化を示す実測結果である。音楽の再生は最内周から開始され、曲番の進行に伴ってディスク外周の情報を読みとり、それに伴って回転数が低下していく。線速度を v_0、ディスク半径 r、回転角 θ とおい

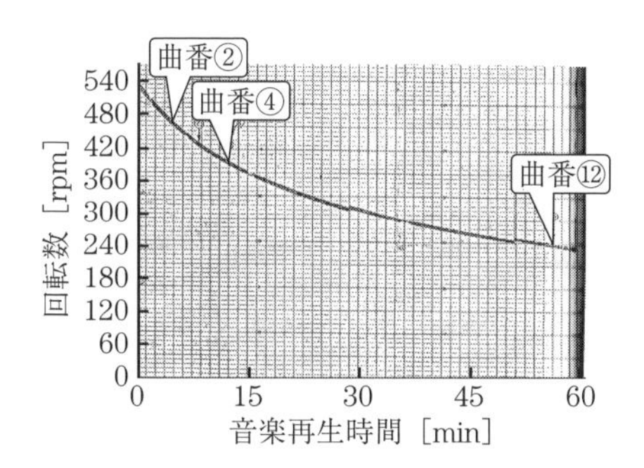

図 3.3.37　音楽再生時間に対する CD の回転数

たとき、$r\dot{\theta}=v_0$（一定）という関係がある。したがって、ディスク回転数$\dot{\theta}$は半径rに反比例する。図 3.3.37 を参照して、内周から外周方向に音楽を再生しており、横軸の音楽再生時間はディスク半径rに相当する。回転数の実測結果は、半径rに反比例していることを示す。

3.4　空中浮揚のような磁気浮上技術

ヨガの世界では、摩訶不思議な作用によって人間が空中浮揚する話がある。重力に抗する力の作用がない限り浮揚できるわけがない。しかし、物体の場合には、磁気の力で浮上させることができる。これを磁気軸受という。摩擦がないことが最大のメリットとなる。反対にデメリットもある。磁力をコントロールするフィードバック装置が必須のためコストがかかることである。

【構　造】

図 3.4.1 に５軸磁気軸受の構造を示す。まず、「５軸」の意味を説明しておく。長軸のロータをステータに対する空隙を保って、つまり非接触で位置決めするのである。そうすると、右手系 xyz 軸を定めたとき、長軸の上部 x_h と y_h、下部の x_b と y_b、そして z 方向の合計５軸を制御によって拘束する必要がある。別の言い方をすると「５自由度制御」と呼称してもよい。つまり、x 軸方向の並進、y 軸方向の並進、z 軸方向の並進、x 軸回りの回転（傾き）、そして y 軸回りの回転（傾き）という力学的な意味における５自由度の運動を制御する機

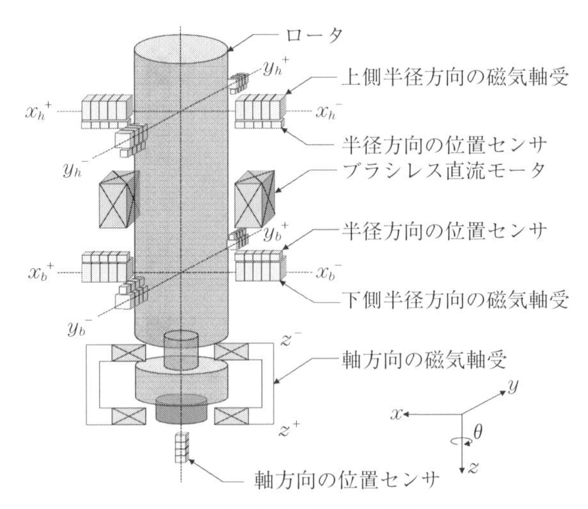

図 3.4.1　5 軸制御磁気軸受の電磁石と位置センサの配置

械構造である。物体を変形させない剛体としての運動自由度は 6 個である。5 自由度と言うからには、残りの z 軸回りの回転運動は、どのようになるのか、ということになる。5 軸磁気軸受を用いたロータの場合、回転させる用途になるので z 軸回りの回転運動はフリーである。

図 3.4.2 は 5 軸磁気軸受で支持されるロータ（工作機械用スピンドル）の写真である。色が変化して帯のような部位がある。積層鋼板であり、上部から半径方向位置センサ、そして半径方向電磁石のターゲットである。中央部の帯はロータを回転させるモータの部分である。下部に降りて、半径方向位置センサ、そして半径方向電磁石のターゲットである。そして一番下段に大き目のディスクがある。ロータを z 軸方向に非接触で位置決めするため、磁力を受けとめるアーマチャディスクである。そして、シャフトの先端には円形の物体が取りつけられている。これは鉛直 z 軸方向の位置を検出するためのターゲットである。

5 軸磁気軸受に対して、**図 3.4.3** は 1 軸の磁気軸受を使ったターボ分子ポンプの断面構造である。5 軸制御の場合、半径方向および鉛直方向すべてが電磁石に通電する電流を制御することによって磁気支持されていた。一方、図 3.4.3

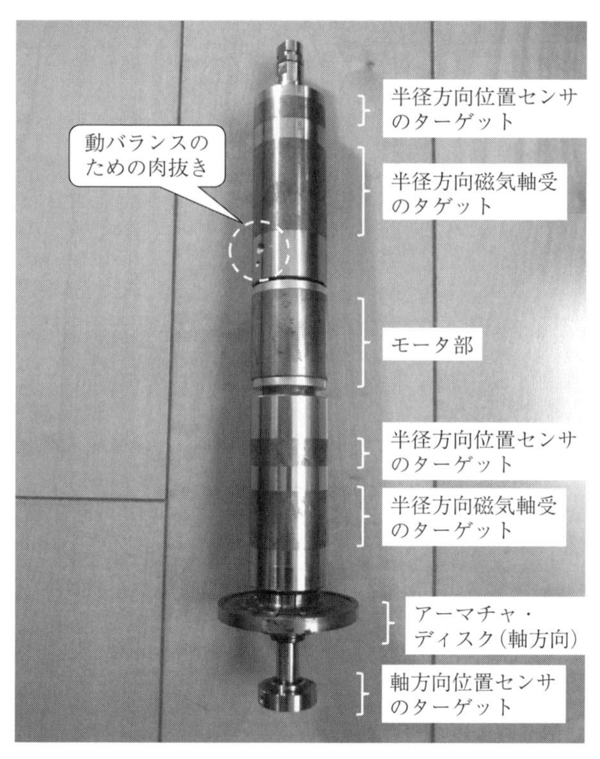

図 3.4.2　ロータの構造（工作機械用スピンドルの例）

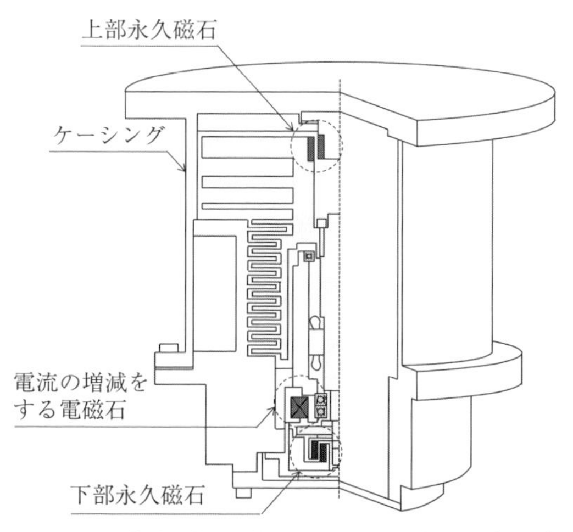

図 3.4.3　永久磁石を併用したターボ分子ポンプ

の場合、電磁石は鉛直方向だけに備える。半径方向の非接触支持は、永久磁石を使って受動的に実現されている。

【センサとしての位置センサ】

非接触の位置センサとして、渦電流式や静電容量式が市販されている。いずれも円柱状の検出ヘッドであり、これと計測対象のターゲット面を対として位置の計測が行われる。これを磁気軸受に適用した場合を**図 3.4.4**(a)に示す。市販の非接触の位置センサを使用した研究例はあるが、これはあくまでも実験検討用であり産業用途には向かない。なぜならば、同図に示すように、内周が円弧のステータにセンサヘッドが平坦なものを組み込むことになり、円弧状の加工が不可能で、気密確保ができないからである。なによりも、x 軸あるいは y 軸に位置センサを配置した場合にはこの部位のスポット的な計測になることが問題である。産業用途の磁気軸受では、図 3.4.4(b)のように、ステータ側に位置を検出するためにコイルが組み込まれるが、ロータの位置変化を平均的に計測するためのコイル配置に工夫がある。具体的には、x 軸および y 軸上にコイルを配置していない。

次に、位置検出の原理を**図 3.4.5** に示す。同図に示すように、ステータ側に巻線がある。これにロータが接近するとインダクタンス L は $L+\Delta L$ と増加し、

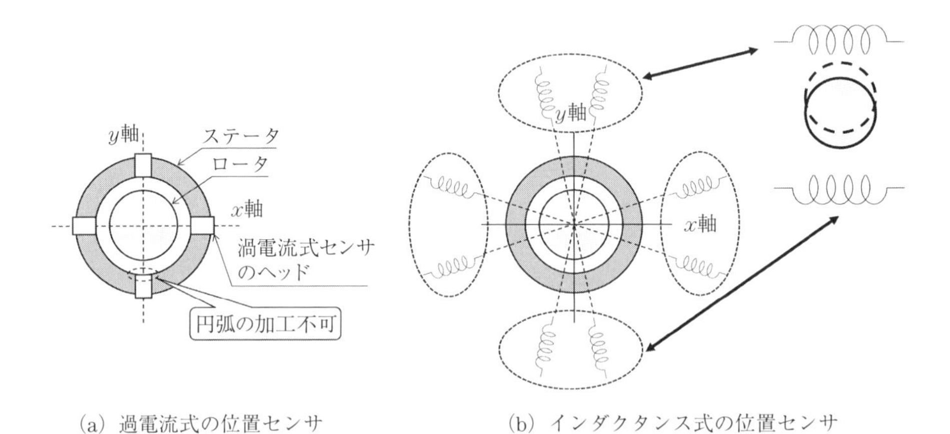

(a) 過電流式の位置センサ　　(b) インダクタンス式の位置センサ

図 3.4.4　非接触の位置センサ

反対側のインダクタンスは$L-\Delta L$と減少する。このインダクタンスの変化を差動構造で電圧として取り出す検出回路となっている。

半径方向に関しては、対向する場所にコイルが配置できるので、図3.4.5の差動の回路構造で位置を検出できる。ところが、ロータの鉛直方向については、構造的に対向する場所にコイルを配置できない。そこで、**図3.4.6**のようにロータの鉛直方向の変位に応じてインダクタンスが変化するコイルと、固定値のコイルを配置する。後者をダミーコイルと呼ぶ。検出回路の構造は差動であるが、ダミーコイルのインダクタンスは不変のため、ロータ変位に対する位置検出の線形性は損なわれる。

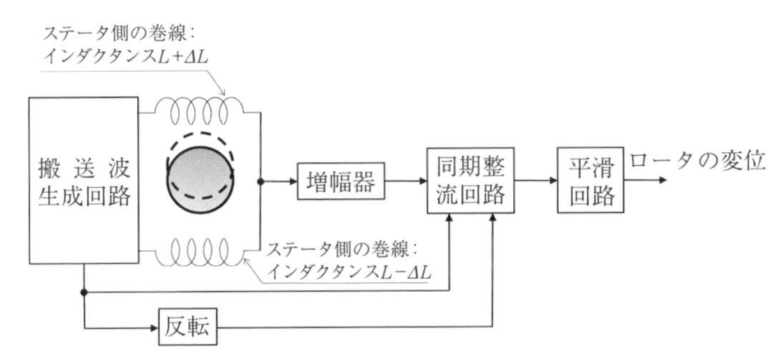

図3.4.5　インダクタンス式の位置センサ

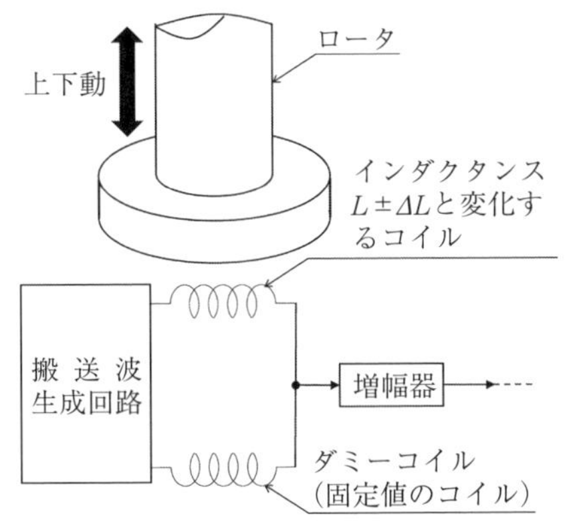

図3.4.6　ダミーコイルとは

【アクチュエータとしての電磁石】

磁気軸受の場合、磁性材料の芯のまわりにコイルを巻き、これに電流を流すことによって磁力を発生させる磁石、すなわち電磁石が用いられる。**図 3.4.7** は半径方向電磁石の巻線の様子を示す。ただし、巻線をかためる樹脂モールドの試作であり、鉄心は無垢の材料である。

ほかに、**図 3.4.8** に示す永久磁石を併用した電磁石が用いられることがある。永久磁石は「バイアス磁束」として使用され、巻線した電磁石の電流通電によってバイアス磁束を強める、あるいは弱めるようにしている。そのため、磁場変調方式と呼ぶ。

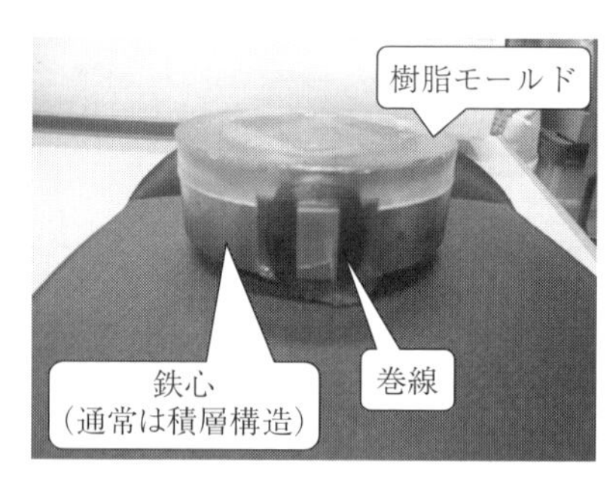

図 3.4.7　鉄心に巻線した半径方向の電磁石（樹脂モールドの試作用）

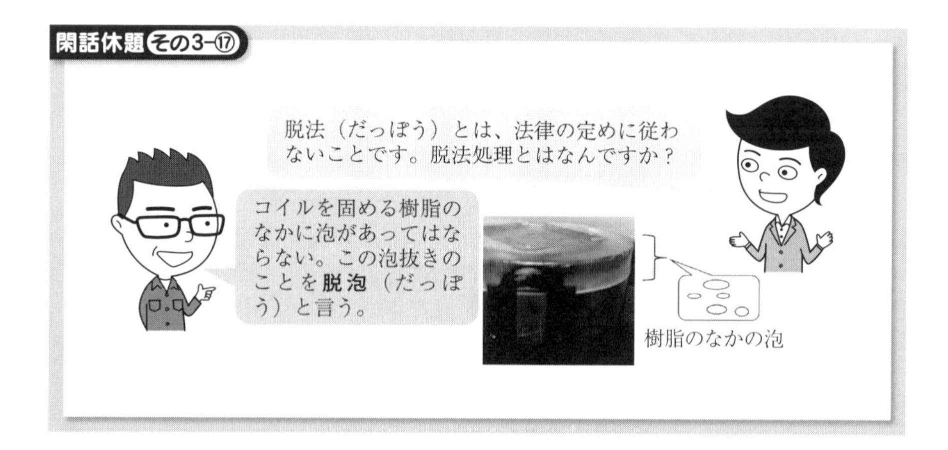

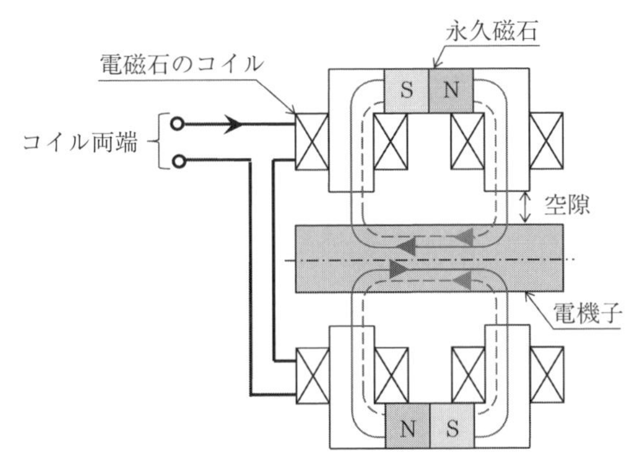

図 3.4.8　永久磁石併用の電磁石

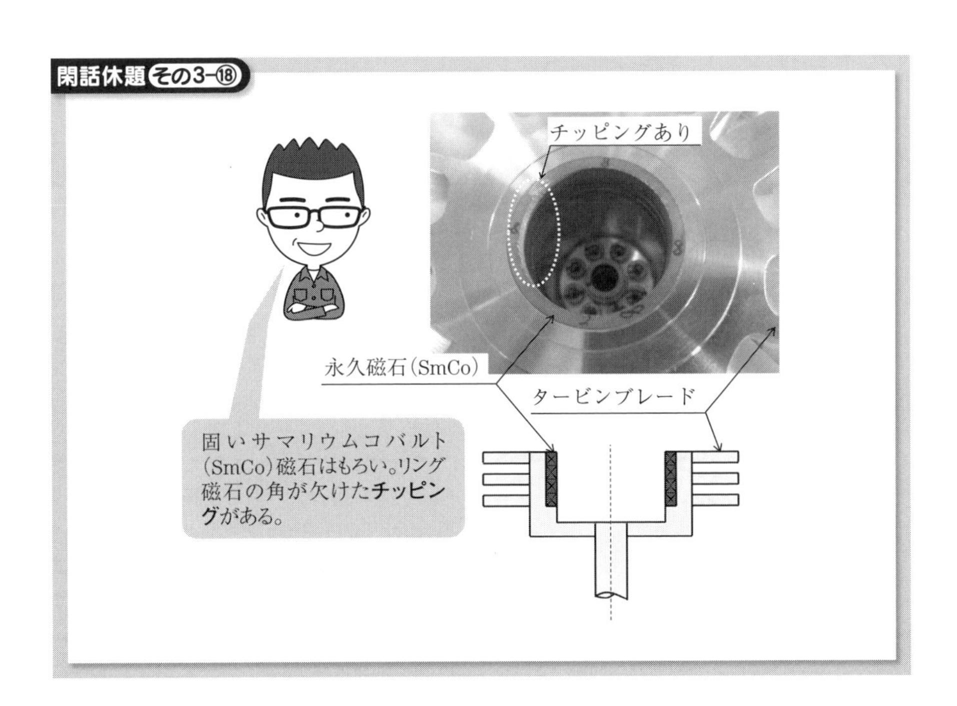

作業方法が間違っている！！！！
サマコバ（サマリウムコバルト磁石）を扱うとき、腕時計をはめている。強力な磁力で時計が狂ってしまう。

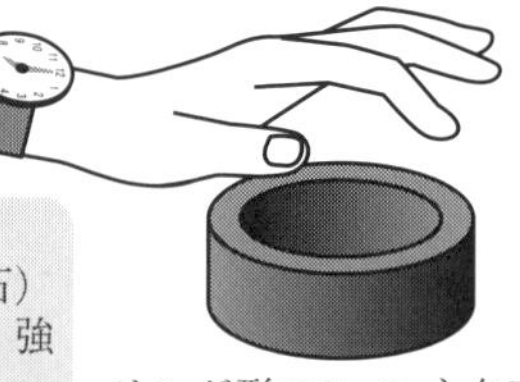

リング形のSmCo永久磁石

【5 軸磁気軸受の制御系】

ほとんどの場合、「擬似積分器（位相遅れ補償器）＋位相進み補償器」を使って磁気浮上させる。最低限、位相進み補償あるいはPD 補償器だけでも磁気浮上をさせられる。

まず、**図 3.4.9** は、5 軸磁気軸受の制御系の一例である。複雑であるが、以下のように一つずつ徐々に理解していける。

(1)　ロータ上部（x_h y_h）と下部（x_b y_b）からなる半径方向の磁気支持と、ロータ軸方向 z の磁気支持の閉ループはそれぞれ独立になっている。

(2)　モード抽出・モード分配行列が配置されており、半径方向の運動に関して運動モード別の制御構造をとっている。具体的には、図 3.4.9 下段の吹き出し内に示すように、ロータの並進および回転（傾き）運動ごとに磁気支持を行わせている。

(3)　上記（2）の運動モードごとの補償には、PI、PD、あるいは位相進み補償器が使われている。

(4)　ロータの上部半径方向（x_h y_h）と下部半径方向（x_b y_b）に対しては、振れ回り振動補償器が入っている。ロータの位置信号に含まれる回転に同期した成分に対してだけゲインを強める PGC（Peak of Gain Control）、あるいはゲインを弱める ABS（Automatic Balancing System）がよく知られている。PGC と ABC はいずれもゲインの強弱によるゲイン安定化手法であ

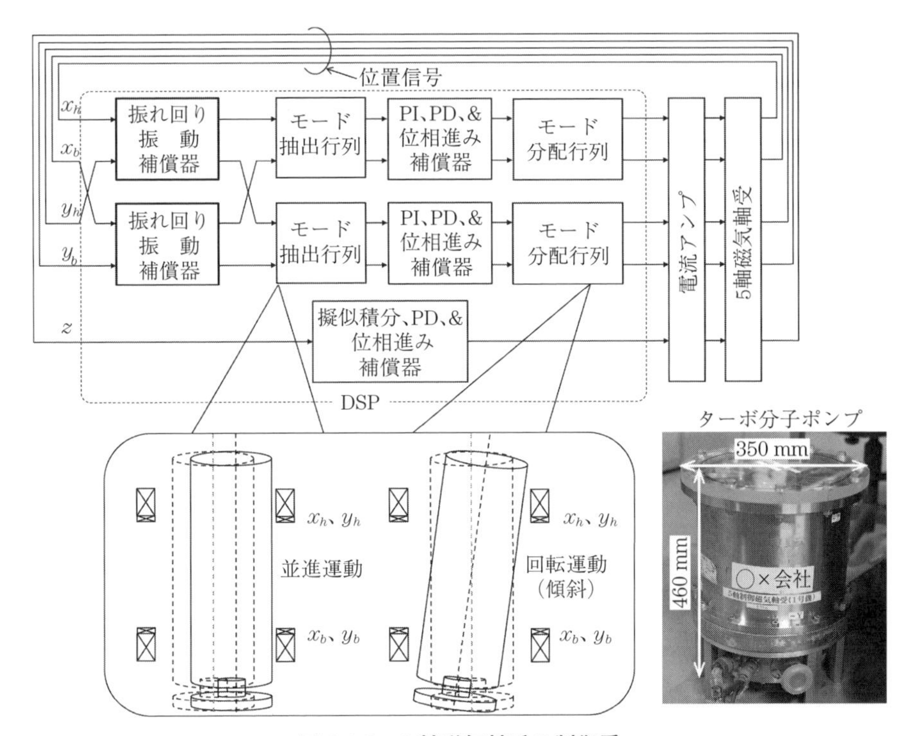

図 3.4.9　5 軸磁気軸受の制御系

り、それに対してゲインは不変として、振れ回りの位置信号に対して位相進みを付与する位相安定化手法を開発している。本書では、これら手法の詳細な説明は割愛する。

【5 軸磁気軸受の制御系の立ち上げ調整】

図 3.4.9 は 5 軸磁気軸受に対する制御系の全体である。5 軸磁気軸受を用いており、これにロータが組み込まれたターボ分子ポンプの試作品が初めて納入されてきたとしよう。いきなり図 3.4.9 の制御系を構築して、電源を投入するという危ないことはできない。磁気軸受は不安定系なので、フィードバックの極性にミスがあるとロータは吸着される。この状態のままで実験を継続した場合、電磁石が発熱して惨事を招きかねない。極性に過誤がなくとも、補償器のパラメータ設定不良の場合には、発振あるいは一方の電磁石側に吸着されたま

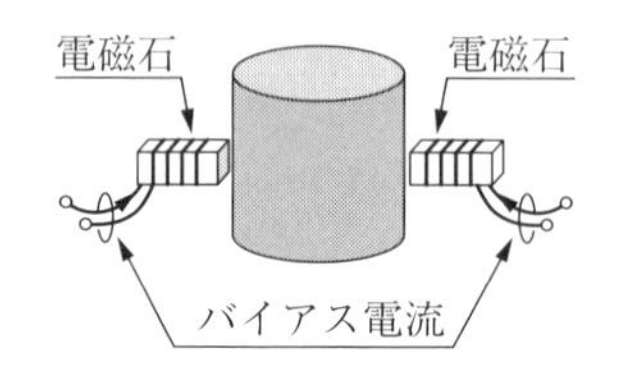

(a) バイアス電流の印加

(b) 綱引き

図 3.4.10　電磁石に対するバイアス電流と運動会の綱引き

まとなる。さらに、図 3.4.9 に明示してはいないが、電磁石には**図 3.4.10**(a)に示すようにバイアス電流を流している。この機能は、同図(b)に示すように運動会の綱引きと等価である。試合前の綱をピンと張った状態にすることである。固く言えば、電磁石の定常的な吸引力が生み出す剛性とともに線形性を付与するためである。このバイアス電流と補償器のパラメータ設定は独立なものではないので、バイアス電流の設定不良によっても磁気浮上はできない。そうすると、試作品に対して、どのような手順を踏んで磁気支持させていくかが問題となる。

絶対的に正しい唯一の方法は存在しないが、図 3.4.9 右下の写真に示すターボ分子ポンプ（TMP：Turbo Molecular Pump）に対する立ち上げ調整の手順を説明する。なお、TMP は製品であるが、これに対する配線と電磁石を駆動する電流アンプの据え付けを新規に行っており、我々にとっては動特性が不明であった。

(1)　図 3.4.9 には振れ回り振動補償器、モード抽出・分配行列を備えているが、これらを全て排除し、磁気支持の実現だけを図る。

(2)　そのために、まず z 軸だけ、すなわちロータを吊り下げる制御系だけを投入する。半径方向の制御系は未投入なので、当然のことながら機械接触する。

(3)　z 軸方向の磁気支持が完了した後に、半径方向の制御系を投入する。このとき、半径方向 x_h、y_h、x_b、y_b の 1 軸ごとに安定化を図る。具体的に、図 3.4.9 に示す振れ回り振動補償器およびモード抽出・分配行列は外しておき、4 個ある「PI, PD, ＆位相進み補償器」の調整を半径方向 1 軸に対して実施する。すなわち、1 箇所の補償器の調整を行う。

(4)　上記 (3) の調整結果を半径方向の全軸に対して適用し、全 5 軸が独立したループ構造で完全に非接触で安定な磁気支持を実現する。

(5)　モード抽出・分配行列を挿入して、手動でロータに外乱を与える。平衡位置への安定な復帰動作を確認する。さらにはロータを回転させることによって、運動モードごとの姿勢調整を行う。

(6)　最後に、振れ回り振動補償器を制御ループの中に投入する。

【1 軸磁気軸受の制御系】

図 3.4.11 に鉛直 1 軸方向の磁気軸受に対する制御ブロック図を示す。これに対して、2 章で解説済みの技術項目を再確認することは、制御の通になるために有益である。

(1)　磁気軸受は不安定系：磁気軸受の伝達関数は $1/(ms^2-k_m)$ と記載されている。ばね項（s^0 項）がマイナスの k_m であり、ラウスの安定判別法から即座に不安定であると結論される。マイナスの k_m のことを**負のばね**と言う。

(2)　制御の型は 0 型：一巡伝達関数（開ループ伝達関数）に積分器 $1/s$ はない。したがって 0 型である。平衡位置、すなわちエアーギャップ中央に位置決めさせる目的を持つが、積分器 $1/s$ がループ中に存在しないので、完全に平衡位置に定位しているわけではない。

(3)　ノイズ除去などのためのローパスフィルタ：磁気浮上の実現にとっては不必要であるが、高周波数のノイズを除去する、あるいはロータを含めた

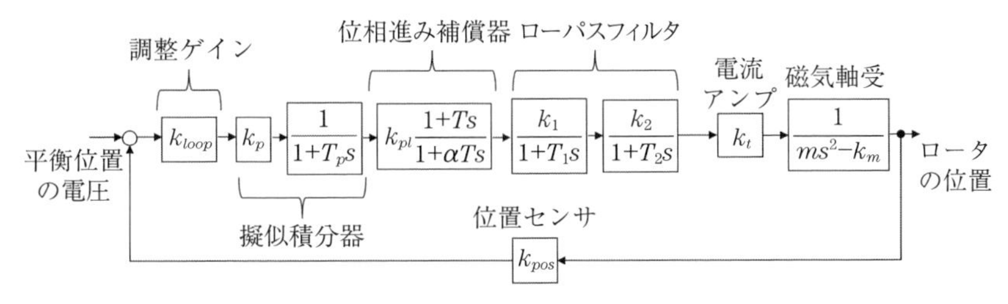

図 3.4.11　磁気軸受の制御系

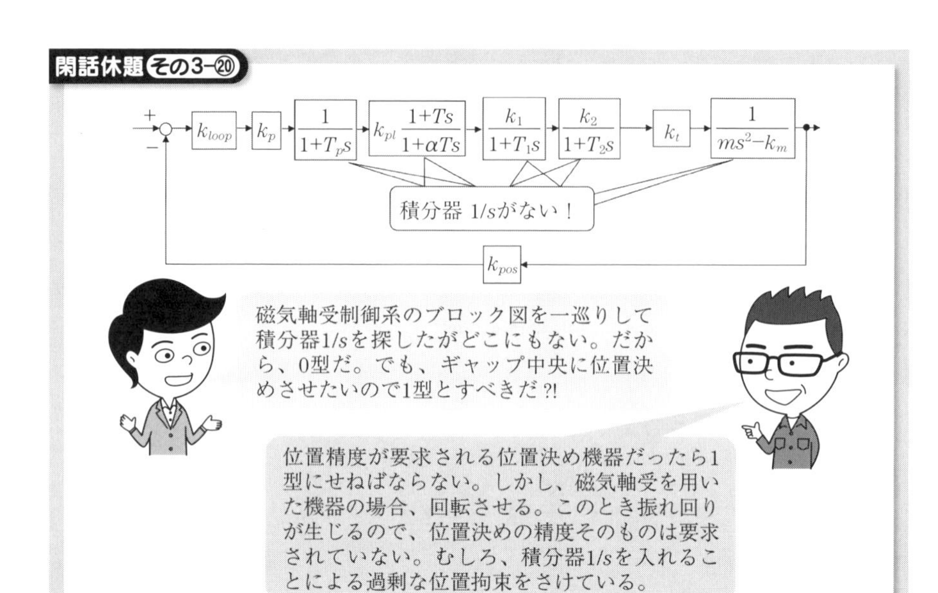

閑話休題 その3-㉑

「**負のばね**」という用語を使って上司に進捗を報告したら怒られました。世の中に負のばねなんてモノは存在しない、惑わすような言葉を使うなとご立腹でした。

上司が知らないだけだ。磁気軸受の研究開発の分野では、負のばねという言い方が一般的だ。磁気の吸引という物理現象を端的に表現している。

機構のダイナミクスを励振しないために備える。

【磁気浮上の結果】

図 3.4.12 は 5 軸磁気軸受を用いたターボ分子ポンプを零から 5000 rpm まで回転させたときの、上部半径方向軸受部の変位（x_h）のデータである。上段を

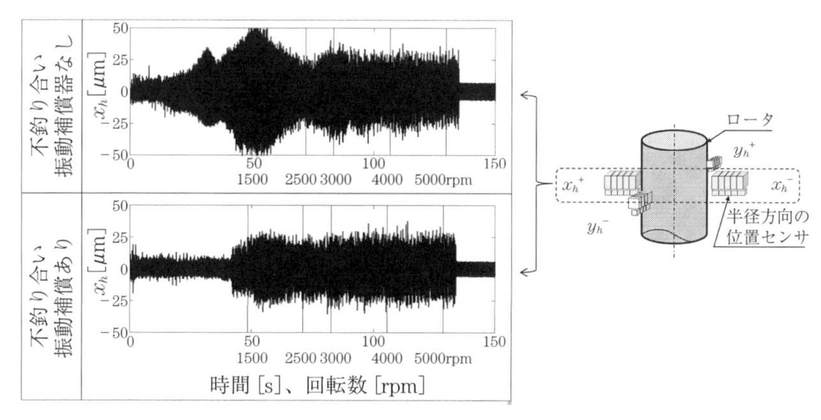

図 3.4.12　5 軸制御磁気軸受の振れ回り

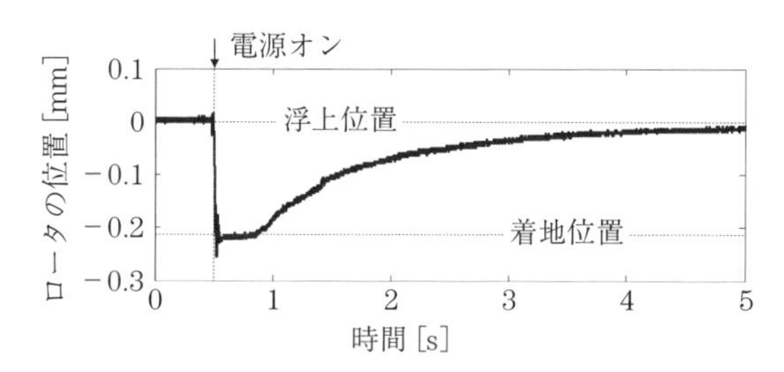

図 3.4.13　電源投入時のロータの磁気浮上の様子

みると、1500 rpm あたりで振幅が増大している。下段は、アクティブな制御を施していることを活用して、回転時の振れ回り振動を抑制する補償器（図 3.4.9 の振れ回り振動補償器）を付加したときのデータである。

図 3.4.3 のターボ分子ポンプに電源を投入したときの、ロータの鉛直軸方向の動きを**図 3.4.13** に示す。図中の「着座位置」でロータは機械ベアリングと接触している。このとき、手動でトルクを与えても摩擦によって即座に回転は止まる。しかし、浮上位置に到達した以降のロータは、非接触状態になり、手動のトルクを加えたとき何らの抵抗もないように回転する。

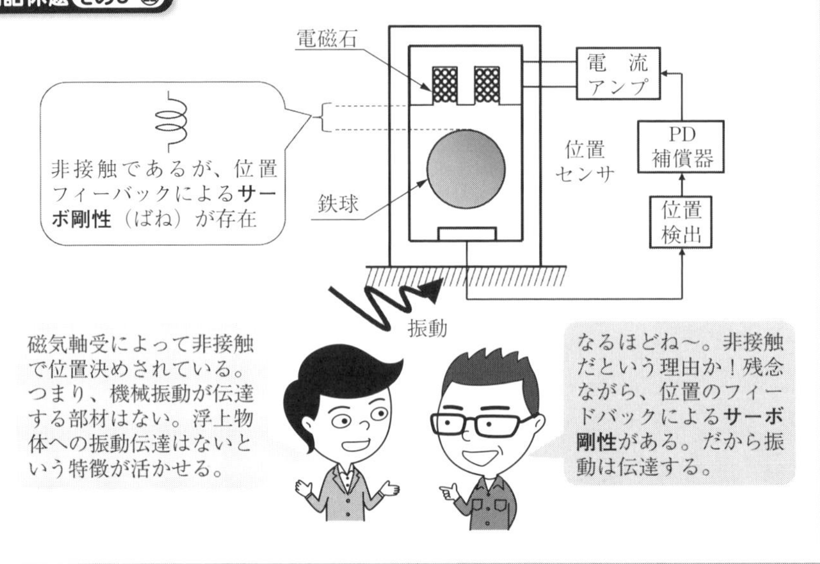

閑話休題 その3-㉓

花火のように美しいリサジュですね〜。しかし、美しいモノは恐ろしい。危険を感じる振動の大きさだ。

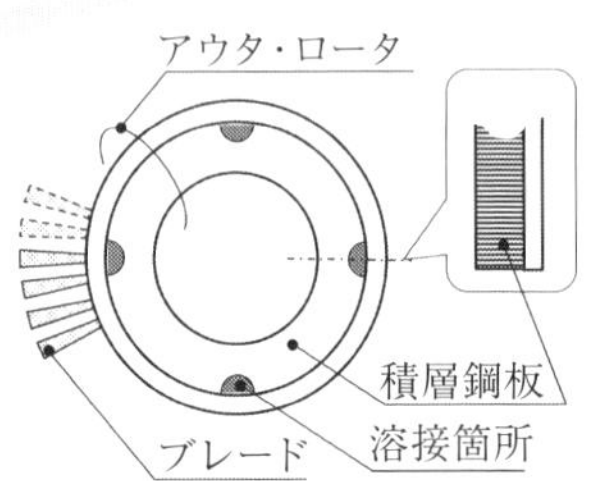

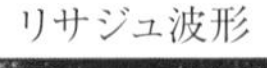

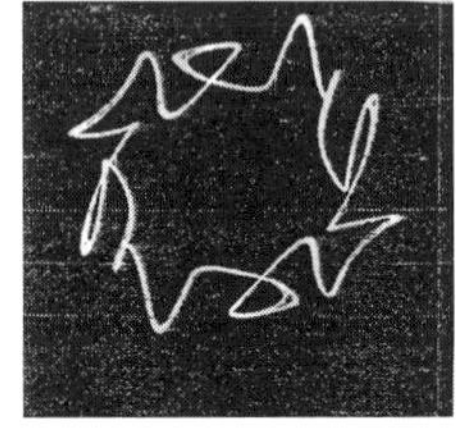

コストダウンを狙って積層鋼板を溶接した。溶接個所の物性値が変わったため、インダクタンス式位置センサの出力がロータの全周にわたって不均一になったためだ。

3.5 多軸の空圧式除振装置の制御 —各人勝手と全体を見渡すコントロールの差異—

図 3.5.1 は研究室にある 6 軸の空圧式除振装置である。四角形の台座が除振台であり、この上に精密機器を載せ、床から伝わってくる振動を小さくしている。そのために、除振台の四隅には空気ばねを備える。空気ばねとは「風船」と同様である。膨らんだ風船の表面に指を押し当てると、押し戻す作用がある。つまり、ばねが存在している。それもきわめて柔らかいばねである。

このような大型・大重量の除振台を持ち上げ、かつ水平を保って位置決めするには、どのようにすればよいであろうか。

【制御戦略の考察】

話を簡単にするために、**図 3.5.2** 左側に示すように除振台の 2 箇所の角の高さを観察し、この結果を踏まえて腕を使って除振台を所望の高さを調整する人間がいるとしよう。このとき、除振台の 2 箇所に配置した人間同士の情報交換は一切ないとする。つまり、2 箇所の局所的なポイントの動きだけを観察しながら高さを調整する。相互の情報交換がなくとも、最終的には除振台を望みの位置に落ち着かせられる。

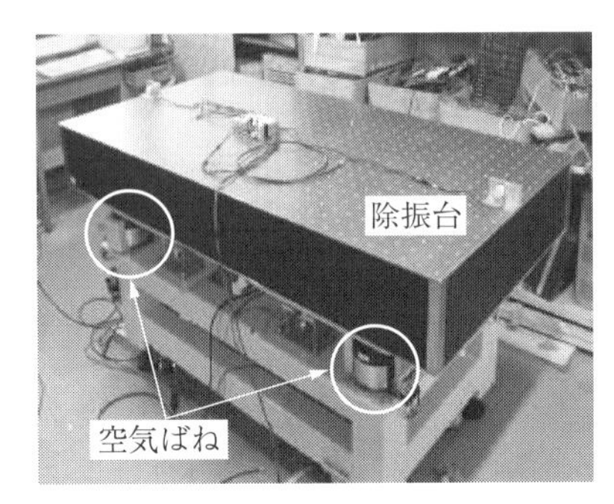

図 3.5.1　6 軸の空圧式除振装置

図 3.5.2　各軸独立制御と運動モード制御の対比

一方、図 3.5.2 右側は、二箇所の局所的な位置変化の観測に代えて、除振台全体の動きを観測し、この結果を踏まえて破線から実線の位置に除振台を位置決めしている様子を示す。イメージの世界で話をしたが、同図左側は独立制御、右側は運動モード制御の制御戦略を説明したのである。

センサとアクチュエータがメカニカル機構に多数配置されている制御系の場合、初期の立ち上げ時には独立制御が採用され、求められる性能の高度化にともなって運動モード別制御が採用される傾向がある。以降に説明する空圧式除振装置の場合も、初期の装置は独立制御であり、次に運動モード別制御が採用されている。

【多軸の機構で多用される運動モード別の制御】

水平方向の空気ばねを風車のように配置した除振台を**図 3.5.3** に示す。水平

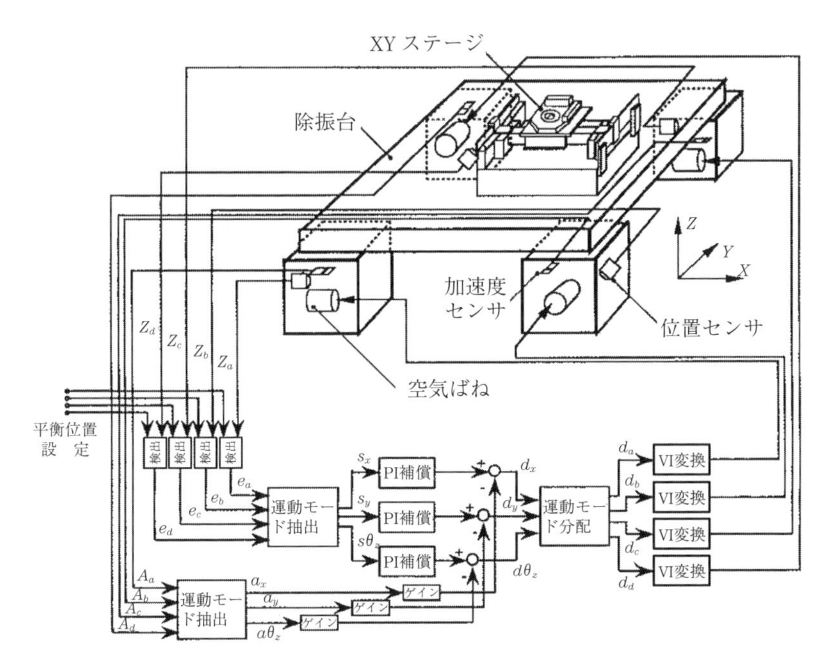

図 3.5.3　位置と加速度のフィードバックに運動モード別制御を採用した空圧式除振装置

方向の運動は x 軸方向並進、y 軸方向並進、そして z 軸回りの回転 θ_z の３種類である。つまり、除振台を変形させない剛体としての運動自由度は３である。しかし、空気ばねは４個あり、これら近傍には位置センサと加速度センサを備える。位置センサの出力を使ったフィードバックは、除振台を平衡位置に定位させるため、加速度センサの出力を使ったフィードバックは、除振台の動きに対して制動をかけるためである。

まず、４箇所の位置の信号（e_a, e_b, e_c, e_d）を、位置センサの幾何的な配置に基づく３行４列の行列である運動モード抽出回路に入力して、除振台の x 軸方向並進の変位 s_x、y 軸方向並進の変位 s_y、そして z 軸回りの回転 $s\theta_z$ を求めている。次に、同回路のそれぞれの出力信号をPI補償器に導いている。つまり、運動モードごとに位置に関する調整が可能なPI補償を施している。

次に、加速度センサの出力（A_a, A_b, A_c, A_d）に対しても同様に、同センサの幾何的な配置に基づく3行4列の加速度信号に関する運動モード抽出回路を経由させる。この出力は、除振台の x 軸方向並進運動の加速度 a_x、y 軸方向並進運動の加速度 a_y、そして z 軸回りの回転加速度 $a\theta_z$ となる。つまり、加速度に関する運動モード信号（$a_x, a_y, a\theta_z$）を求め、さらに各信号にはゲインが乗じられている。このゲインは除振台の動きにダンピングを付与する機能があり、運動モードごと異なるダンピングを与えることができる。最終的に、運動モードごとの位置に関するPI補償器の出力に、運動モードごとにダンピングを調整された信号を負帰還した信号（$d_x, d_y, d\theta_z$）を使って、空気ばねへ供給する空気量を調整するサーボバルブの弁開閉を行わせている。この際、サーボバルブは除振台の四隅に幾何学的に配置されているので、運動モードの世界からサーボバルブの実際の配置を考慮して各バルブを駆動する。そのための（$d_x, d_y, d\theta_z$）から（d_a, d_b, d_c, d_d）への座標変換が運動モード分配回路である。運動モードが3個でサーボバルブ4箇所の弁開閉用の電流アンプは4個あるため、運動モード分配回路は4行3列の行列となる。

【調整の自由度】

図3.5.3では、水平方向に配置した空気ばねの駆動で実現される剛体3自由度の運動モードの制御系を示した。除振台四隅の鉛直方向に駆動される空気ばねに対しても、運動モード制御系が構築できることは言うまでもない。以下では、鉛直方向空気ばねに対するフィードバックループ内に、位置と加速度センサの幾何配置に基づく運動モード抽出回路と、アクチュエータであるサーボバルブの幾何配置を使った運動モード分配回路を備えたとき、運動自由度ごとに姿勢調整ができることを示す。

図3.5.4(a)に、4箇所の空気ばねの内圧を外乱として一様に増加・減少させたとき、除振台が上下動していることを示す。このときの運動モードの偏差信号をみると、並進 z 軸の応答は存在するが、x 軸回転、y 軸回転、そして捩り回転の運動が励起されていない。主たる運動方位以外のものが励振されないことが運動モード制御の特徴となる。

同様に、図3.5.4(b)は x 軸回りの回転運動を外乱として与えたときに応答で

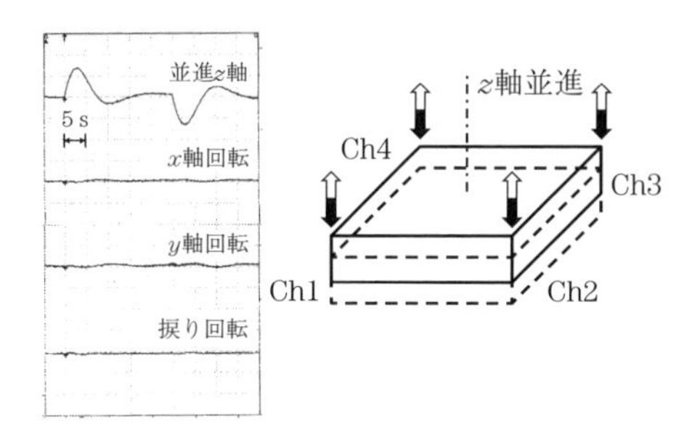

(a) z 軸並進に対する応答

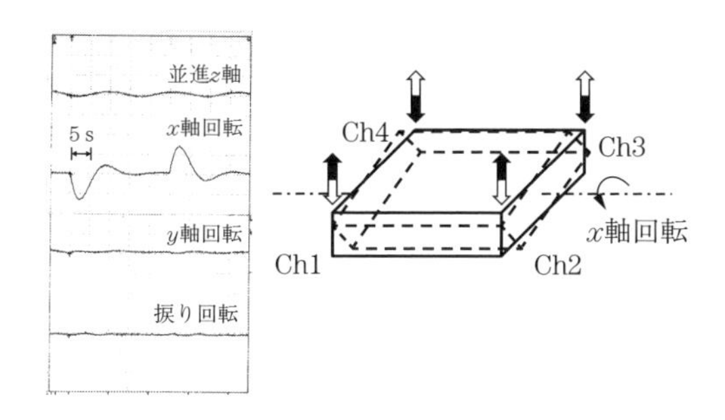

(b) x 軸回りの回転に対する応答

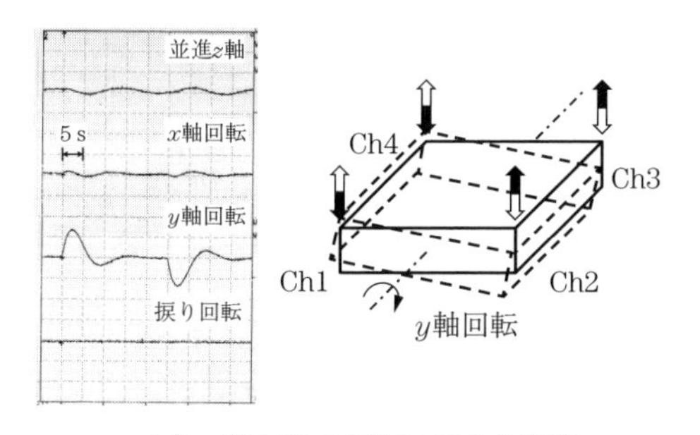

(c) y 軸回りの回転に対する応答

図 3.5.4　運動が互いに非干渉な制御系の応答

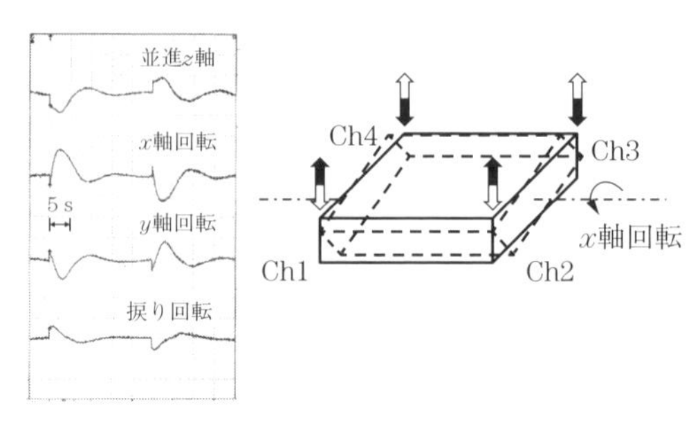

図 3.5.5　運動が干渉する制御系の応答

ある。このとき、x 軸回転の偏差信号は応答するが、それ以外の z 軸並進、y 軸回転、そして振り回転の運動は励起されていない。

最後に、y 軸回りの回転運動を外乱として与えたときの応答波形を図3.5.4(c)に示す。y 軸回転の偏差信号には応答が生じるが、それ以外の運動は励起されていない。なお、捩り回転は、除振台を柔軟に変形させるモードである。

図 3.5.4(a)(b)(c)に示すように、z 軸並進、x 軸回りの回転、そして y 軸回りの回転の三つの剛体運動が各独立に制御できることが重要である。例えば、除振台に搭載した精密機器の仕様を満たすために、除振台の姿勢を調整することがある。具体的に、z 軸並進の姿勢を調整するとしよう。このとき、他の運動モードの特性は変えないという性質は好ましい。なぜならば、除振台の z 軸並進の姿勢調整に連動して、他の運動モードの姿勢を変化させたとき、このことが除振台上の精密機器の性能劣化を新たに招くからである。

図 3.5.5 は、運動モード別制御に代えて各軸を独立制御にした場合にあって、z 軸並進の外乱を与えたときの応答である。図 3.5.4(a)と比較して明らかなように、各運動が干渉している。このような運動の漏れが除振台上の搭載機器に悪影響を及ぼす可能性がある。

【空気ばねとセンサが複数あると…】

センサとアクチュエータをそれぞれ 1 個だけ備える機械装置の場合、センサの故障すれば装置は動かない。アクチュエータ故障でも、もちろん装置の機能は完全に損なわれる。ところがセンサやアクチュエータが複数あるとき、1 箇

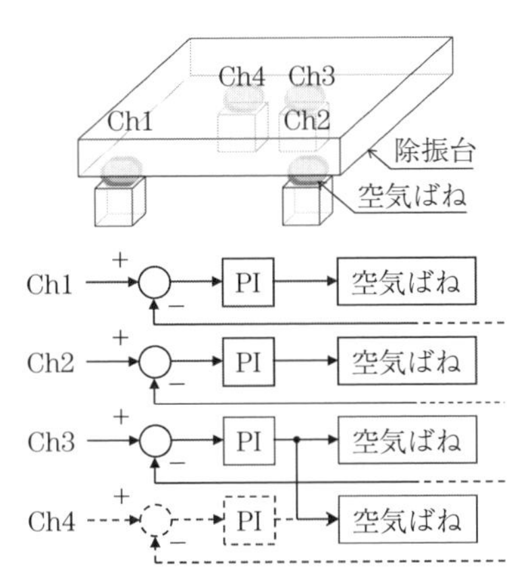

図 3.5.6　擬似３点で鉛直方向を支持した除振装置

所程度の故障があっても、周りに助けられて何食わぬ顔を見せる。

このような事例を**図 3.5.6** に示す除振装置において経験したことがある。同図の除振台を水平に支持するには、最低限３箇所に空気ばねを備えればよい。ところが除振台の面積と質量が大きい場合、4 箇所での支持の方が安全である。しかし、この場合、各ばねが発生する駆動力の差異に起因して固い除振台を変形させる。これを緩和するため、図 3.5.6 のように、Ch3 と 4 の空気ばねを互いに接近させ、かつ同図下段のブロック線図に示すように、Ch4 の空気ばねの駆動に際しては、Ch3 に施された PI 補償器の出力を使うことが行われる。つまり、Ch3 と 4 をあたかも一体の空気ばねとみなす。擬似３点支持と呼ばれる。なお、除振台の振動制御にとって重要な加速度フィードバックループの表示は、図 3.5.6 では割愛している。

この制御系において、空気ばねの破裂にも拘らず、着座状態にあった除振台が浮上したことがあった。装置開発のとき遭遇した現象であり、それはトラブルであるため実測データを残していない。そこで、シミュレータによってこのトラブルを再現する。

この結果を**図 3.5.7** に示す。同図で Ch1～4 の記号をつけた波形は、この場所に設けている位置センサの出力である。破線の Ch 番号は、この空気ばねが

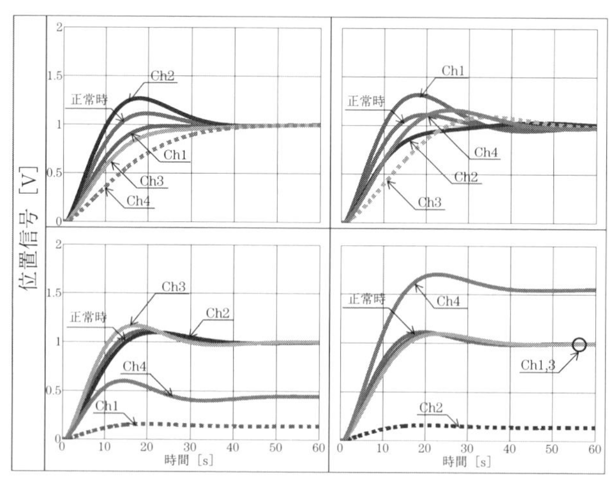

図 3.5.7　空気ばねが破裂したときの除振台の応答

破裂したことを意味する。まず、図 3.5.7 上段は Ch4 そして Ch3 の空気ばねが故障したときである。過渡現象では傾きを持つが、最終的には水平（図中の位置信号 1 V）になる。一方、同図下段は Ch1 そして Ch2 が故障したときであり、水平ではないものの除振台は浮上する。つまり、いずれかが故障しても、浮上動作はする。

この現象は、位置センサの出力をモニタしていれば異常を発見できたであろう。しかし、いままでトラブルがない除振台の立ち上げの場合、装置ごとに波形観測する手間はかけない。浮上を目視確認する程度で済ませる。そして、除振台の傾きは目視では見極められないレベルである。不具合は、除振台上に搭載した位置決めステージが稼動しはじめたとき、特定の場所でステージの性能指標が著しく劣化する現象から見つけ出している。ステージの位置決め不良なので、直接的にはこれに起因すると考えてしまいがちだ。しかし、そうではなかった。位置決め指標が劣化する近傍の空気ばねに手動で加圧したとき、押し返す反力がなかったことから、空気ばねの破裂を見つけだしている。

【調整の自由度が増えると不便という非難】

運動モード別制御では、センサとアクチュエータの幾何学的配置を考慮した行列を閉ループ中に挿入する。そうすると、運動モードごとにほぼ非干渉で調整を行うことができる。図 3.5.4 で柔軟な運動モードの捩りを除外した剛体 3 自由度の運動は、z 並進、x 軸回りの回転、そして y 軸回りの回転である。運動モード別制御系を採用の場合、例えば y 軸回りの回転運動の性能は不変のまま、x 軸回りの回転運動だけを位置フィードバックによって固くする、あるいは加速度フィードバックによってダンピングを調整するという非干渉の調整が可能となる。

一方、各軸独立制御系の場合、**図 3.5.8** を参照して 3 箇所の位置の PI 補償器に異なるパラメータを設定することはあり得えない。ダンピング調整の 3 箇所の加速度ゲインも同一にせざるを得ない。異なるパラメータを設定した場合、除振台の姿勢は乱れてしまう。だから、3 箇所の位置の PI 補償器パラメータ、および加速度ゲインは同一とする。そうすると、z 軸並進の動きを適切にする PI パラメータおよび加速度フィードバックのゲインを設定した時点で、x および y 軸回りの回転運動の特性は唯一に決まる。しかし、除振台上の精密位置決め機器の性能は、除振台の姿勢制御の状態に大きく依存する。なぜならば、同機器にとって除振台は母なるプラットホームなのである。だから、除振台の姿勢を、すなわち運動モードをきめ細かく調整できる能力を持たせることは、搭載機器の能力を引き出すことに大きく貢献する。

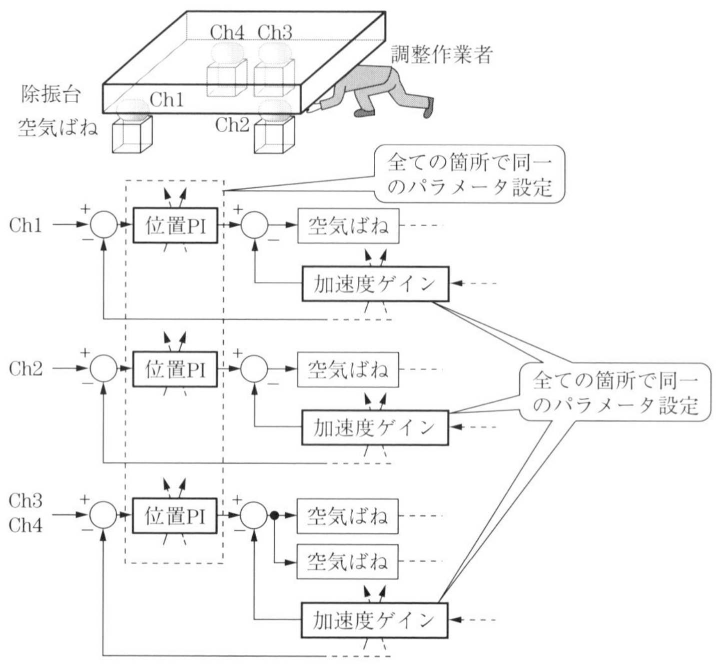

図 3.5.8　各軸独立制御の場合の調整

閑話休題 その3-㉖

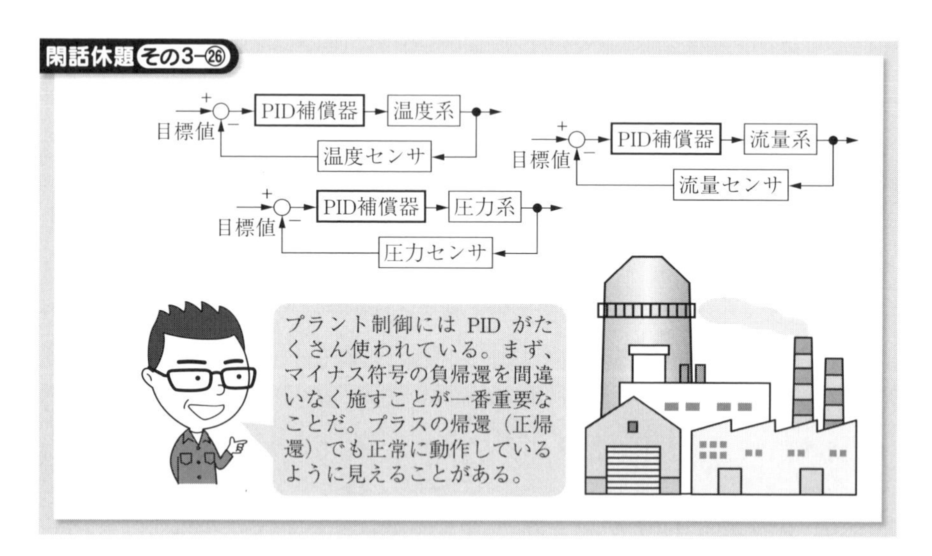

しかるに、意外な価値観をもって異を唱える開発者がいた。各軸独立制御の場合には、補償器のパラメータを同一にするという1箇所だけの調整で済む。一方、運動モード別制御の場合には、運動モードごと複数箇所の調整を行わねばならない。すなわち、調整箇所を増やしたという意味で煩雑だという非難である。

調整箇所の個数だけで比較すればそのとおりである。そして、独立制御の場合、1箇所だけの調整で除振台の姿勢制御能力は打ち止めになる。だから、精密位置決め機器の開発者から除振台側に助力を求められたとき、もはや除振台の姿勢調整はできないと拒絶できる。位置決め機器の性能が除振台の姿勢制御に依存という関係をすっきり分断させたいならば、独立制御系を採用した方がよいであろう。姿勢制御能力の限界ははっきりしているのだから。

さらに、図3.5.8には除振台下に潜り込んだ調整作業者が描かれている。大型で大重量の除振台の場合、各所に歪みが発生する。その結果、微妙に機械接触する事態を招く。そのため何処に接触があるのかを調査している様子である。接触回避のために、1軸ごとに位置をシフトさせる調整を行う。すると、この調整は除振台のすべての姿勢に影響を及ぼして、調整ごとに各軸各所の接触状態を点検せねばならない。ところが、運動モード別制御を採用した場合、x軸あるいはy軸に沿って除振台の位置をシフトさせられる。もちろん、除振台の傾きも同様である。つまり、除振台下に調整作業者を長時間潜り込ませることなく、簡単に機械接触を解消できる。

3.6 因果応報を活用するフィードフォワード制御

外乱の影響の仕方が因果応報の場合、フィードフォワードの適用によって、外乱が及ぼす悪影響を除去できる。このような「森羅万象己が意のまま」の例を紹介する。

3.6.1 ステージ反力フィードフォワード制御

図3.6.1上段を参照すると、精密位置決めステージは除振台に搭載されてい

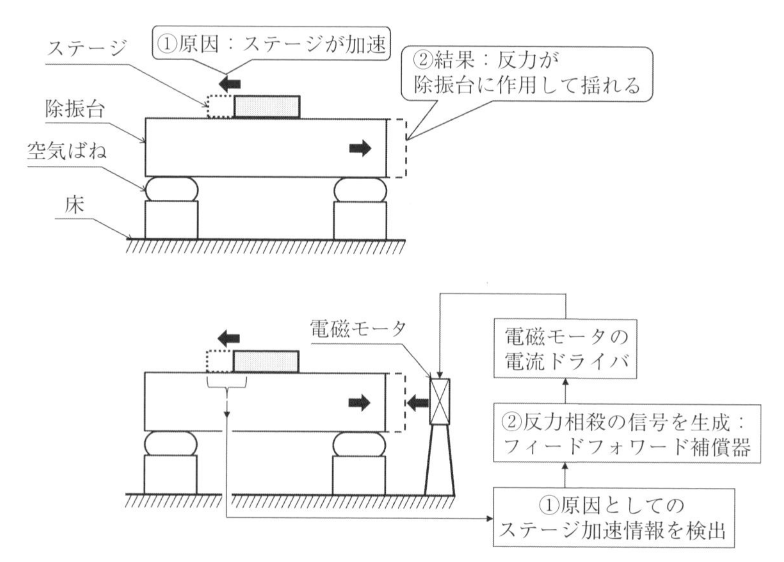

図 3.6.1　ステージの駆動反力の因果律とステージ反力フィードフォワード制御

る。停止しているステージを加速すると反対方向に反力が生じる。この反力を受けた除振台は、破線の位置まで揺れを生じる。①、②の順番の通り、位置決め時間を短くする急激な加速が原因となって除振台が揺れる結果を招く。この揺れをなくすためには、どのようにすればよいか？

図 3.6.1 下段に示すように、ステージを加速する信号を受けとり、これを使って反力を相殺する信号をフィードフォワード補償器で生成し、最終的には電磁モータを駆動することによって除振台の揺れを止めることができる。

図 3.6.2 は反力相殺の効果を示す実験結果である。除振台上に搭載されているステージが右側から左側へ移動する。×印は除振台およびステージそれぞれの重心である。除振台の重心に対してステージのそれは y 軸方向にシフトしていることに注意して、ステージが x 軸と並行に加速されている。したがって、ステージの駆動反力による除振台の揺れは、x 方向および z 軸回りの回転となる。x 軸方向への駆動であるため直交する y 軸方向に除振台は揺れない。実際にも図 3.6.2 右側の除振台の揺れを示す波形のとおり、x 軸方向の揺れ e_x はあ

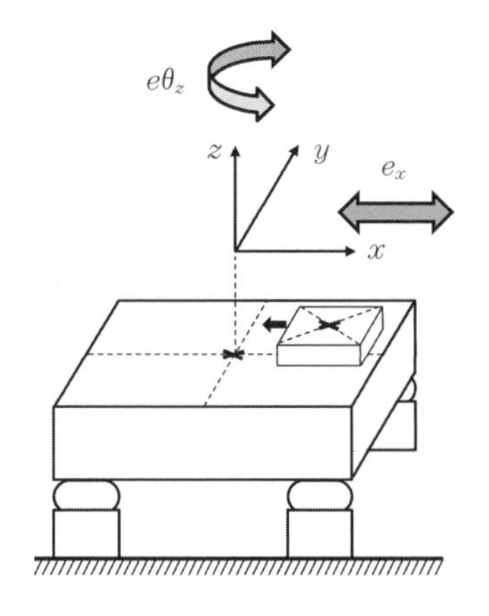

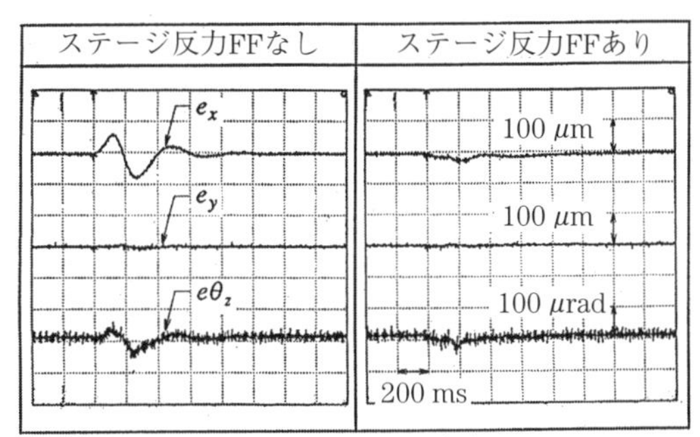

※FF：フィードフォワードの意味

図 3.6.2　ステージ反力フィードフォワードの効果

り、y 軸方向の揺れ e_y はなし、そして z 軸回りの揺れ $e\theta_z$ はありという結果である。

ここで、ステージ反力フィードフォワードを投入すると、図 3.6.2 右側のように、x 軸方向の揺れ e_x と z 軸回りの揺れ $e\theta_z$ は抑えられる。

3.6.2　床振動フィードフォワード制御

地盤には約 0.2 Hz の常時の揺れが存在する。したがって、地盤に深く杭が打ち込まれ、その上に建てられたビルディングもこの地盤振動の影響を受けて揺れる。そして、強い風をビル壁面が受けたときにも揺れが発生する。ビル内に唸りを上げる機械が設置されていれば、この振動でもビルは揺れる。もちろん、人の歩行によっても揺れは生じる。

図 3.6.3 は、揺れがある床に空気ばねをアクチュエータとした除振装置が設置されている様子を示す。床振動の伝達は、柔らかい空気ばねを介して緩和される。しかし、構造部材を介した振動は確実に除振台に伝達する。振動伝達の因果関係は明らかである。すなわち、同図左側を参照して、原因①は床振動が存在することであり、物理的に明らかなメカニズムを経て、結果②のように除振台に振動が伝達する。このような因果関係が明確なとき、床の振動の除振台

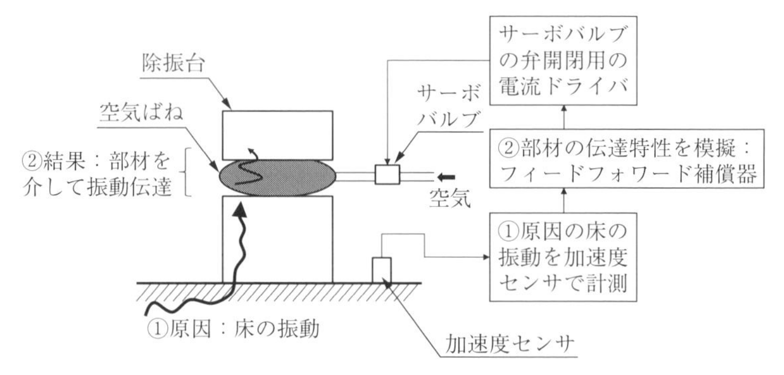

図 3.6.3　床振動伝達の因果律と床振動フィードフォワード制御

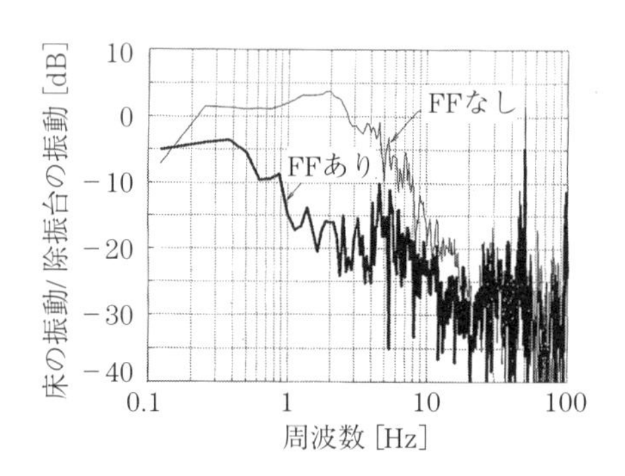

図 3.6.4　床振動フィードフォワードの効果

への伝達を抑制するフィードフォワード制御が適用できる。

具体的には、図 3.6.3 右側に示すように、原因①を加速度センサで計測し、同センサの出力を振動の伝達特性を模擬するフィードフォワード補償器に通してサーボバルブの弁開閉を行わせる。**図 3.6.4** はフィードフォワード補償の有無による床振動の伝達特性の比較である。図中の「FF」は、フィードフォワードの略称である。縦軸は、「除振台上の振動（加速度）/床の振動（加速度）」であり、したがってこの値が低いほど床振動の伝達が抑制されることを意味する。FF なしの曲線に比べて FF ありの場合、床振動の伝達が抑えられている。

3.6.3　傾斜補正フィードフォワード制御

すでに図 3.6.2 を用いて、ステージ反力による除振台の揺れの方位を説明した。ステージが除振台上の広範囲を間欠的に位置決めする場合、除振台はピッチング方向にも揺れる。ピッチングとは移動方向に対してお辞儀する運動である。**図 3.6.5** を使って説明しよう。

ステージは$-y$方向に位置決めされ、除振台上の可動限界に達したとき、x軸方向に移動したのち、再び$+y$軸方向に向かって位置決め駆動を繰り返す。このとき、除振台そのものの重心は図中につけた×印にあるが、ステージを含めた全体の重心は、ステージの移動ごとに変化する。全体の重心が偏ると押し込まれた空気ばねは沈み込み、対向する場所のそれは膨らむ。つまり、除振台は傾斜する。ほとんどの場合、空気ばねに対する空気の吸排気は、除振台の姿勢を監視する位置センサの出力によって制御されており、時間が経過すれば傾斜は修正される。しかし、空気ばねの応答は遅く、傾きの修正が未了のうちに繰り返しのステージ位置決めによる偏重心に起因してさらに傾く。

原因はステージの移動による偏重心であることは明白である。除振台の傾きを補正するためには、**図 3.6.6** のように、ステージの位置情報を捉えて、偏重心によって押し込まれる空気ばねを予め膨らませ、逆に膨らむ空気ばねの空気

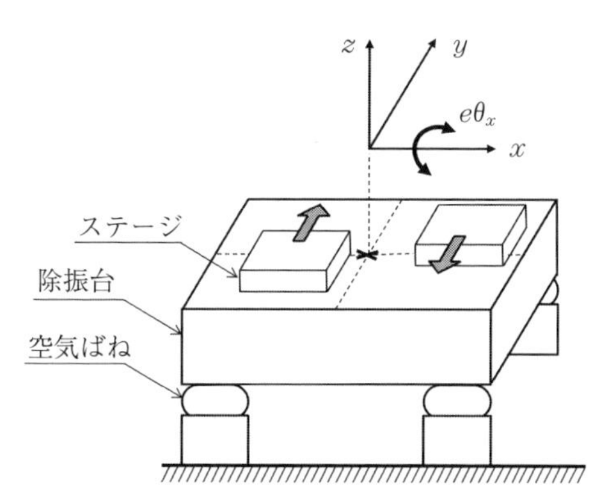

図 3.6.5　除振台全域にわたるステージの高速位置決めによる傾斜の発生

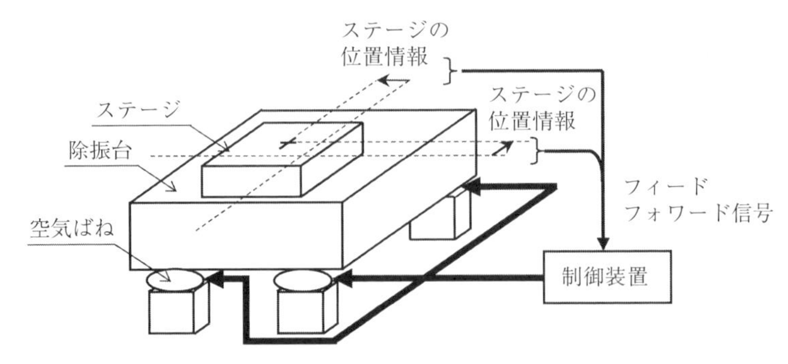

図 3.6.6　除振台の傾斜を補正する概念図

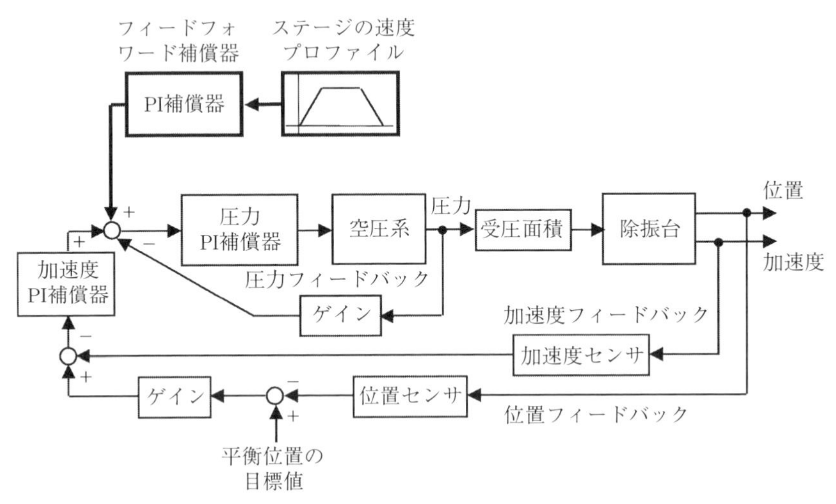

図 3.6.7　除振台の傾斜を補正する具体的なブロック図

は予め抜いておけばよい。

図 3.6.6 はあくまでも傾斜補正のコンセプトである。これを実現する手段は様々である。一例を**図 3.6.7** に示そう。図 3.6.6 ではステージの位置情報を取得すると言いながら、図 3.6.7 の太枠ブロックの一つには「ステージの速度プロファイル」と記載されている。理由は、除振台には位置制御が施されており、この応答は遅いが除振台の傾きは十分な時間経過の後には修正されること

による。つまり、除振台の重心に対するステージの位置に応じて定常的に空気ばねを膨張あるいは圧縮させておく必要はない。ステージが加減速駆動をしたときの過渡現象の期間だけ傾斜を補正すればよい。そのために、ステージの速度プロファイルを使っている。

この速度プロファイルは、フィードフォワード補償器を介して、圧力フィードバック系の加算端子に入力されている。ここへの入力によって、入力電圧の値に応じた圧力を発生するように動作する。次には、フィードフォワード補償器として何を組み込むのかが問題である。

白状してしまおう。「PIDは万能だ！」と叫んで、とりあえず並列形のPID補償器（図2.6.1参照）を入れた。そうして、P補償器だけ、あるいはI補償器だけを投入するという調整を繰り返して、結局PI補償器の構成で傾斜を補正できた。だから、図3.6.7にはPI補償器と記載している。なお、D補償の投入も若干の効果はある。

PI補償器で効果を得た理由は後付けである。すなわち、同補償器への入力はステージの速度である。したがって、P補償は速度、I補償は位置に相当すると考えられた。事実、除振台の傾斜はステージ位置に応じた空気ばねの圧力増減で補正されるのであり、ステージの速度プロファイルを入力とするI補償器の出力で除振台の傾斜がほとんど矯正できている。したがって、PI補償の機能の解釈は正しいと言える。そして、ステージが除振台の重心に対して大きく離れた場所にサーボロックされて明らかな偏重心があっても、図3.6.7のフィードフォワード補償器の出力は零であり補正しないことが重要である。なぜならば、除振台に施されている位置制御が除振台の傾きを修正するからである。

最後に、傾斜補正の有無による揺れ $e\theta_x$ の様子を**図3.6.8**に示す。(a)(b)ともに、先鋭的なパルス状の波形が存在する。これはステージが間欠的に加減速駆動を行った際の反力による揺れである。そして、傾斜補正なしの(a)の場合、パルス状の波形以外に低周波数の揺れが存在している。これは、図3.6.5に示した反転を伴うステージの y 方向の間欠的な位置決めに起因した揺れ $e\theta_x$、す

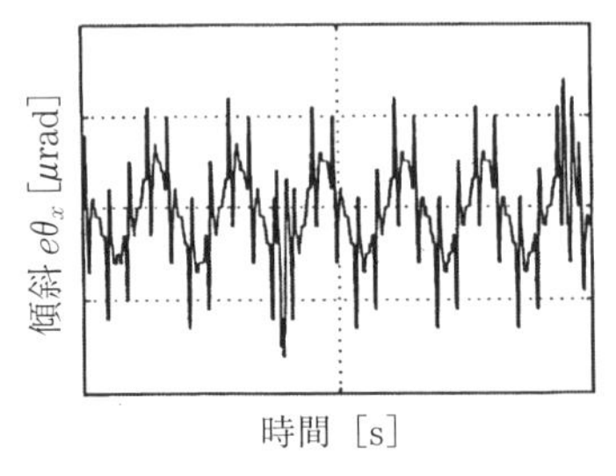

(a) 傾斜補正なし

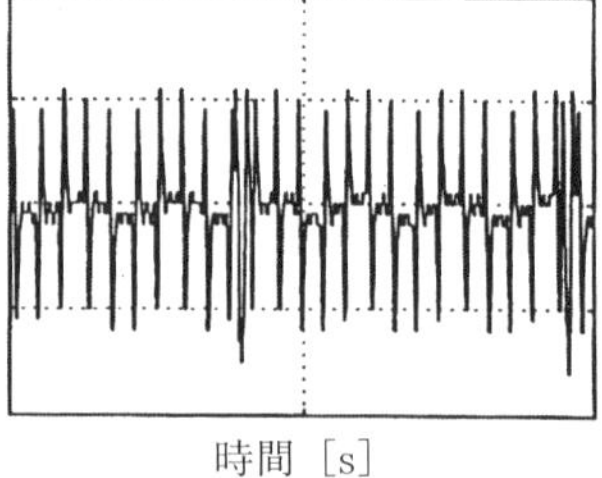

(b) 傾斜補正あり

図 3.6.8 傾斜補正制御の有無

閑話休題 その3-㉗

僕の担当はユニットAだ。Bとは無関係だった。品質保証は完了している。Bの担当者からAの信号をもらいたという申し出はいまさら面倒だ。切り分けの開発体制が崩れる。それと…品質の責任はどちらのユニットが担当するのか！

開発者は意外に保守的だ。採用したいフィードフォワード制御はユニット間の連動を考えたものなのだ。

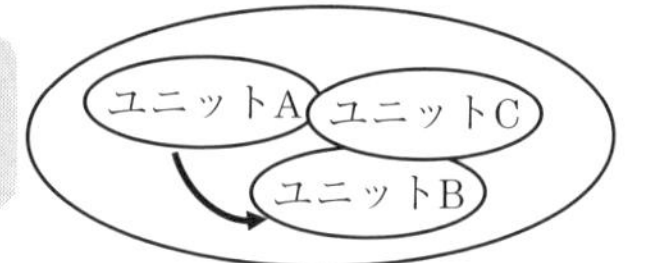

閑話休題 その3-㉘

除振装置に対する傾斜補正制御は、10式戦車（ひとまるしきせんしゃ）に採用されている車体傾斜機能のようなものだ。

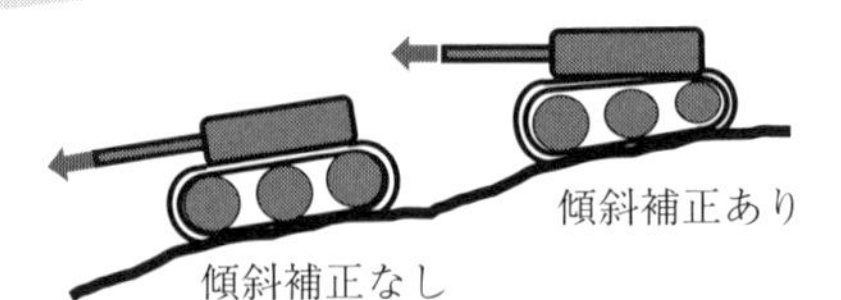

なわち傾斜である。一方、傾斜補正ありの(b)の場合、正弦波状の揺れ $e\theta_x$ が消滅している。

3.6.4　供給圧フィードフォワード制御

図 3.6.9 は空気ばねで除振台を支持する除振装置を示す。同装置に対しては、除振台を平衡位置に定位させる位置フィードバック、除振台の振動に対してダンピングを与える加速度フィードバック、そして空気ばねの内圧管理のための圧力フィードバックが施される。これら補償信号に基づくサーボバルブ（図中、バルブと略記）の弁開閉によって、空気ばね内の空気の量が調整される。したがって、バルブに供給される元々の流量は一定であることが前提条件である。

ところが、図 3.6.9 上段左側に示すように、圧縮空気をつくりだすコンプレッサの圧力（流量）は変動している。この変動を抑制するために、コンプレッサ

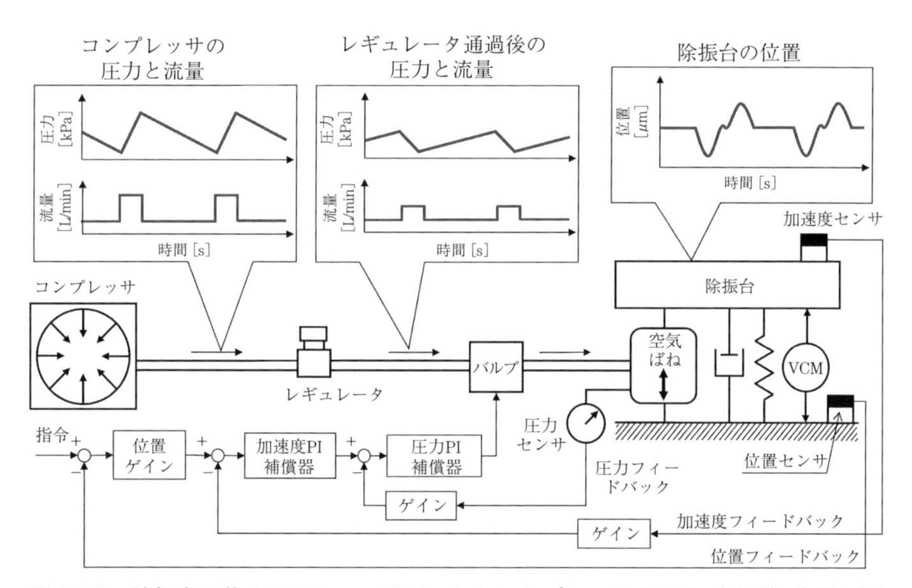

図 3.6.9　除振台に施されるフィードバックとコンプレッサの圧力（流量）変動に起因する除振台の揺動

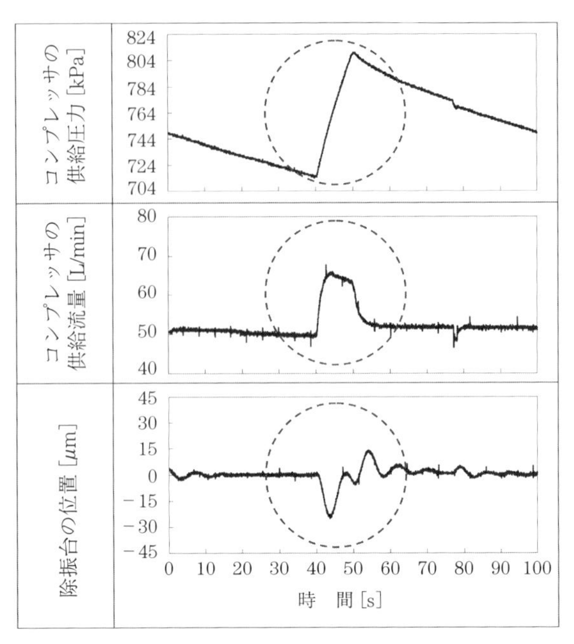

図 3.6.10　コンプレッサの供給圧力と流量の変動および除振台の位置

次段にはレギュレータが接続される。ここで減圧されかつ平滑化されるが、変動が残存している場合、同図右側に示すように除振台の位置は揺動する。

図 3.6.10 はコンプレッサの供給圧力と流量、そして除振台の位置の実測結果である。

破線の丸印で囲む部分で、三つの信号が完全に同期している。したがって原因としてのコンプレッサの圧力（流量）変動が、結果として除振台の位置の変動をもたらす。この因果関係が明白な現象である。

原因と結果が明確な物理現象の場合、フィードフォワードを適用して、望ましくない結果を抑制できる。**図 3.6.11** は、フィードフォワード補償の構成と実機検証の結果を示す。

同図右側を参照して、原因であるコンプレッサの圧力変動を圧力センサで検出している。次に、同センサの出力をフィードフォワード補償器に導いてい

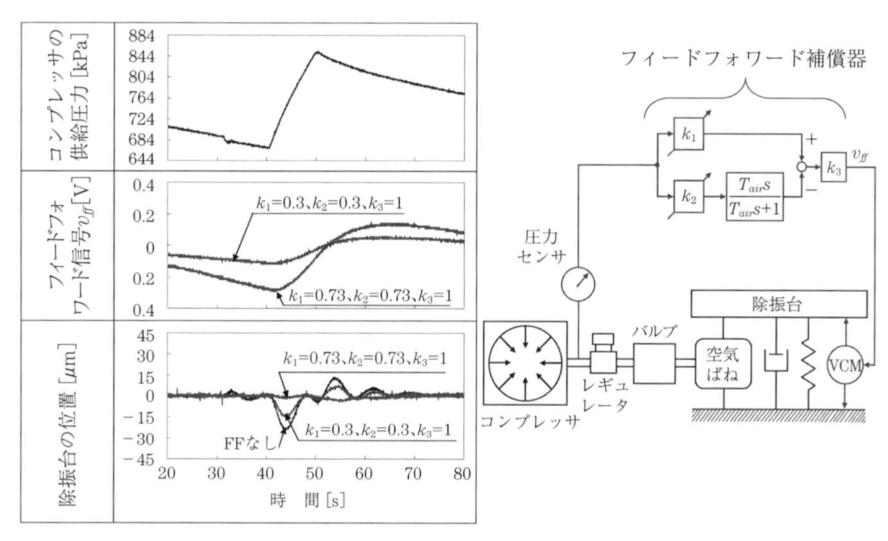

図 3.6.11　供給圧フィードフォワード制御の効果

る。最終的に、補償器の出力を使って電磁モータ（VCM）を駆動して、除振台の位置の揺動を打ち消す制御構造になっている。具体的に、フードフォワード補償器は比例ゲイン k_1 と擬似微分器 $T_{air}s/(T_{air}s+1)$ に対するゲイン k_2 の並列構造である。$k_3=1$ と固定して、k_1 と k_2 の効果をみながら実験を通して確認し、$k_1=k_2=0.73$ のときコンプレッサの供給圧力変動に起因する除振台の位置の揺れを完全に抑えている。

【告白とボヤキ】

図 3.6.9 では 1 個のレギュレータだけを使っている。そのため、コンプレッサの圧力変動を十分平滑化できない。レギュレータを多段接続したときには、コンプレッサの圧力変動による除振台の位置の揺動は十分に抑制できる。つまり、フィードフォワード補償の効果を示すために、あえてレギュレータを 1 個だけの使用に留めており、実際の使われた方とは異なる実験環境を設定している。簡単に言えば、実験のための実験である。

しかし、産業応用の現場での現象を聞き及んで、このような環境の設定をした。それは、精密レギュレータを使ってサーボバルブに対する供給圧を設定し、空圧式除振装置を立ち上げたが、一昼夜を経て除振台がゆっくりと傾いたという内容である。解決のために、再度、精密レギュレータの再調整を行って長周期の揺れを抑えている。この実話にヒントを得て、コンプレッサの圧力変動を検出し、これに基づいてフィードフォワード補償をかける実証実験を行った。ここでは紹介しないが、コンプレッサから流れだす空気量を流量計で計測し、この値に基づくフィードフォワードもかけられる。

制御系の動作のさせ方の一つとして、因果応報の物理現象があるときフィードフォワードが活用できることを示した意義がある。しかし、産業応用の現場への適用に関して、是非ともこのフィードフォワード補償を組み込むべきだという主張は早計だ。思考を列挙すると以下のとおりである。

(1) 個人購入不能な装置であり計測しようはないが、上記実例の圧力変動の量は極めて小さいはずだ。そうすると、この圧力変動を高いSN比で検出できるのかが問題になる。流量計を用いた場合も、このセンサの分解能が問題となる。

(2) 当然のことながら、圧力センサ、流量センサの分解能のほかに、アクチュエータである空気ばねやVCMの駆動分解能が低い場合にも、フィードフォワード補償はかけられない。

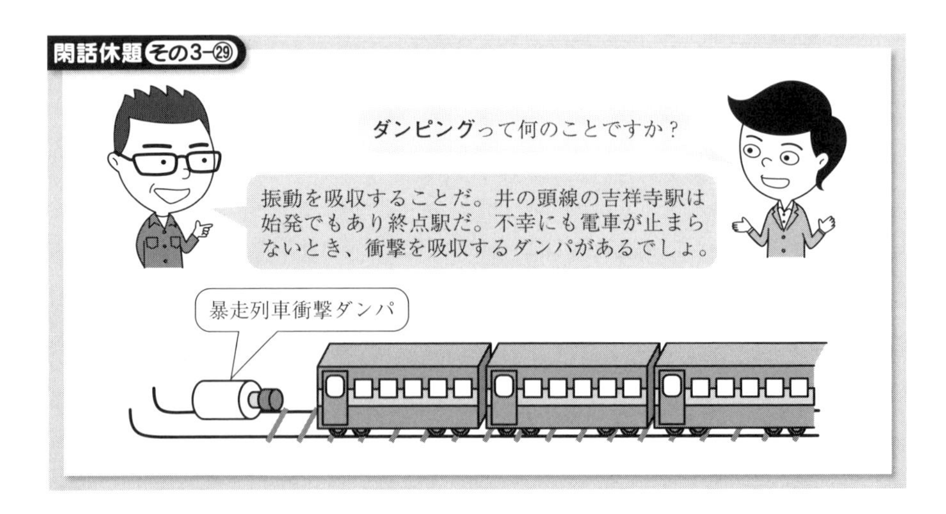

(3)　さらに、開発の場合、ユニットごとに担当者が割り当てられ、各人のテリトリの範囲で仕事を完結させたがることが問題となる。

(4)　上記（1）〜(3）の問題が解消されていざ実装段階に入ったときには、配線の引き回し、メイン装置とのインターフェース、故障時の安全対策などが必要となる。つまり、フィードフォワード補償の原理と効果に疑義の余地はないが、工業製品にこれを実装する場面では一筋縄ではいかない。

3.7　圧電素子を使った位置決め装置

図 3.7.1 はホルダに入れられた圧電素子の写真である。2本の配線があり、

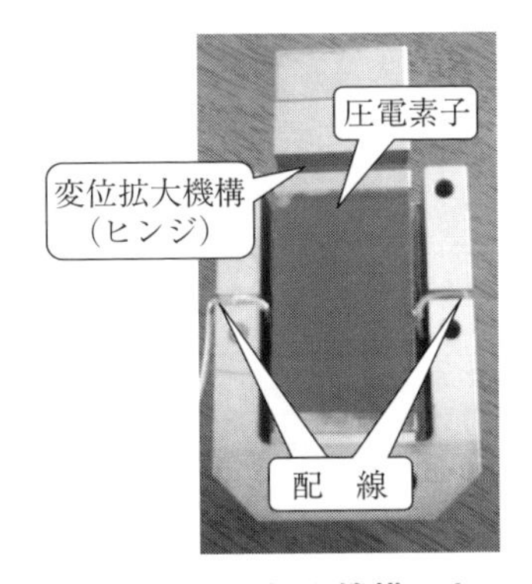

図 3.7.1　変位拡大機構つきホルダに入った圧電素子

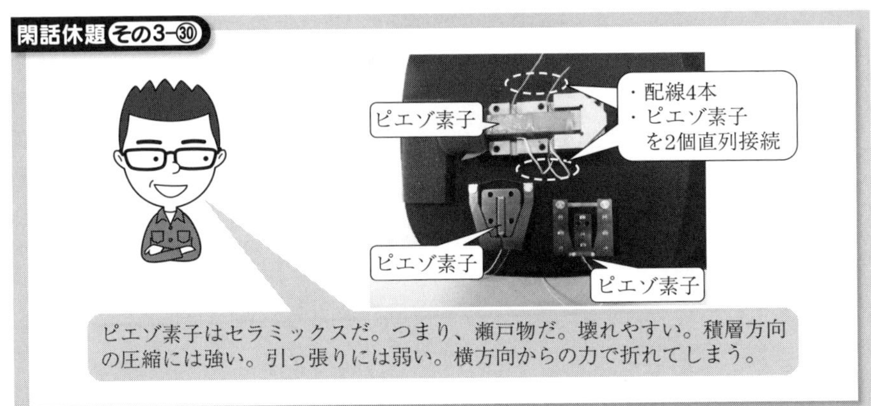

これに高電圧をかけたとき、すこしだけ伸びる性質を持つ。例えば、型番QFLA-6の場合、150 V印加して19 μmの伸びである。太い髪の毛の直径は150 μm程度であり視認できるが、この十分の一の伸びを観察できる人間はいない。加えて、微小な変位量のままであると応用範囲が制約される。そのため、もう少し変位を大きくするために、テコの原理と同様の変位拡大機構を備える。これを**ヒンジ**と呼ぶ。

【圧電素子の固有の性質】

圧電素子に正の電圧を与えたときに伸びる。わざわざ「正」と言い添えたことには理由がある。負の電圧を与えたとき縮まないことを強調するためである。

しかし、正の電流を流して時計方向に回転するモータの場合、負の電流を流すと反時計方向に回転する。このような正逆の動きが大事であった。ところが、圧電素子の場合、正の電圧を印加して伸長するが、だからと言って負の電圧を印加したとき縮まりはしない。ではどうするのか？　伸ばした状態を基準にして、そこに正の電圧を印加して伸ばし、反対に負の電圧を印加したときには伸ばした状態を基準にして縮小して正逆の運動を行わせる。

ここでは、物体を位置決めするための駆動源、すなわちアクチュエータを圧電素子として選んだが、この素性を捉えておくことは必要である。まず、**図3.7.2**は印加電圧に対する変位に履歴がでる**ヒステリシス特性**である。もう一つの特性は、印加電圧に対して即座にピエゾ素子は伸長するが、**図3.7.3**のように時間経過にしたがって徐々に伸びが生じる**クリープ現象**である。ヒステリシス特性とクリープ現象の両者は、いずれも位置決めにとって好ましくない。そうすると何らかの対策を施さねばと心配になる。筆者の経験の範囲という限定をつけて、図3.7.2、3.7.3の特性を持つ圧電素子を位置決めのループの中で使ったときには、何らの問題も発生していない。

【位置決めの機構】

圧電素子とともに変位拡大機構（アクチュエータと記載）を備えたユニット（図3.7.1）を、**図3.7.4**のように位置決めテーブル下部の3箇所へ組み込む。そうすると、3自由度の位置決めができる。

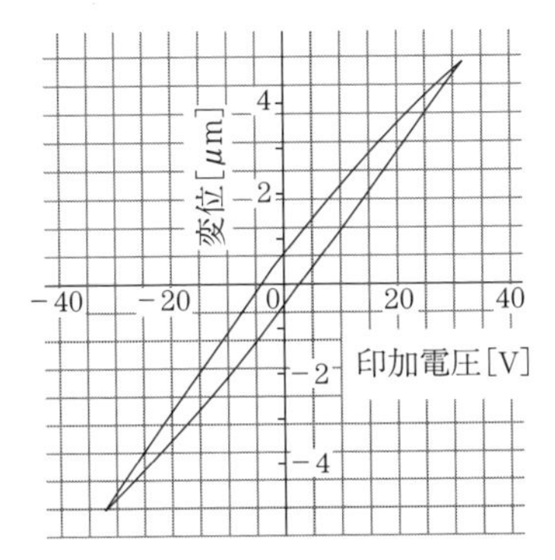

図 3.7.2　印加電圧に対するピエゾ素子の変位（ヒステリシス特性）

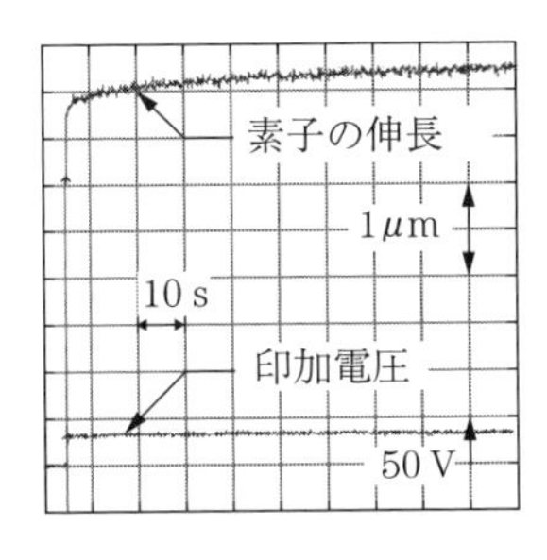

図 3.7.3　クリープ現象

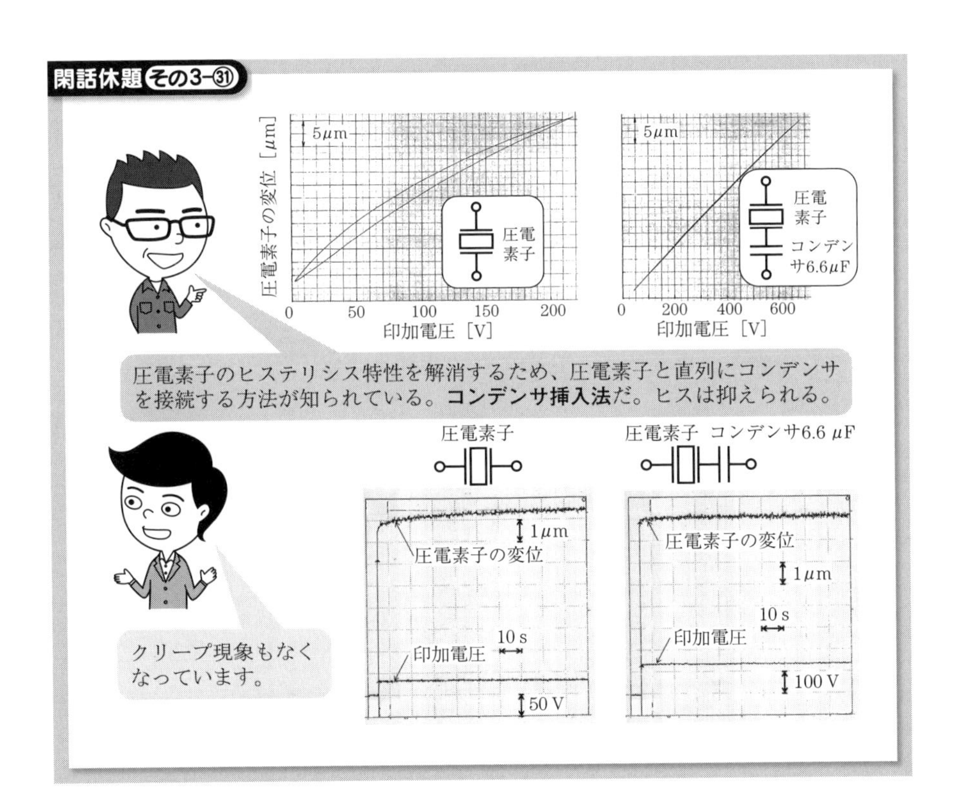

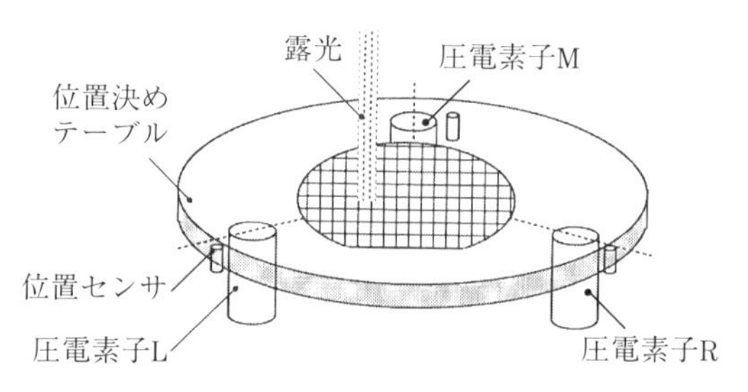

図 3.7.4　3 自由度の位置決め機構

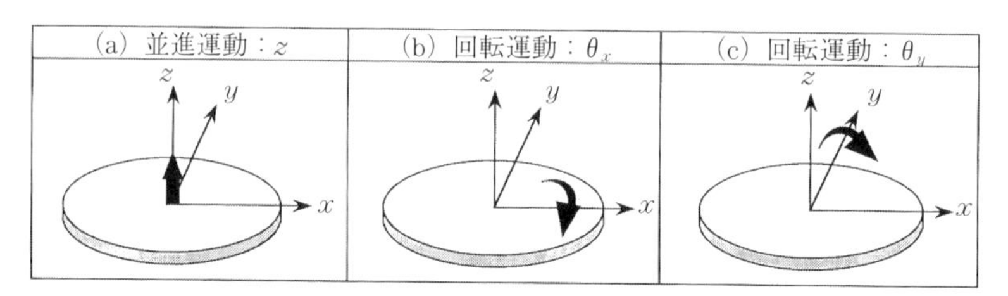

図 3.7.5　位置決めテーブルの 3 つの動き（3 自由度）

ここで、3 自由度とは力学的な意味である。具体的に、3 箇所のピエゾ素子 M、R、L を均等に伸ばしたとき、**図 3.7.5**(a)に示すように z 軸方向に並進する。ピエゾ素子 M を伸長、R と L を縮小のとき同図(b)のように x 軸回りの回転 θ_x、そしてピエゾ素子 M をそのままで L を伸長、R を縮小の場合には、同図(c)に示す y 軸回りの回転 θ_y となる。

【モデル化】

図 3.7.6 に 3 軸微動ステージをモデル化したブロック線図を示す。ここでは、モデル化において使った数式の説明は割愛し、構造的な描き方に注意を向けたい。

3 個のピエゾ素子があってこれらに電圧を印加する。そのため、図 3.7.6 左側には印加電圧に対する圧電素子の伸長量を示す駆動感度のブロック a_M、a_R、a_L がある。同一型番の圧電素子であり、仕様書に記載されている公称の駆動感度は同一であるが、バラツキが及ぼす位置決めへの影響を考察する場合に備えて、a_M、a_R、a_L というふうに記号を変えている。続いて 3 個のピエゾ

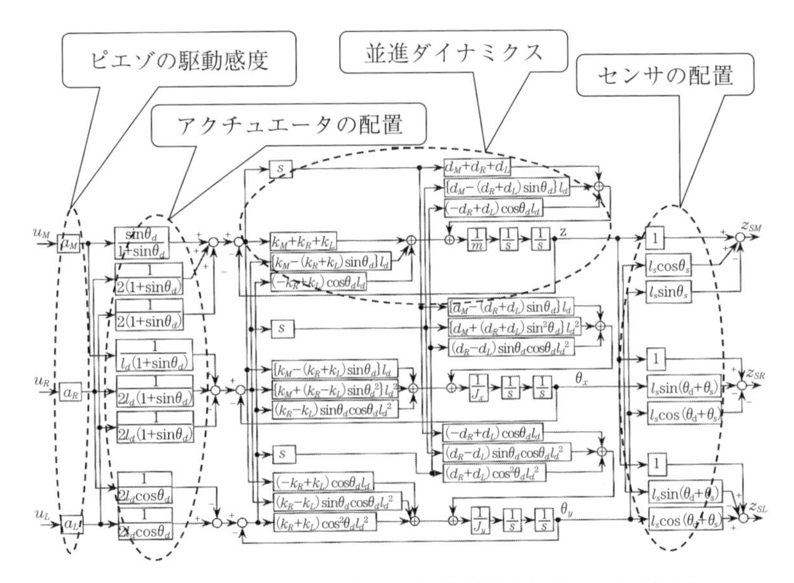

図 3.7.6　位置決めテーブルを物理法則で表現したモデル化

素子は位置決めテーブル下部に対して配置されており、この空間的な配置を表現するブロック図が接続され、続いて位置決めテーブルの z 軸並進、x 軸回りに回転、そして y 軸回りの回転のダイナミクスを表現しているブロック図に接続されている。このダイナミクスによって並進・回転したステージの変位は、センサの幾何学的配置を介して位置センサの出力 z_{SM}、z_{SR}、z_{SL} として取り出される。

電圧を印加する。そうすると圧電素子は伸長・収縮して、これが位置決めテーブルのダイナミクスを介して姿勢を変える。この姿勢を位置センサが検出するという因果律を表現するブロック線図になっている。

【同定値を用いたモデルのベリファイ】

図 3.7.6 は３軸微動ステージの動的な振る舞いを表現している。現実のステージは、質量 kg、慣性モーメント kg·m^2 などの値を持つ。これらの数値を図 3.7.6 に適用したとき、扱っている３軸微動ステージの動的な振る舞いを定量的にも表現していなければならない。

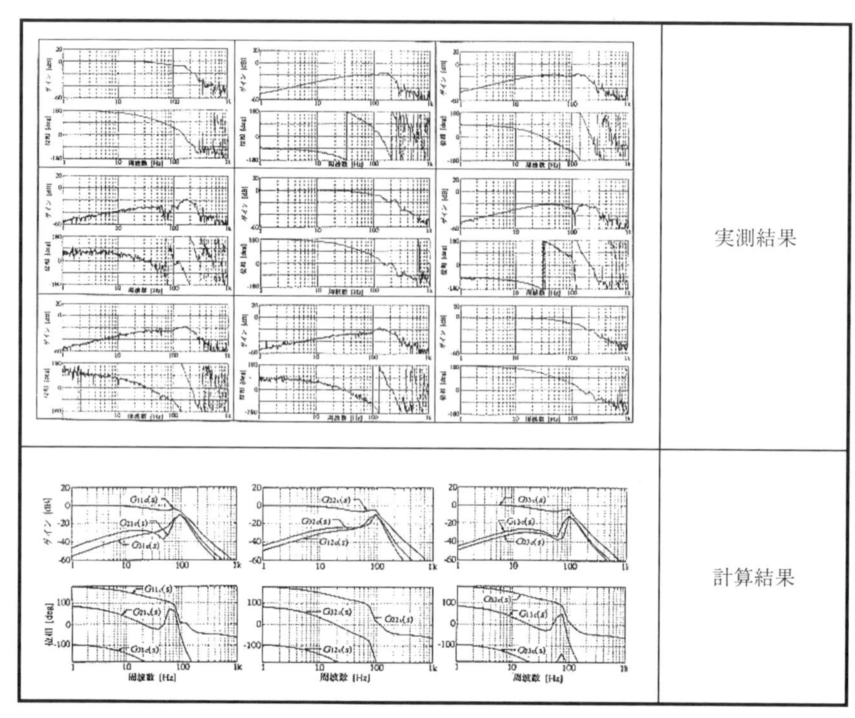

図 3.7.7　周波数応答を用いてモデル化の妥当性を検証

図 3.7.7 は周波数応答を使った比較の結果である。同図上段は、3 軸微動ステージそのものを使って実測した周波数応答を、下段は図 3.7.6 のモデルに数値を代入して計算した周波数応答であり、両者の一致という結果を踏まえて、図3.7.6のモデル化が実際の3軸微動ステージを表現できていると判定している。

【制御系】

図 3.7.8 に位置決め制御系の構成を示す。同図において、位置センサ（静電容量センサ）R、L、M に対する位置検出アンプの出力は、運動モード抽出回路（3 行 3 列の行列）に導かれ、この出力は並進方向 z_g、x 軸回りの回転 $z\theta_x$、そして y 軸回りの回転 $z\theta_y$ の信号に変換される。これら信号は、位置の目標値である z 軸並進 z_{g0}、x 軸回りの回転 $z\theta_{x0}$、そして y 軸回りの回転 $z\theta_{y0}$ と比較され、偏差アンプを介して運動モードに関する偏差信号となる。さらに、この信

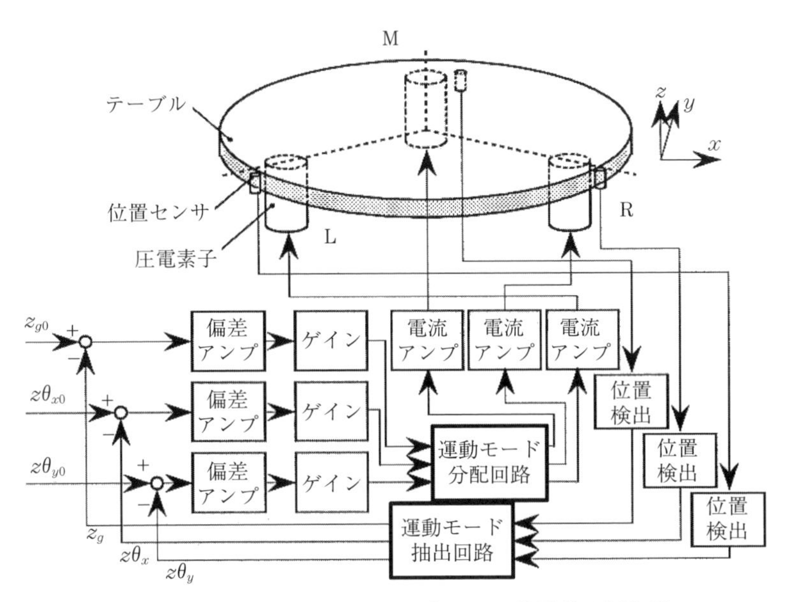

図 3.7.8　並進と回転の動きに着目した位置決め制御系

号は運動モードごとに位置決め特性を変更するゲイン補償器に導かれている。この補償器の出力は、圧電素子の幾何学的な配置に基づく運動モード分配回路（3 行 3 列の行列）を介して圧電素子 R、L、M を駆動する電流アンプの入力信号になっている。

ここで、図 3.7.8 の補償器はゲインとなっており、ここに積分器 $1/s$ はない。そうすると、2.6 節で既述の型は 0 型となって、目標値に入力されるステップ信号に対して定常偏差が残る…と思われる。しかし、定常偏差零の位置決めは可能である。この理由は、圧電素子の駆動に電流アンプを使っており、かつ同素子が電気的にはコンデンサのためである。つまり、コンデンサを電流アンプで駆動する構成であるため、積分器 $1/s$ はループ中に存在している。

【位置決め特性】

図 3.7.5 に示したように、「3 軸」とは並進 z、回転 θ_x、θ_y である。ここでは、並進 z_{g0} と回転 $z\theta_{y0}$ の両目標値に、ステップ信号を同時入力したときの偏差波

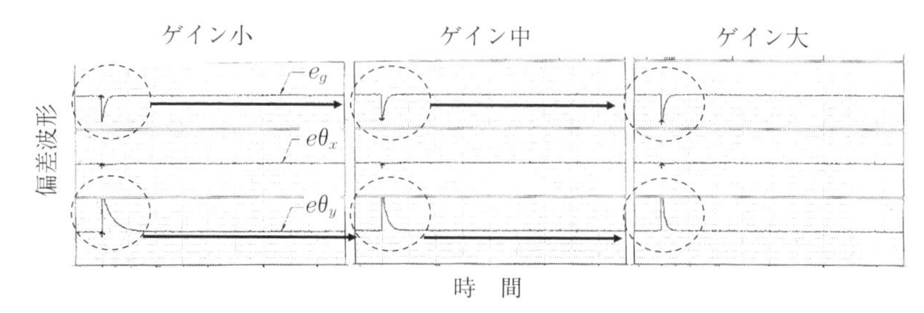

図 3.7.9　位置決め波形の例

形 e_g、$e\theta_x$、$e\theta_y$ を**図 3.7.9** に示す。同図では、左側から右側に進むにつれて回転 θ_y に関するゲインを増大している。この運動方位の位置決め時間を短縮するためである。偏差波形 $e\theta_y$ は次第にシャープになっており、したがって時間短縮が図れている。注目する点は、偏差信号 $e\theta_x$ は出現せずに零であること、および並進 z の偏差波形 e_g である。e_g は回転 θ_y に関するゲインの変化に対して不変である。このような振る舞いこそが運動モード別にフィードバックを施している図 3.7.8 の最大の長所である。

第4章 アドバンスト制御とは

アドバンストを冠とした言葉はよく使用されている。例えば、先端的な事業推進をアピールする社名として、ほかに教育内容の進化を表現する「技術者教育アドバンストコース」という名称などにも用いられる。ここでは、古典に対して現代制御と言われている手法の適用例、および古典制御に基づく機械制御系にさらに味つけをした事例を紹介し、これらをアドバンスト制御と呼ぶことにする。

4.1 古典制御と現代制御

「古典」と「現代」の言葉を対比したとき、「古い」に対して「新しい」と思う。そうすると「古典制御理論」と「現代制御理論」という用語から想像するイメージは、前者に比べて後者の方が「新しい理論なのでより役に立つ」と考えてしまいがちだ。しかし、「古典」とは、変わりようがない確立した理論体系のことを意味しており、この体系から得られるモノを否定して現代制御理論が存在しているわけではない。以下では、互いの相違点を単純化して言い切る。

(1) ブロック線図の表現による考え方の違い

図 4.1.1 は、古典と現代制御理論の考え方の相違を示す。ここで、m は質量、c は粘性比例係数、そして k はばね定数である。

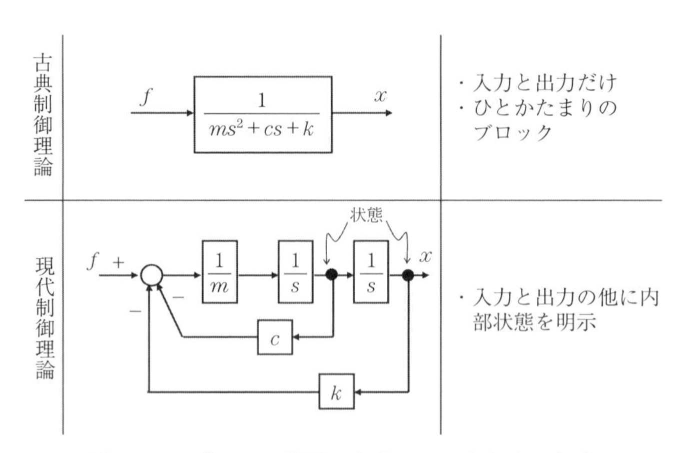

図 4.1.1 ブロック線図の表現による考え方の相違

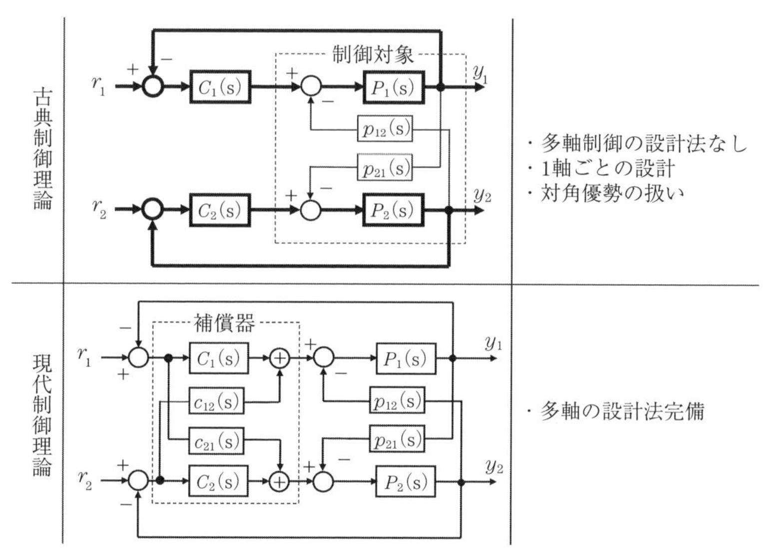

図 4.1.2　扱えるシステムの違い

まず、図 4.1.1 上段は、力 f を質量 m の物体に印加したとき、変位 x を生じることを表現しており、f と x の関係がひとまとめの伝達関数 $1/(ms^2+cs+k)$ となっている。一方、図 4.1.1 下段では、伝達関数 x/f は同図上段と同一であるが、内部状態を明示した表現が採用されている。ここで内部状態と称したが、現代制御では積分器 $1/s$ の出力を**状態**（state）と呼ぶ。

(2)　扱えるシステム

図 4.1.2 は、扱うことができるシステムの違いを簡単に示す。入力と出力の個数がそれぞれ 2 個である。同図上段の古典制御理論の立場では、相互に影響する効果を無視して、太い矢印および四角のブロックで示す 1 入力 1 出力のシステムが2組あるとみなして、1軸ごとに制御系設計を実施する。一方、図4.1.2 下段の現代制御理論においては、相互の干渉をそのまま考慮した 2 入力 2 出力系の設計ができる。

閑話休題 その4-①

物理現象は時間応答の世界だ。だから、時間応答の設計法である現代制御理論の方が優れている。

当時のセミナのとき先生が発言されていました。いまだに、周波数応答の世界での設計法は捨て去られてはいません。むしろ…。

4.2 状態フィードバックとは

図 4.1.1 下段に示したように、現代制御の分野では「状態」を明らかにするブロック線図を用いる。表現だけにとどまらず、状態のフィードバックへの活用を行う。

具体的に、古典制御理論では図 4.1.1 上段のように出力 x だけがフィードバック信号として使われたが、同図下段の表現をとって x だけでなく x の微分信号 $dx/dt = \dot{x}$（速度のこと。状態と称する）も活用する。このような考えに基づく制御を**状態フィードバック**と言う。出力の x だけでなく内部の状態 $\dot{x}$ もフィードバックするので、良い制御になるはずである。この言い切りは、アナロジを使って納得できる。

【アナロジカルな話】

図 4.2.1 は、口から食べ物を入れ、最後には「お米が異なる」と書く「糞」となって排泄される自然の摂理を示す。この排泄物というただ一つの情報から、我々は身体の調子を捉えている。もし不良な便の場合、食べ物の質および量に配慮するという行動をとる。つまり、フィードバックをかける。しかし、健康に配慮した食事を摂った効果は、相当の時間を経過した後でしかわからない。つまりフィードバックによる応答性は極めて遅く、効果も曖昧であろう。

しかし、ここでは身体内部の「状態」をリアルタイムにモニタできると考えてみよう。つまり、食道、胃、十二指腸、小腸、大腸、そして肛門の部位で、

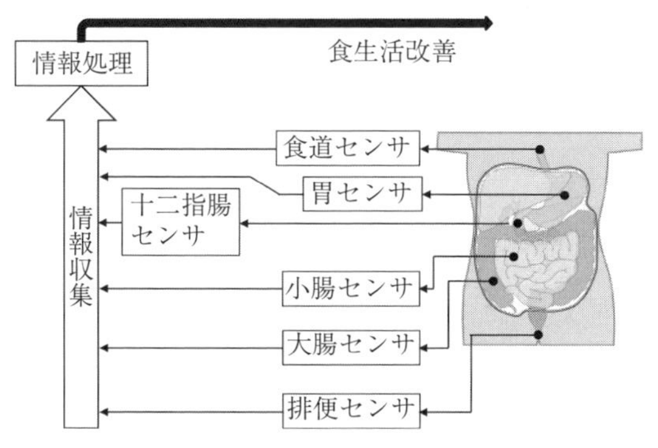

図 4.2.1　状態フィードバックのアナロジ
―臓器ごとにセンサを備えていたら―

いま現在の状態を観測するセンサが存在すると考えてみる。この場合、各センサの検出値に基づいて、口から入れる食べ物の質および量を調整する状態フィードバックがかけられる。すると、身体の調子を迅速かつ良好に保つことができるはずだ。

図 4.2.1 を用いた説明によって、状態フィードバックの効果について納得は得られても、このままでは観念論的であり具体性に欠ける。そこで、状態フィードバックの一適用例として、振動センサとしての変位センサの周波数応答の整形に活用した事例を紹介する。

【状態フィードバック適用例としての絶対変位センサ】

機械の振動を検知するために、主に加速度センサが用いられている。同センサを機械に直に装着するとこの揺れを加速度として検出できる。加速度とともに速度も同時に検出するセンサがあり、これを速度センサという。両センサをひとまとめにして、振動センサと呼ばれる。

加速度・速度と言ったら、次にくる言葉は変位である。そこで、筆者らは、振動センサに属する変位センサの試作を行った。ここで、変位センサはすでに市販されていると言って欲しくない。なるほど、渦電流式変位センサあるいは静電容量式変位センサはよく知られており、専門メーカーから容易に入手可能である。これらセンサでは、検出用ヘッドと、これに対向する金属プレートを対として計測が行われる。検出用ヘッドを固定し、これと対向する金属プレートが動いたときの距離が計測される。反対に、金属プレートを固定し、検出用ヘッドが移動するようにセットしても距離計測はできるが、要は検出用ヘッドと金属プレート間の相対距離を計測するセンサである。もし、対向している両者が同じ量だけ動いたとき、この距離は一定であり実質的に動いたそれは計測できない。

それに対して、ここで言う変位センサとは相対距離を計測するものではなく絶対変位を計測する。「絶対」と呼ぶと、「完璧」という語感が匂ってくる。もちろん、相対の対として絶対という名前をつけているのであり、あらゆる周波数帯域にわたって絶対変位を検出できるものは存在しない。

具体的に、地震を計測する市販の速度センサ（VSE-11、12）の機械構造をそのまま使って、振動子に施す補償回路を変更した。**図 4.2.2** のとおりである。ここでは、詳細な説明は割愛する。要は同図右上の吹き出し内に描いた振動子が、地震を受けたとき上下に揺れる。この揺れを、振動子とともに内蔵されている位置検出器で位置を、加えて検定コイルが検出する誘起起電力を計測している。両者の計測値を使って、振動子の揺れをなくすようにフィードバックが行われる。揺れの戻し方に依存して、加速度センサ、速度センサ、そして以降で説明する変位センサに化ける。

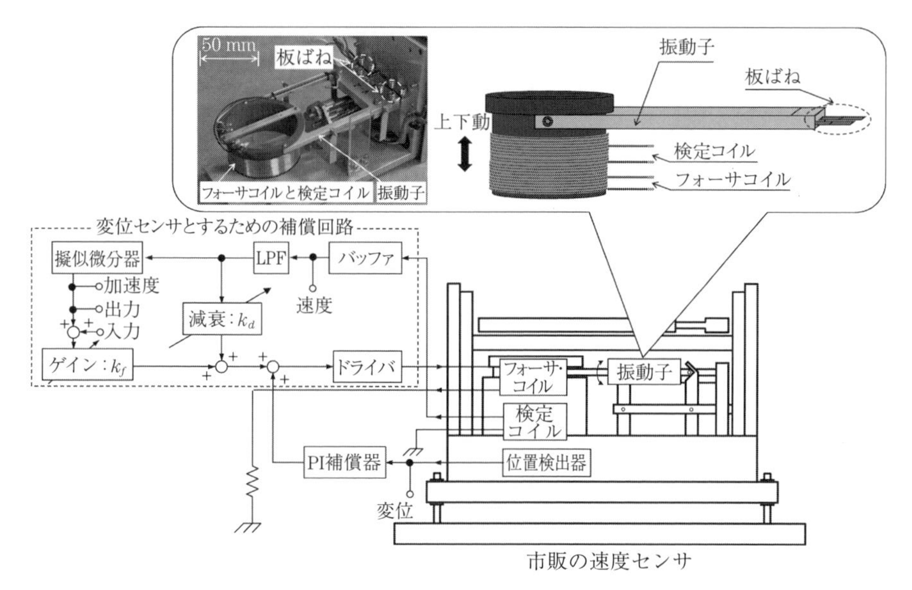

図 4.2.2　変位センサの構造と補償回路

【フィードバックゲインの決定手順】

振動センサとしての変位センサには、検出可能な周波数の幅を可能な限り広く、かつ帯域内の検出感度が平坦なことが求められる。そこで、図 4.2.2 の k_f と k_d に対して試行錯誤の調整を施した。しかし、平坦としたいにも拘らず、**図 4.2.3** に示すように大きな破線の丸で示す特性が出現した。この特性では、変位センサとして使えない。なお、小さな破線の丸は振動子を支える板ばねのねじれの振動であり、この直前の周波数までゲインは平坦であるため、この振動を避けた周波数までが振動の検出帯域となる。

図 4.2.3 の特性ではまったく使いものにならない。平坦化のために、状態フィードバック理論に基づいてゲインを定めることにした。理論の適用にあたっては数学モデルの構築が必須である。**図 4.2.4** のとおりである。記号の詳細な説明は省略して、f_1、f_2、f_3、f_4 が「状態」に対するフィードバックゲインであることを確認する。この際、図中上側の太線の加算点（○印）に注目する。

(1)　f_1 のフィードバック：振動子の変位 x とケースの変位 u はそれぞれの積

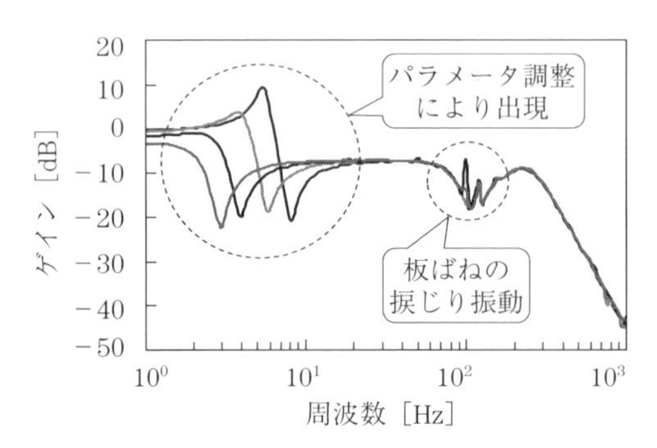

図 4.2.3　試行錯誤に調整によって出現したゲイン曲線上の凸凹

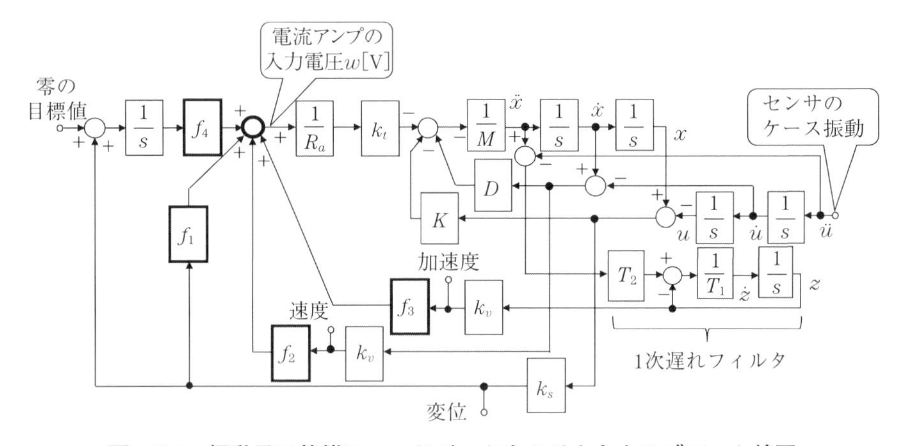

図 4.2.4　振動子に状態フィードバックをかけたときのブロック線図

分器 $1/s$ の出力すなわち「状態」である。したがって（$x-u$）も同様である。そして状態（$x-u$）を計測する内蔵の位置検出器の検出感度 k_s で電圧に変換され、さらにゲイン f_1 を介して加算点に帰還されている。すなわち、状態フードバックである。

(2)　f_2 のフィードバック：振動子の速度 $\dot{x}$ とケースの速度 $\dot{u}$ もそれぞれの積分器 $1/s$ の出力なので状態である。したがって、$\dot{x}-\dot{u}$ が k_v で電圧に変換され、ゲイン f_2 を介して帰還されているので状態フィードバックとなる。ここで、k_v は検定コイルが磁界中を振動子とともに動くことで発生する起電力の誘起電圧係数である。

(3)　f_3 のフィードバック：変位センサ実現にあたってのメインループである。原理的には、相対位置（$x-u$）の2階微分 $\ddot{x}-\ddot{u}$ をフィードバックする。ここでは2階微分を避けるために、検定コイルの出力が $\dot{x}-\dot{u}$ であることを活用して、これを1階微分している。いずれにしても、$\ddot{x}-\ddot{u}$ のフィードバックであることに違いはない。じつはこのことは状態フィードバックの原理に馴染まない。理由は、状態とは積分器の出力のことであり、したがって $\ddot{x}-\ddot{u}$ は状態に相当しないからである。そこで、状態フィードバックが適用できるように変形している。具体的には、$\ddot{x}-\ddot{u}$ が時定数の小さい1次遅れフィルタを介して検出されるとして、同フィルタの積分器の出力を、すなわち状態を借りる。時定数を実用的に十分小さくすれば、実質的に $\ddot{x}-\ddot{u}$ のフィードバックとみなせる。

(4)　f_4 のフィードバック：図4.2.2にはPI補償器が使われている。振動子を平衡位置に、すなわち可動範囲の中央にとどめるための補償器である。具体的な伝達関数 $G_{PI}(s)$ は

$$G_{PI}(s)=k_p\frac{1+T_ps}{T_ps}$$

であり、オペアンプ1個で実現されている。そうすると、図4.2.4のどこにPI補償器が存在するのかという疑問が生じる。$G_{PI}(s)$ は書き直して次式のようになる。

$$G_{PI}(s)=k_p+\frac{(k_p/T_p)}{s}$$

つまり、上式右辺第1項が、すでに上記（1）で説明した f_1 のフィードバックであり $f_1=k_p$ となる。そして、右辺第2項の積分器 $1/s$ は、図4.2.4では f_4 の前のそれである。したがって、$f_4=k_p/T_p$ となる。

次に、状態フィードバックのゲイン $f_{1\sim4}$ を決定せねばならない。この方法を**表4.2.1**にまとめる。以下、同表記載の番号にそって説明を行う。

(1)　状態方程式と出力方程式を算出する。当然のことながら、実物の特性を

表 4.2.1　状態フィードバックのゲイン $f_{1\sim4}$ の決定

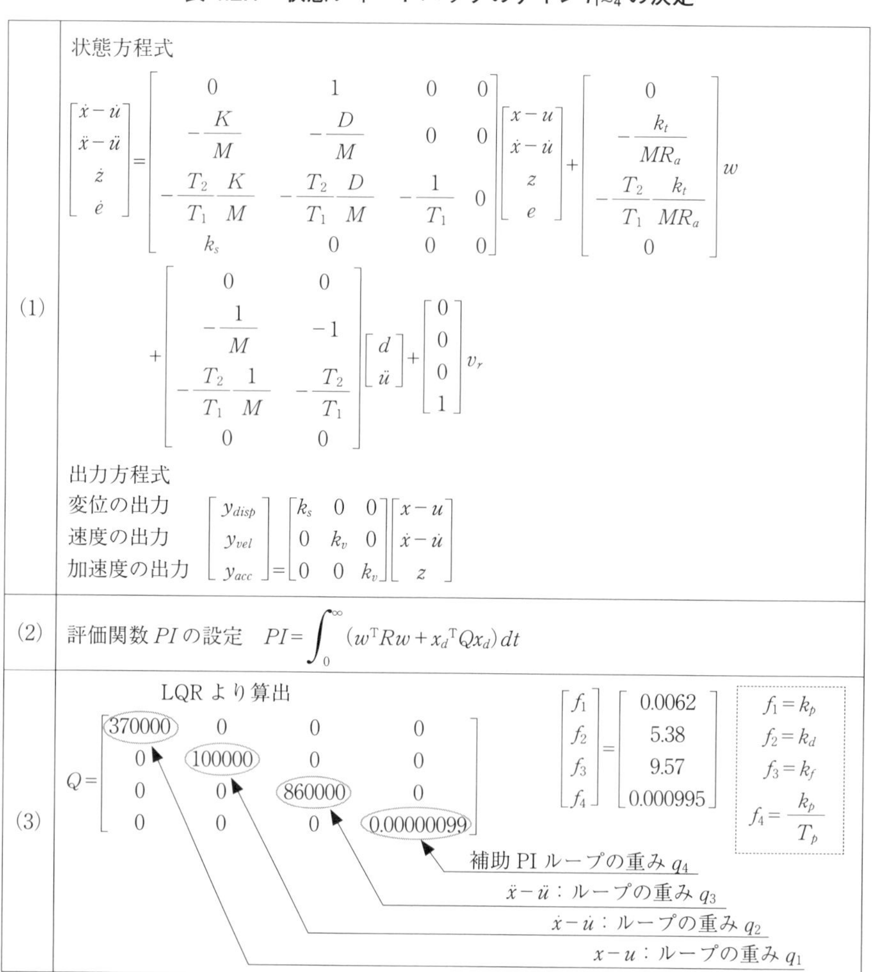

(1)	状態方程式 $\begin{bmatrix}\dot{x}-\dot{u}\\ \ddot{x}-\ddot{u}\\ \dot{z}\\ \dot{e}\end{bmatrix}=\begin{bmatrix}0&1&0&0\\ -\frac{K}{M}&-\frac{D}{M}&0&0\\ -\frac{T_2}{T_1}\frac{K}{M}&-\frac{T_2}{T_1}\frac{D}{M}&-\frac{1}{T_1}&0\\ k_s&0&0&0\end{bmatrix}\begin{bmatrix}x-u\\ \dot{x}-\dot{u}\\ z\\ e\end{bmatrix}+\begin{bmatrix}0\\ -\frac{k_t}{MR_a}\\ -\frac{T_2}{T_1}\frac{k_t}{MR_a}\\ 0\end{bmatrix}w$ $+\begin{bmatrix}0&0\\ -\frac{1}{M}&-1\\ -\frac{T_2}{T_1}\frac{1}{M}&-\frac{T_2}{T_1}\\ 0&0\end{bmatrix}\begin{bmatrix}d\\ \ddot{u}\end{bmatrix}+\begin{bmatrix}0\\ 0\\ 0\\ 1\end{bmatrix}v_r$ 出力方程式 変位の出力 速度の出力 加速度の出力 $\begin{bmatrix}y_{disp}\\ y_{vel}\\ y_{acc}\end{bmatrix}=\begin{bmatrix}k_s&0&0\\ 0&k_v&0\\ 0&0&k_v\end{bmatrix}\begin{bmatrix}x-u\\ \dot{x}-\dot{u}\\ z\end{bmatrix}$
(2)	評価関数 PI の設定　$PI=\int_0^\infty (w^{\mathrm{T}}Rw+x_d{}^{\mathrm{T}}Qx_d)\,dt$
(3)	LQR より算出 $Q=\begin{bmatrix}370000&0&0&0\\ 0&100000&0&0\\ 0&0&860000&0\\ 0&0&0&0.00000099\end{bmatrix}$ $\begin{bmatrix}f_1\\ f_2\\ f_3\\ f_4\end{bmatrix}=\begin{bmatrix}0.0062\\ 5.38\\ 9.57\\ 0.000995\end{bmatrix}$ $f_1=k_p$ $f_2=k_d$ $f_3=k_f$ $f_4=\frac{k_p}{T_p}$ 補助 PI ループの重み q_4 $\ddot{x}-\ddot{u}$：ループの重み q_3 $\dot{x}-\dot{u}$：ループの重み q_2 $x-u$：ループの重み q_1

精確に写しとったものであることが必要である。

(2)　2 次形式の評価関数 PI を最小化する意味において「最適」と言う。それではこの PI とは何か？　右辺積分の第 1 項の w［V］は、電流アンプの入力電圧である。したがって、$w^{\mathrm{T}}Rw$ を書き直せば Rw^2 である。ここで質量 m、速度 v の運動エネルギーは $mv^2/2$ であることはよく知られており、

Rw^2 の形と同様である。右辺積分の第２項も同様に２乗の式である。具体的には、$x_d = [x-u \quad \dot{x}-\dot{u} \quad z \quad e]^{\mathrm{T}}$ であり、$x_d{}^{\mathrm{T}} Q x_d = q_1(x-u)^2 + q_2(\dot{x}-\dot{u})^2 + q_3 z^2 + q_4 e^2$ となる。つまり、制御を行うときのエネルギー PI が最小となることを最適と定義している。

(3)　「重み」とは「重要視」と読み替えてよい。重み大の状態量はほかのそれよりも重要だとする数値であり、重みは R と Q の二つである。両者を変化させたときに得られる $f_{1\sim4}$ と、例えば $R=1$ と固定して Q だけを変化させたときにも同様の値は求められる。つまり、両者を変化させる必要はない。ここでも $R=1$ とおいて、$Q=\mathrm{diag}(q_1,\ q_2,\ q_3,\ q_4)$ の四つの重みを操作する。

【重み Q を操作して探索】

$Q=\mathrm{diag}(q_1,\ q_2,\ q_3,\ q_4)$ に具体的な数値を代入したときの応答をシミュレーションして、適切な重みを見つけだす。もっと直接的に言うと探索する。

図 4.2.5 が結果である。これらの結果から、適切な周波数特性を得た重み Q における状態フィードバックゲインを実機に実装する。

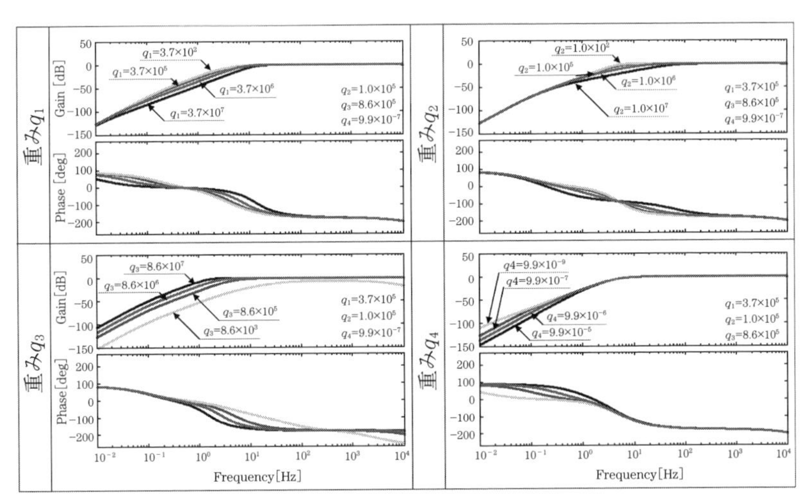

図 4.2.5　重み $q_{1\sim4}$ の効果をシミュレーションによって確認
—じつは探索行為—

閑話休題 その4-③

「最適」とはどのような意味でしょう？研究会のときに、この言葉を使って製品の性能の良さをアピールした発表者が、質問者から詰め寄られていました。

指標がないにも拘らず、官能的な評価で最適と言ったことに対して批判したのでしょう。学問的には厳密です。しかし、開発の現場で「最適」と言っても怒られることはありません。

【状態フィードバックの適用結果】

最終的に、表 4.2.1 の（3）で求めた f_1、f_2、f_3、f_4 の値を実機に実装した。その結果、**図 4.2.6** のようにゲイン特性を平坦化できている。設計者の試行錯誤の調整では図 4.2.3 の破線の丸で囲む望ましくない形状が出現した。一方、状態フィードバックでは望み通りに図 4.2.6 に示す平坦な周波数特性を得た。したがって、平坦な周波数帯域内の振動に限って、その変位を計測できる。しかも、図 4.2.4 に示すように、変位に加えて速度と加速度の 3 信号を同時に検出する機能を持つ。ここでは紹介しないが、3 種の信号をフィードバックして除振装置の機械インピーダンス（質量、ばね定数、減衰係数のこと）を操作する実験を行って、開発した絶対変位センサが振動の観測だけではなく、フィードバック用の信号としても使用可能なことを実証している。

【重み Q が教えてくれること】

状態フィードバック理論から導いた表 4.2.1（3）に記載の重みの数値から、補助 PI ループの重み q_4 はほかのものに比べて極端に小さいことがわかる。これは振動子を平衡位置に定位させるループのゲインを定めており、周波数応答整形の観点からみると重要性はない。変位センサを実現するうえで原理的にはなくともよいループである。実際、振動子を動かすコイルに直流電流を通電して振動子を平衡位置に留めておけば、他のループが変位センサの周波数特性を

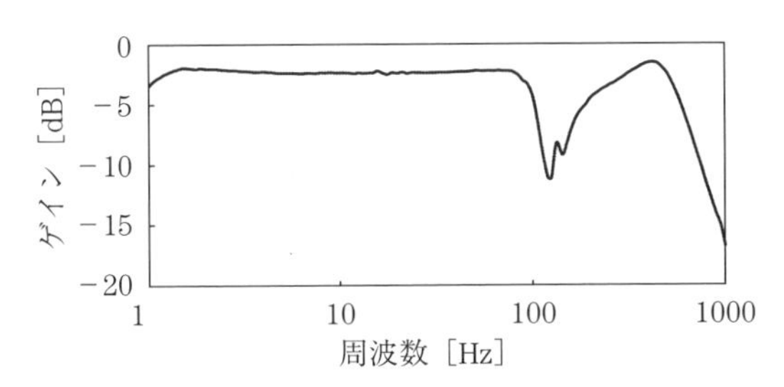

図 4.2.6　状態フィードバックを行ったときの変位センサの周波数応答

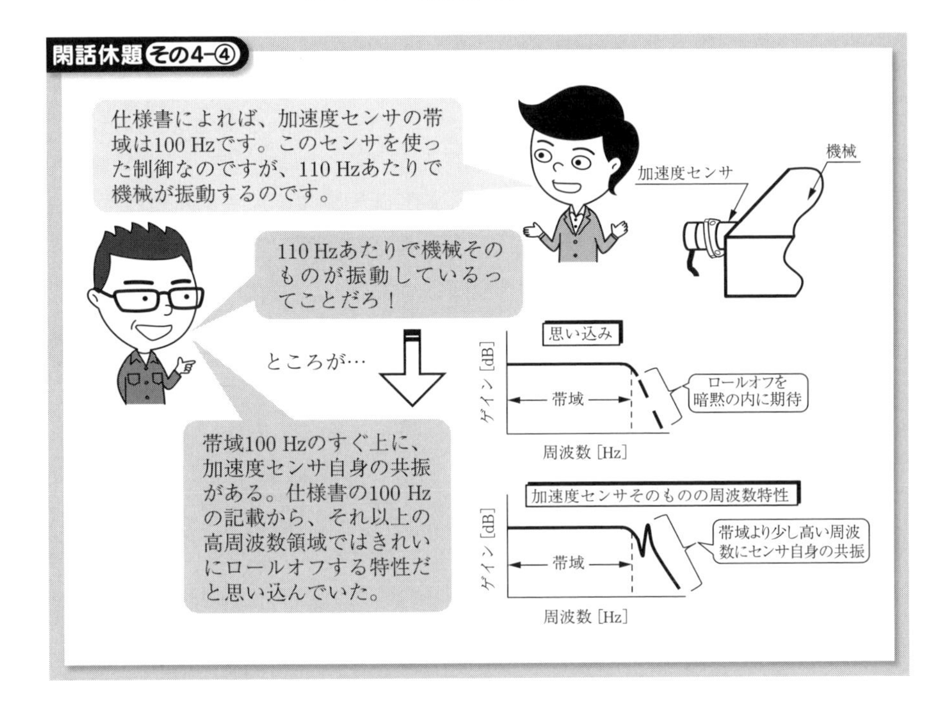

整形してくれる。しかし、電源を投入するたびごとに、あるいはドリフトで振動子の平衡位置にズレが発生するので、常に平衡位置に定位させておくという実用性のために位置の PI 補償器を挿入している。つまり、状態フィードバック理論はそのことを重み q_4 で教示している。

ここで、邪気がわいてきた。試行錯誤とはいえ、図 4.2.3 の特徴的な周波数特性は実現されている。そうであるならば、状態フィードバック理論で図 4.2.3 の特性を実現したときには、どのような重み $q_{1\sim4}$ となり、この重みの値が逆に設計者に教えてくれることはあるのだろうか？ というものである。

ところが、表 4.2.1（3）の重み $q_{1\sim4}$ をどのように操作しても、図 4.2.3 の低周波数領域の周波数特性を得ることはなかった。評価関数 PI を最小化する状態フィードバック制御とは、すなわち 2 乗の量であるエネルギー最小を実現することとは図 4.2.3 の低周波数領域での凸凹の出現をもともと許さないことなのである。

4.3 外乱オブザーバとは

会議体で議決権を持たない傍聴だけの者をオブザーバと言う。そのため、**外乱オブザーバ**という言葉は門外漢にとって甚だしい違和感がある。制御分野におけるオブザーバとは観測器のことであり、センサを使わずに演算によって物理量を求めることを意味する。したがって、センサなしで外乱の量を演算で検出することを外乱オブザーバと言う。さらに、外乱オブザーバを適用したと言ったとき、外乱の検出だけにとどまらず、これを消し去るフィードバック（**ゼロ化**、zeroing）をかけていることまでも意味させている。

【原理】

図 4.3.1 を参照すると、外乱オブザーバの仕組みは四則演算だけで容易に理解できる。まず、図 4.3.1 上段左側を参照しよう。入力 u があり、外乱 T_{dis} が入り込んでいる。出力 w は、$w = u - T_{dis}$ である。ここで、u と w が検出可能なとき、演算 $u - w$ によって、外乱の推定値 $\hat{T}_{dis}$ を求めることができる。極めて単純な四則演算である。

次に、図 4.3.1 上段右側の「モータの場合に適用」の箇所を参照する。このような実際の制御の場面では多少複雑になる。$u - T_{dis}$ の次段には $1/Js$ の要素があり、この出力 $\dot{\theta}$ は検出できる。そうすると、$1/Js$ 前段の信号検出には、$1/Js$ における分母と分子を交換した要素 $J_n s$（逆システムと呼称）を $\dot{\theta}$ にかけ、「外乱オブザーバの基本は四則演算」の箇所と同様の演算によって $\hat{T}_{dis}$ を求めら

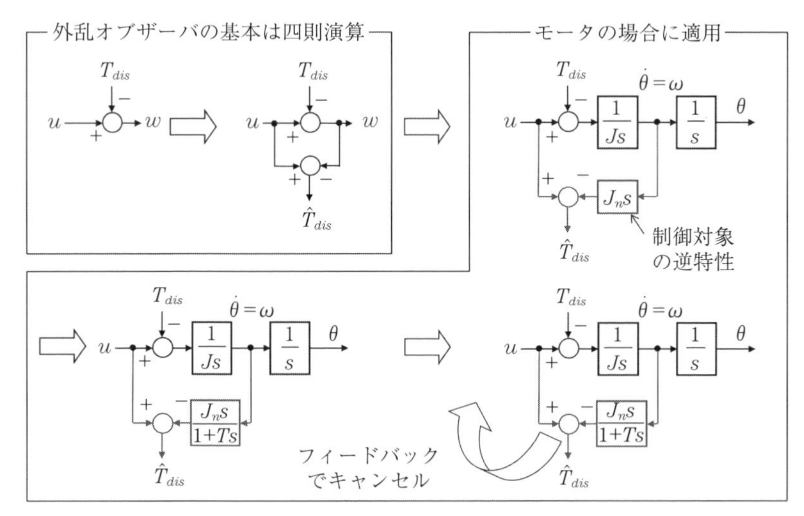

図 4.3.1　外乱オブザーバの基本

れる。ここで、なぜJをJ_nという新規な記号で表現するのかと言えば、モータの慣性モーメント（イナーシャ）Jの値を何等かの方法で捉え、この値をJ_nとして設定するからである。当然に、精確な値ならば$J_n=J$である。

さらに、$\dot{\theta}$に$1/Js$の逆システム$J_n s$を掛ける箇所については、実現上の配慮が必要となる。$J_n s$とは完全微分器のことであり、これはアナログ回路あるいは計算機を使っても実装できない。そこで、擬似微分器として$J_n s/(1+Ts)$を実装する。そうすると、図4.3.1下段右側のように、実際の外乱T_{dis}を推定値$\hat{T}_{dis}$として検出できる。

【応用例】

位置決めステージに外乱オブザーバを組み込んだ2自由度制御系を**図4.3.2**に示す。

同図において、破線で囲む部分が外乱オブザーバである。まず、外乱オブザーバなしで位置決めしたときの波形を**図4.3.3**に示し、以下に説明を行っていく。

(a)　図4.3.3上段左側：外乱オブザーバがない状態での位置決め波形である。

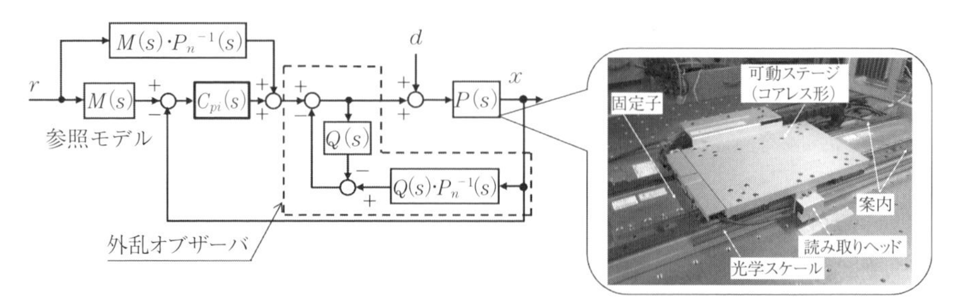

図 4.3.2　外乱オブザーバを挿入した 2 自由度制御系

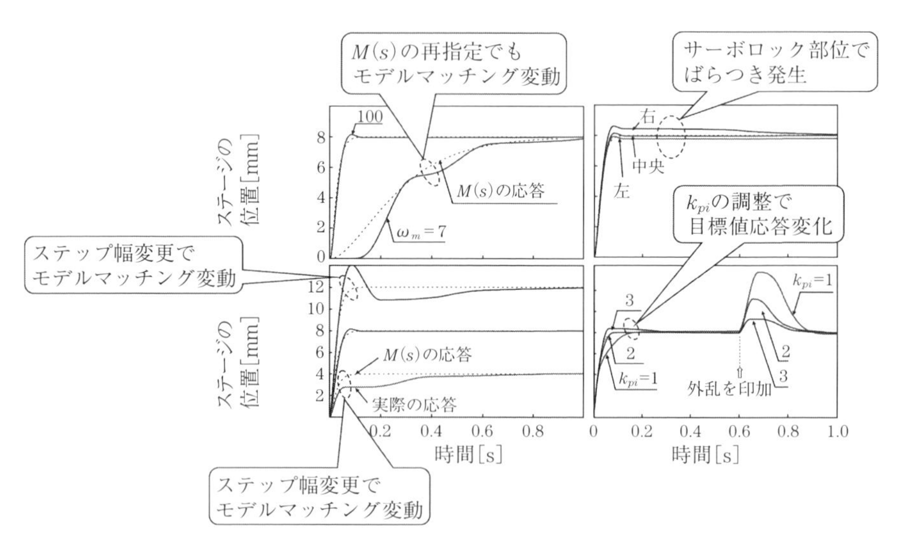

図 4.3.3　外乱オブザーバを組み込まない 2 自由度制御系の位置決め波形

参照モデル $M(s)$ の応答性である角周波数 ω_m を 100 rad/s に設定し調整を施した。破線で示す $M(s)$ の応答とほぼ一致した位置決め波形であり、モデルマッチングが実現できている。次に、位置決め装置では応答性を、すなわち速さを落とすことありえないが、試みとして ω_m を 7 rad/s にした。実線で示す実際の応答は破線の応答にそっていない、すなわちモデルマッチングが崩れている。

(b)　図 4.3.3 上段右側：ステージの使用にあたっては、特定の場所だけで位置決めが行われるとは限らない。そこで、左側、中央、そして右側にステージを移動させ、ここ周辺での位置決めを行わせた。図示の通り、位置決め波形が不揃いとなっている。

(c)　図 4.3.3 下段左側：中央に示す 8 mm 移動させたときの位置決め波形が参照モデル $M(s)$ にマッチングしているのに対して、12 mm および 4 mm の移動を行わせたとき、それぞれ破線で示す $M(s)$ の応答と過渡現象の部位で不一致となっている。

(d)　図 4.3.3 下段右側：ループ内のゲイン k_{pi} を調整したときの位置決め波形であり、時刻 0.6 s のところで電気的な外乱を印加している。k_{pi} の増加によって電気的外乱による位置決め波形への影響を徐々に抑制できている。これは線形理論が期待する通りであるが、0 から 0.2 s の間の波形は不変であることが望まれている。しかし、実測では、立ち上がり時の位置決め波形は、k_{pi} の影響を受けている。

線形理論を用いて設計したモデルマッチング形 2 自由度制御系であり、現実の位置決めステージには非線形性がある。だから図 4.3.3 の結果は仕方のないことと諦めてもよいが、研究開発者は執念深い。簡単に諦めるようでは、開発者として不向きである。

そこで図 4.3.3 の結果を解決するために図 4.3.2 の破線内に示す外乱オブザーバを組み込む。このときの位置決め波形を**図 4.3.4** に示す。

上述 (a)～(b) の記載と対比するため、同じ記号を用いて外乱オブザーバを組み込んだときには以下のようになる。

(a)　図 4.3.4 上段左側：参照モデル $M(s)$ の応答性である角周波数 ω_m を 100 rad/s に設定し調整を施した。破線で示す $M(s)$ の応答とほぼ一致した位置決め波形であり、モデルマッチングが実現できている。応答性を落とした $\omega_m = 7$ rad/s の場合にも、実線で示す実際の応答は破線の応答にそっている。すなわちモデルマッチングが実現されている。

(b)　図 4.3.4 上段右側：左側、中央、そして右側にステージを移動させ、ここ周辺で位置決めを行わせた。位置決め波形はほぼ一致している。

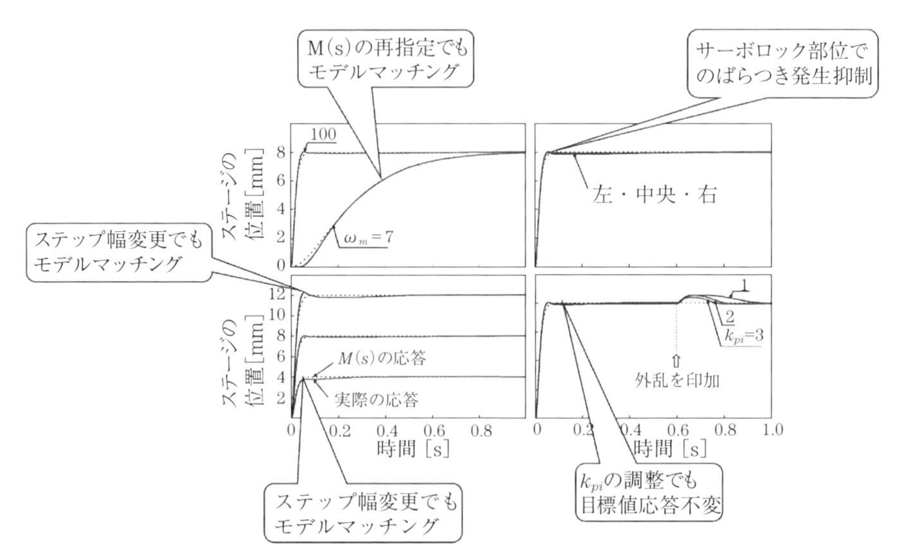

図 4.3.4　外乱オブザーバの効果を示す位置決め波形

(c)　図 4.3.4 下段左側：8 mm 移動させたときの位置決め波形は $M(s)$ に一致している。12 mm および 4 mm の移動を行わせたときにも、$M(s)$ の応答と一致するモデルマッチングが実現できている。

(d)　図 4.3.4 下段右側：ゲイン k_{pi} を調整したときの位置決め波形であり、時刻 0.6 s のところで電気的な外乱を印加している。k_{pi} の増加により電気的外乱による位置決め波形への影響を徐々に抑制できている。このとき、0 から 0.2 s の間の波形、すなわち立ち上がり時の位置決め波形は k_{pi} の影響を受けていない。外乱の応答と位置決め応答が別箇に調整できている。つまり、**分離定理**が成り立っている。

ここで、「分離定理」については実務的に重要であり噛み砕いた説明が必要である。制御技術者は、仕様として課されている位置決め精度・時間を満たすように、図 4.3.2 を参照して閉ループ内の補償器 $C_{pi}(s)$ を、そしてフィードフォワード補償器 $M(s)P_n^{-1}(s)$ の両者をそれは丹念に調整する。そして「おお、やっと仕様を満たせた」と胸を撫で下ろす。しかし、仕様ぎりぎりなので少しだけ余裕を持たせたい、だから外乱オブザーバを追加するという場面が多い。このとき、外乱オブザーバの追加によって、時間をかけて調整済みの特性に影響を及ぼすならば、$C_{pi}(s)$ と $M(s)P_n^{-1}(s)$ に対して再調整を行わねばならない。すなわち、2.16.5 項で述べた調整の手戻りが発生する。このようなことは煩雑極まりない。つまり、外乱オブザーバの追加が位置決め特性に影響せずに、それぞれの効果が分離していることが位置決め調整においては有益なのである。この性質を分離定理と言う。

【産業界での適用状況】

計測可能な入力信号と計測不可能な外乱が共にダイナミクスに入って計測可能な出力信号となる。そうすると、ダイナミクスの特性がわかれば、計測可能な入力と出力信号を使った演算によって外乱を推定できる。このことを図 4.3.1 では説明した。同図の理解のために高度な数式展開は必要としない。このように工学的な理解が容易な制御則は、実装およびトラブルシューティングにとっても好ましい。そのため、産業界での外乱オブザーバの適用例は多い。

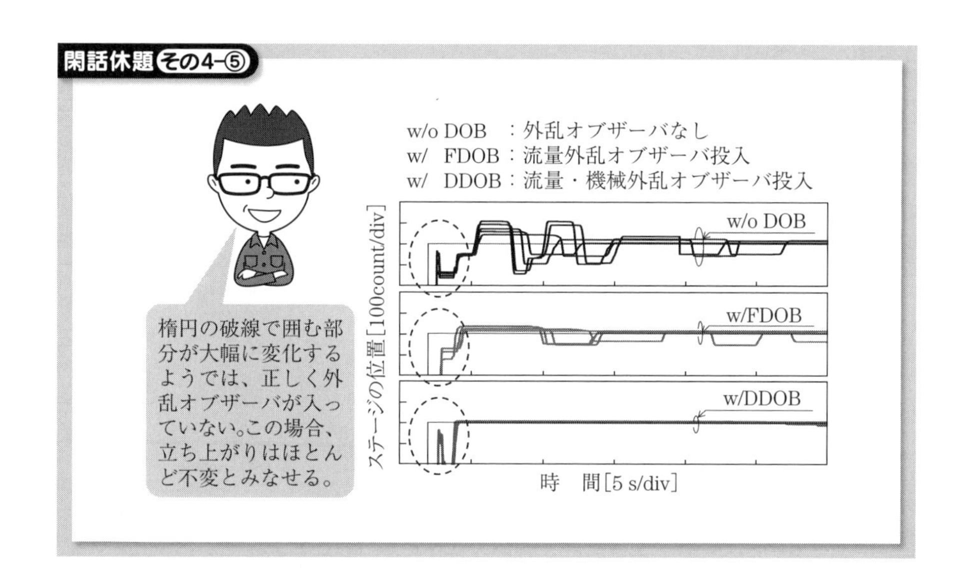

4.4 圧力センサを使わない圧力制御―センサレス制御―

センサとアクチュエータを豪華絢爛に使った機器の性能は良いに決まっている。しかし、コスト度外視の製品はあり得ない。そこで、コストダウンの方法を見つけることになる。一番の方法は、ブツを使わないことだ。機械制御の分野では、ブツとしてセンサ、アクチュエータ、そして制御対象そのものがある。このなかから、不使用のものを決める。もちろん、制御対象をなくすことは開発の放棄となり、あり得ない。ここでは、圧力センサをなくした例を示す。

さて、圧力センサは専門メーカーに発注をかけて購入する。これが納入されると、圧力センサを機器に取りつける治工具の設計・製造・組立が必要となり、これにもコストがかかる。もし、圧力センサのサイズが大きい場合、取りつける機器の設計にまで影響を及ぼす。だから、圧力センサを排除できれば大いにコストダウンに寄与する。しかし、これを排除したとき、実現されていた機能もなくなるのであれば困ったことになる。そうすると、圧力センサを使わなくとも、これと同等の信号を検出できるようにすればよい。これを**オブザーバ**（観測器）と言う。要は、擬似的なあるいは演算を使ったセンサと思えばよい。

【適用する装置と原理】

図 4.4.1 は空圧式除振装置であり、空気ばねの内圧を計測する圧力センサを

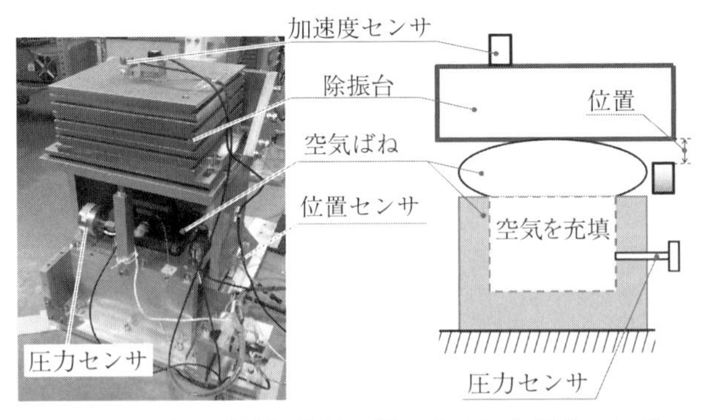

図 4.4.1　空圧式除振装置に組み込まれた圧力センサ

装備させている。目的は内圧を一定に保つ圧力フィードバックを施すためである。現代制御理論の成果の一つであるオブザーバの設計理論を適用して、**図 4.4.2** のように圧力推定オブザーバを計算機で構築した。すなわち、計測可能な空圧式除振装置への入力電圧 w と位置センサの出力 $k_{pos}(x-x_0)$ の両者を使って演算により圧力を推定する。

ここでは、図 4.4.2 に記載した記号の詳細な説明は割愛する。細かいことの理解には勉強を要する。その前に、まずはオブザーバの構造を把握することが肝要である。**図 4.4.3** に示すとおりであり、実物として存在する「空圧系＋機械系」をそのまま写し取った数学モデルを配置している。丸ごと写し取った図 4.4.2（あるいは図 4.4.3）の場合、**同一次元オブザーバ**と言う。それに対して、

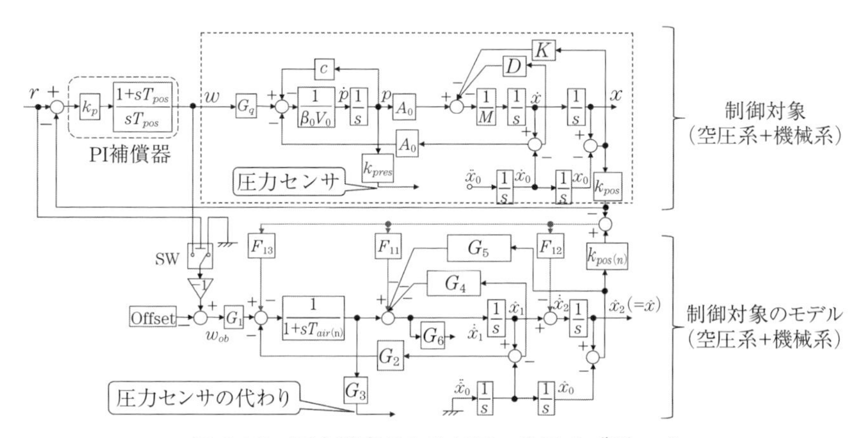

図 4.4.2　圧力推定のために同一次元オブザーバ

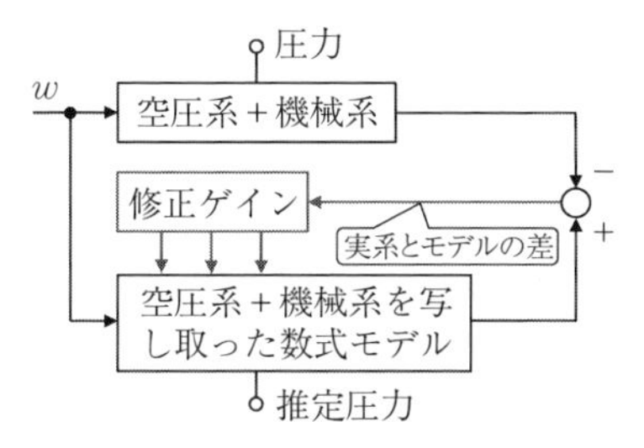

図 4.4.3　オブザーバを使った図 4.4.2 の圧力推定の構造

設計者が必要とする状態だけを推定する機構を**最小次元オブザーバ**と言う。

次に、再び図 4.4.3 を参照すると、「空圧系＋機械系」の出力と「数式モデル」の出力との差分をとっている。図中の◯印の箇所である。両者が完全に一致すれば差分の信号は零であり、この信号が導かれる修正ゲインに有限の値が設定されていてもこれは機能しない。「空圧系＋機械系」を完全に写し取った数学モデルならば、つまり瓜二つの同モデルから推定圧力を取り出せばよいことになる。ところがそのような都合がよいことにはならない。数学モデルで実物を完全には写し取れないので、◯印の箇所には有限の差分信号が発生し、この信号に修正ゲインをかけて数学モデルに調整を施す構造となっている。

【極指定による修正ゲインの決定】

それでは、図 4.4.2 の修正ゲイン F_{11}、F_{12}、F_{13} をどのように決定するのかが問題である。多くの場合、極指定法が用いられる。文字通り、設計者が極を指定する。そうすると、この極になるような逆算によって修正ゲイン F_{11}、F_{12}、F_{13} が定められる。畳み掛けるように、それでは極の指定をどのようにするのかが問題になる。任意性があるように思われるが、考慮するポイントはある。誤差を速く収束させる能力に関わることであり、複素左半面奥に設定する。やさしく言い直せば、固有周波数を高く設定する。ただし、この周波数を高く指定すると修正ゲインの値も大きくなり、信号飽和の問題を引き起こして実装できない。

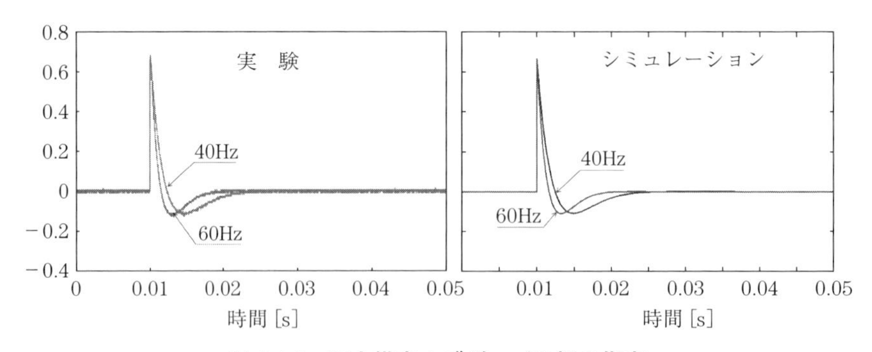

図 4.4.4　圧力推定オブザーバの極の指定

図4.4.4 は極の周波数を40と60 Hzに指定した場合の誤差信号（図4.4.3の「実系とモデルの差」）の収束波形である。もちろん周波数が高いとき収束は速い。「オブザーバの極を複素左半面に奥に設定」という言い方が制御工学の世界では通例であるが、周波数帯域の狭いセンサを使った制御は不良となるのであり、この帯域が広いセンサを実現せよということである。

【適用結果】

オブザーバの出力はあくまでも推定の信号であり、真の圧力信号とは言えないかもしれない。もしウソ信号を使ってフィードバックをかけようものなら、装置はとんでもない動作をすることになる。

そこで、**図4.4.5** の破線で示す圧力センサの出力に基づくフィードバックと、太い実線で示す推定圧力信号を使ったときのそれを比較した。**図4.4.6** の結果

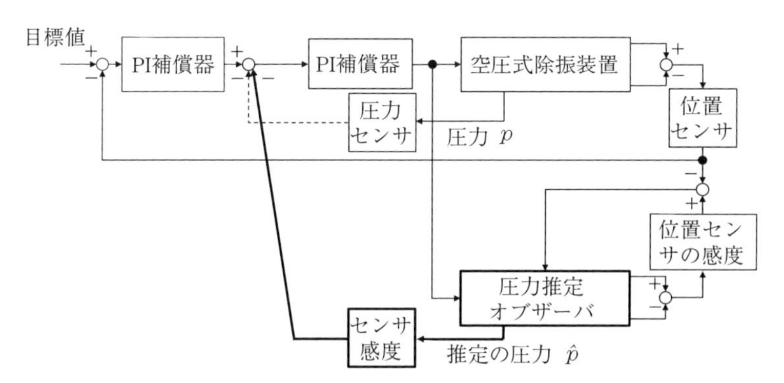

図4.4.5　推定圧力フィードバックの構成

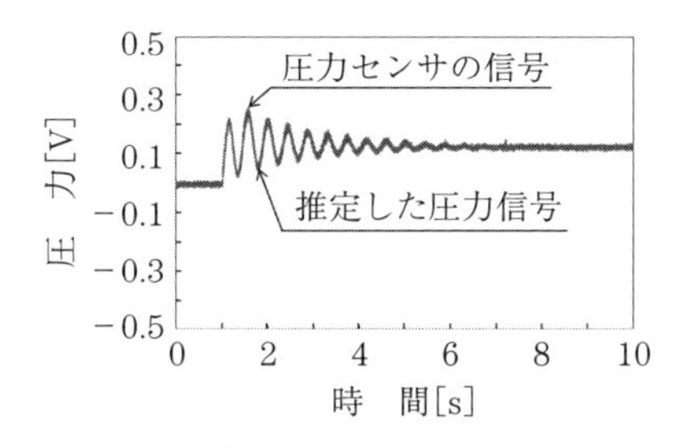

図4.4.6　圧力センサと推定圧力信号を使った圧力フィードバックの効果

のように、圧力センサと推定圧力の両信号は一致した。したがって、実物の圧力センサを取り除ける可能性を示したと言える。

【自虐的なボヤキ】

図 4.4.6 の結果だけを見ると素晴らしい、と自画自賛。しかし、たった 1 台の空圧式除振装置と向き合って同一次元オブザーバを構築し、ここから得られる推定圧力信号を使ってフィードバックを行っただけである。すこし素性が異なる 2 台目の空圧式除振装置を扱ったとき、図 4.4.2 のブロック構造そのものは不変でよいが、数学モデルに設定するパラメータは調整の必要がでてくる。このとき、制御を専門としない技術者、例えば生産技術者でもあっさりと設定できなければ産業応用にはならない。特に大量生産される装置の場合、一台ごとに異なるパラメータを設定するようでは困ったことになる。調整コストがかかるうえ、一台ごとの管理台帳を作成しこれを保管せねばならないからだ。さらに、装置は時間が経つと素性を変えていく生き物である。このとき、「空圧系＋機械系を写し取った数学モデル」と実物との乖離は大きくなるのであり、それでも精確に推定圧力フィードバックが機能するのであろうか。さらには、装置に不具合があったとき、オブザーバから得られる推定圧力信号のフィードバックが破壊的な結果を招いてはかなわない。このように筆者は心配になる。

計測できる物理量については、センサを使うことが基本と思う。オブザーバの機能が破綻しても人に危害を与えない、装置が壊れてもまた購入すればよいという用途にしか使えないのではないかと思う。あくまでも私見であることをお断りしておく。

【その他の応用例】

上述の空圧式除振装置のように、センサを使わずに、あたかもセンサが存在するかのように制御をかけることを**センサレス制御**と言う。これを適用した身近な製品はある。例えば、**図 4.4.7** 右側に示す研究室保有の掃除機である。ゴミを吸引するモータは永久磁石同期式であり、コストダウンのためにセンサレス制御を実施しているという宣伝文句に魅了されて購入した。技術解説の論文を検索した結果、筆者が書き直して図 4.4.7 左側に示すブロック線図となって

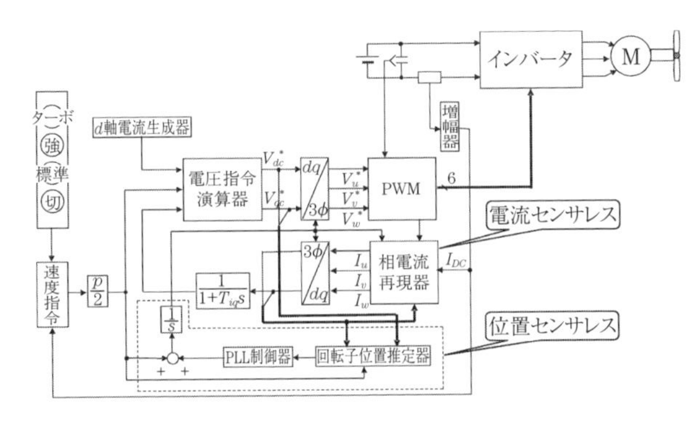

図 4.4.7　掃除機に組み込まれたセンサレス制御

いた。本来、永久磁石同期式モータの回転数を制御するには、電流センサと回転角度を検出するエンコーダが必要である。しかし、吹き出し内に記したように、これらを排除して電流センサレスと位置（回転角であるが、通例として位置と呼称）センサレスを実現している。

なお、図 4.4.7 の掃除機メーカーに責任は一切ないが、いつの間にか吸引が不可能になった。だからと言って、掃除機が研究室所属の学生に危害を与えることはなかったのである。

4.5　エッチな制御それはH無限大

静圧ステージの位置決め制御の仕事に従事していたことがある。ステージの素性がよく、すなわち素直な機械であったためよく知られている PID 補償器の実装だけで難なく仕様を満たせていた。しかし、ステージという機械を一切改造することなく、フィードバックループ内の補償器に工夫をこらし、さらに性能をあげることができれば好ましい。このとき「エッチ無限大制御を適用してみたい」と部下からの提案があり納得したので、この言葉そのままで上司に相談を持ちかけた。直属上司はニヤと笑いながら「エイチ無限大と言いなさい」とたしなめた。

【原理】

H$^\infty$制御とは、H$^\infty$ノルムと呼ぶ「大きさ」によって伝達関数を評価し、これを設計者の指定する値より小となるようにする設計法のことである。一体、何を言いたいのだ？！　簡単に言い切ると**図 4.5.1** のとおりである。このゲイン曲線の高周波数領域の箇所にはピークが存在する。これはフィードバックをかけたとき悪影響を及ぼすことは明らかである。そこで、トンカチを持ち出してこのピークを指定の大きさまで潰すことを行っていることを表現している。いや、まさしくH$^\infty$制御の本質を象徴的に表現している。じつは受け売りであることを白状しておこう。

【応用例】

位置決めステージに対していきなりH$^\infty$制御を適用することは、あまりに危険である。小物の制御ならば、動作がおかしいとき手を使って動きを止められる。しかし、質量 100 kg 近いステージに挙動不審があっても、手動ではこの動きを抑え込めない。最悪の場合、精密なステージを壊す、あるいは怪我を負うことになる。さらに、古典的な PID 補償器を使って位置決め仕様は満たせており、これに代えてH$^\infty$制御に基づく補償を施したときには制御がうまくいきません、という結果はだしたくもない。

そこで、既存の PID 補償器はそのまま残したうえで、H$^\infty$制御を適用することにした。PID 補償器でうまく位置決めはできている。だから、これを温存したい設計者の気持ちはわかってくれるでしょう。しかし、数学的な厳密性をもって理論は構築されているのであり、「気持ち」を取り入れてくれるとは限

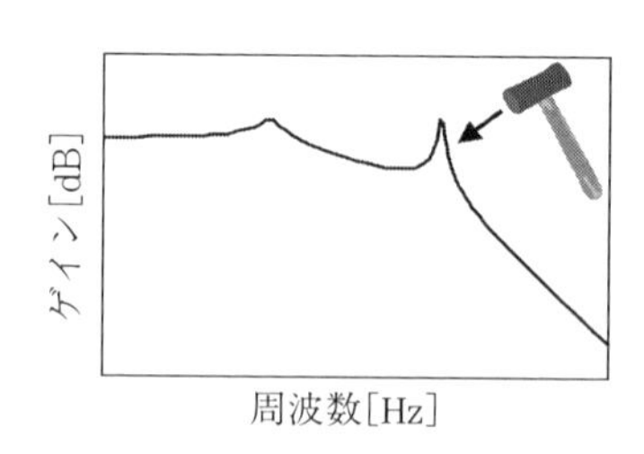

図 4.5.1　H$^\infty$制御とは

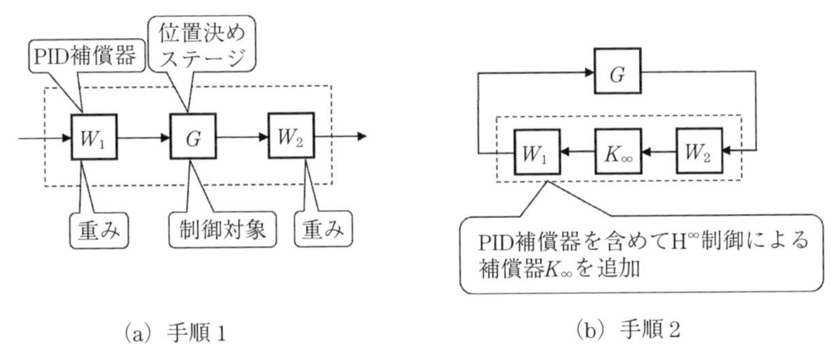

図4.5.2　実績のあるPID補償器を温存したままH$^\infty$制御を適用

らない。幸いなことに、設計者が抱える制約条件を受け入れる設計法があった。これを**図4.5.2**に示す。

具体的な設計手順を下記に記載する。ここで最大のピーク値の意味がノルム$\|\cdot\|_\infty$であり、【手順1】では図4.5.1におけるそれを求めている。そして【手順2】では、設計者が指定するゲイン以下の条件を満たす補償器K_∞が存在するのであれば、これを算出している。

【手順1】重みW_1、W_2によって制御対象Gの開ループ特性を整形する。$G_s=W_2GW_1$に対して正規化既約分解における不確かさのH$^\infty$ノルムの上限を次式によって計算する。

$$\varepsilon_{max}{}^{-1}=\inf_{K\ \mathrm{stabilizing}}\left\|\begin{bmatrix}I\\K\end{bmatrix}(I-G_sK)^{-1}\tilde{M}_s{}^{-1}\right\|_\infty$$

$$G_s=\tilde{M}_s{}^{-1}\tilde{N}_s,\quad \tilde{M}_s\tilde{M}_s{}^*+\tilde{N}_s\tilde{N}_s{}^*=I$$

【手順2】$\varepsilon(\leqq\varepsilon_{max})$を指定し、次式を満たすロバスト安定化補償器$K_\infty$を算出する。最終的な補償器を$K=W_1K_\infty W_2$とする。

$$\left\|\begin{bmatrix}I\\K_\infty\end{bmatrix}(I-G_sK_\infty)^{-1}\tilde{M}_s{}^{-1}\right\|_\infty\leqq\varepsilon^{-1}$$

上記手順において、実験担当者は【手順1】で「重み」という箇所を図4.5.2

(a)のように「PID 補償器」と読み替えた。そうして、H$^\infty$制御器の設計ソフトを使って、【手順 2】の計算を PC で行わせて、最終的に同図(b)に示すように閉ループ系をつくった。

図 4.5.3 は閉ループの周波数応答の実測結果である。PID 補償器だけのとき、および H$_\infty$制御理論に基づく補償器 K_∞を追加したときのゲイン曲線をそれぞれ破線と実線で示す。40〜160 Hz 付近で、破線に対して実線のゲインは少し低下している。加えて、300〜1000 Hz の範囲での実線は破線に比べて低下している。これは 2.11 節で説明した技術用語を使って、周波数応答の整形がなされている。しかし、位置決めの波形に及ぼす効果を、図 4.5.3 から即座に判定することはできない。そこで、つぎに位置決めの時間応答の比較を行った。

図 4.5.4 は位置決め波形の比較である。実線の波形（H$^\infty$制御）は破線のそれ（PID 制御）に比べて立ち上がりは遅い。しかし、波形が落ちつく整定の箇所では、破線で示す波うちが消えてきれいに収束している。PID 補償器の場合に比べて少しだけ位置決め波形が改善している。「ちょっとだけよ」であることは当たり前である。すでに、PID 補償器によって位置決め性能はほぼ満たされ

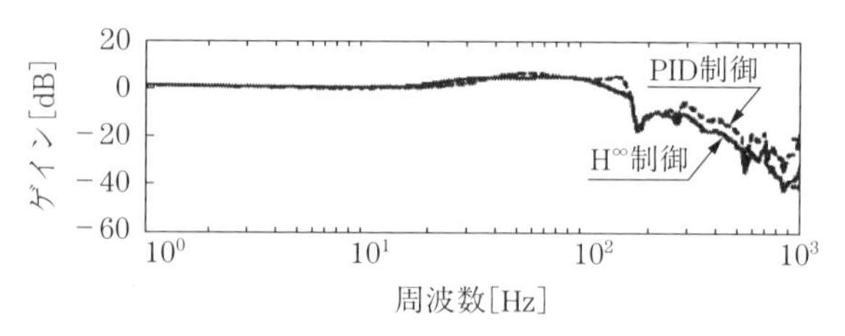

図 4.5.3　閉ループの周波数応答

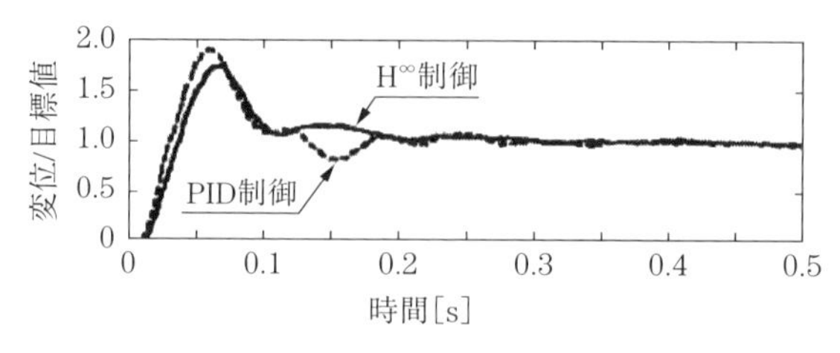

図 4.5.4　位置決め波形の比較

ており、さらにプラスαの効果を狙ってH^{∞}制御を適用したからである。

【適用結果の解釈と一つの感慨】

計算機を使って導いた補償器K_{∞}はひとかたまりの伝達関数である。「計算機で計算した結果を実機に適用したらうまくいきました」という人任せ的な、いや計算機任せのスタンスでは工学的な態度とは言えまい。そこで、実験担当者に補償器K_{∞}を因数分解して、工学的な意味がわかるようにせよと指示した。その結果、(i) 位相余裕を高めるための位相進み補償器、(ii) 振動抑制のためのノッチフィルタ、そして (iii) 高域のロバスト安定性を高めるためのローパスフィルタ（LPF）が補償器K_{∞}のなかに含まれていると判明した。位相進み補償器の伝達関数は2.6節の図2.6.1に、ノッチフィルタの周波数応答の形は2.11.3項の図2.11.5に、そしてローパスフィルタの伝達関数は2.6節の図2.6.1に記載している。

つまり、古典制御理論に基づいて理解できる、いや頻繁に使用している補償器を導いていることに安心できた。同時に、古典制御理論でお馴染みの補償器群を一括して導出していることに大いに感じ入ったのである。

な～んだ、既述の【手順1】、【手順2】には恐ろしげな数式が並ぶので魔法のような補償器を導きだすと思いきや、古典制御でお馴染みの補償器の組み合わせを一括して導出する手法なのだ。だったら、微に入り細に入って補償器の活用ができるようになれば、設計者自身がHになれるのだと思えた。

さらに思うのである。産業機器の機械制御に関するトラブル発生の場合、現場で修復を行わねばならない。このとき、計算機を持ちだしてK_{∞}補償器を導出し、この実装を行えるのであろうかと。手計算でK_{∞}補償器は得られないので計算機を使う。しかし、計算にあたって必要なモノは機械装置の厳密な数学モデルである。だから、装置自身の素性が変化したことに起因するトラブルならば、計算機でK_{∞}補償器を求めても意味がない。多くのトラブルは機械に起因するのであり、これが発振するという現象を真摯に見つめ、そこから教えられることを手掛かりにして、例えばノッチフィルタのパラメータを再調整という手段が一番よいのである。

閑話休題 その4-⑥

ノイズが位置決め波形に入っているので、**遮断周波数**100Hzのフィルタを入れたと言っている。それなのに、150Hzの振動が影響するとまだ言っている。なぜですか？

実際のゲイン特性

実現不可能

ゲイン[dB]

周波数[Hz]

遮断周波数・カットオフ周波数・折点周波数

困ったものである。勉強不足というよりも、工学的な見識がない。電子回路であろうが、計算機を使おうが、図の破線で示すように、遮断周波数以上のところでいきなりゲインが零となって、信号を伝達させないフィルタが工学的に実現できるわけがない。

閑話休題 その4-⑦

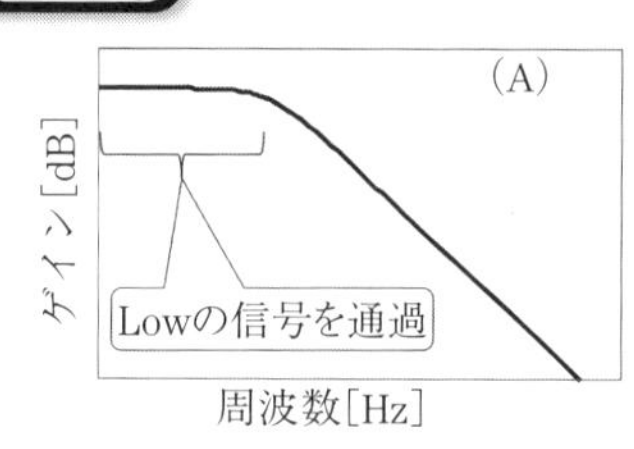

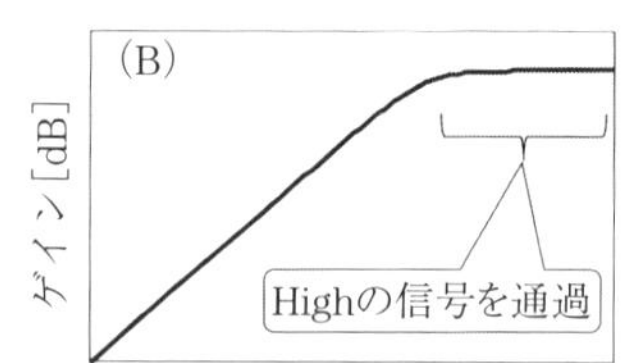

LPFとHPFの区別がわからない。

LPFは、周波数がLowの信号をPassするフィルタの意味だ。から、Highは通過させないので特性は(A)となる。
同様に、HPFは周波数がHighの信号をPassするフィルタなので、周波数がLowの信号は通過しない。特性は(B)だ。

4.6 繰り返しという現象を抑える制御

周期的な目標値に追従させたい場合、あるいは周期的な外乱を除去したい場合、**繰り返し制御**（Repetitive Control）が知られている。すでに2.6節で説明した「内部モデル原理」に基づく制御系である。

【適用対象の空圧式除振装置】

図4.6.1はコンプレッサの供給圧が周期的に変動し、空圧レギュレータを通してもなお残存して、これが除振台の位置の揺れを招く過程を示す。周期性のある外乱であり、この影響を抑制するためには、内部モデル原理にしたがって

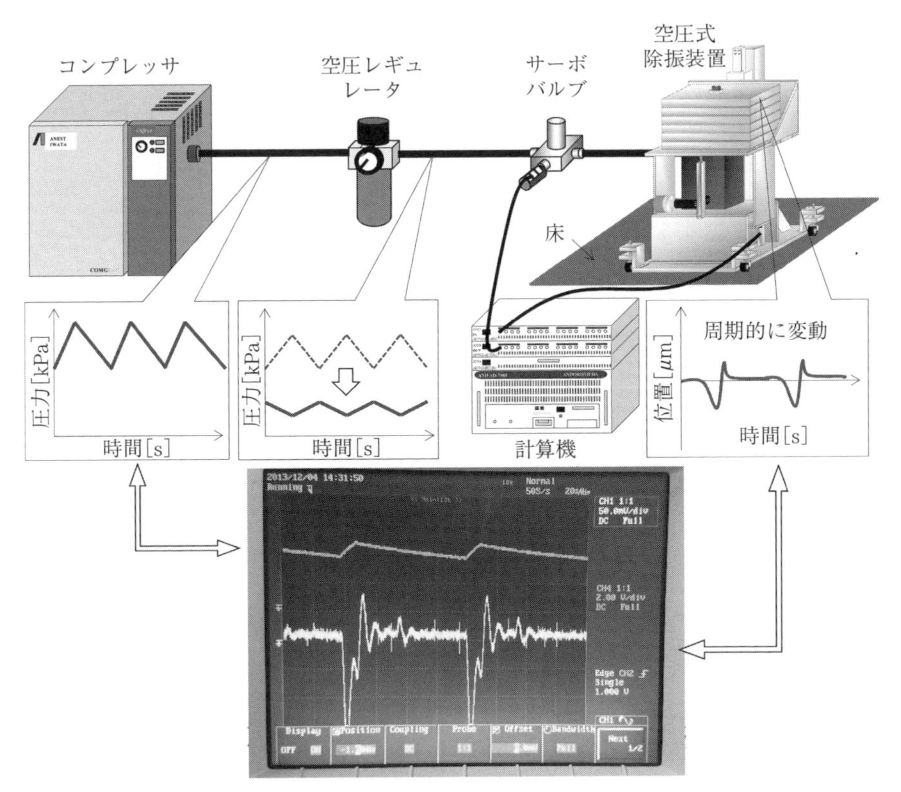

図4.6.1　繰り返しの流量変動が除振台を上下に揺らせる

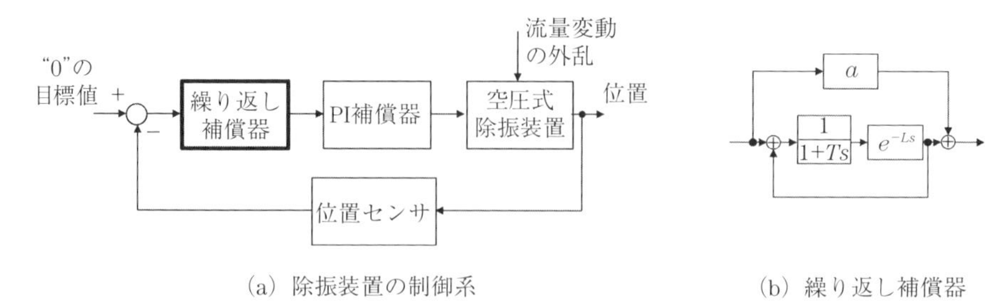

（a）除振装置の制御系　　（b）繰り返し補償器

図 4.6.2　繰り返し補償器を制御ループに挿入

閉ループの中に周期性を持つ繰り返し補償器を**図 4.6.2**(a)のように挿入する。繰り返し補償器の具体的な構造は同図(b)である。驚くことに、安定性を劣化させるむだ時間要素 e^{-Ls} を補償器内に持たせており、したがって設計においては注意を要する。注意は 1 次遅れフィルタ $1/(1+Ts)$ の挿入であり、高周波成分への追従をある程度犠牲にして、制御系の安定化を図っている。なお、フィードフォワード項 a は、速応性や安定性の改善のために付加している。

【繰り返し補償器の基本動作】

図 4.6.3 は繰り返し補償器の原理的な動作を示す。むだ時間要素 e^{-Ls} は入力信号の出現を L [s] だけ遅らせる機能を持つのであり、したがって同図左側の入力があったとき、これが周期 L ごとに繰り返される。つまり、図 4.6.3 は周期信号の生成機構であり、言い換えると発信器と言える。

図 4.6.3 の原理を踏まえて、繰り返し補償器の改良が既に提案されている。**表 4.6.1** のとおりである。同表の（1）は基本構造であり、次の（2）では PI 補償器の構造を踏襲してフィードフォワード項 $a(s)$ の追加をしている。すなわち、内部モデル原理を踏まえると、ステップ状の外乱入力に対して偏差零とするには、積分器 $1/s$ を制御ループ内に入れる。同様に、繰り返しの外乱入力に対する影響を抑えるために表 4.6.1（1）の繰り返し補償器を入れている。しかし補償器の適用場面では、速応（即応の漢字は使用しない）性を改善するために積分器 $1/s$ だけなくさらに P 補償器も追加して、全体として PI 補償器を制御ループ内で使う。そうすると、P 補償器に相当するものとしてフィード

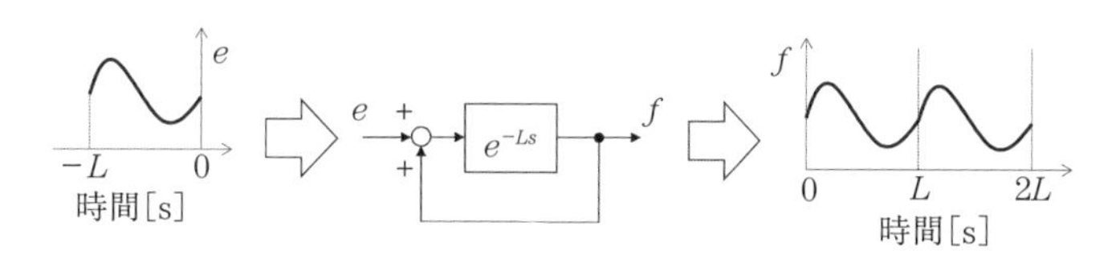

図 4.6.3　繰り返し補償器の原理

表 4.6.1　繰り返し補償器の改良

	ブロック線図	伝達関数	備考
(1)	+ + e^{-Ls}	$\dfrac{e^{-Ls}}{1-e^{-Ls}}$	
(2)	$a(s)$ + + e^{-Ls} + +	$\dfrac{e^{-Ls}}{1-e^{-Ls}}+a(s)$	PI補償器と同じ構造
(3)	+ + e^{-Ls}	$a(s)=1$のとき $\dfrac{1}{1-e^{-Ls}}$	(3)の伝達関数にe^{-Ls}を乗じたとき(1)の伝達関数
(4)	$a(s)$ + + $F(s)$ e^{-Ls} + +	$\dfrac{F(s)e^{-Ls}}{1-F(s)e^{-Ls}}+a(s)$	修正繰り返し補償器

フォワード項$a(s)$が出現している。ここで、sの関数である$a(s)$については、制御対象に依存するため設計者に任されている。一般にはPI補償器の構造を踏襲して導入された$a(s)$なので、ゲインを入れる。そこで$a(s)$を1と選んだとき、表4.6.1の（3）となる。伝達関数は表中に記載のとおりであり、(1）の分子にはe^{-Ls}があり（3）のそれにはない。そのため、(3）の応答は原理である（1）に比べて1周期分速いので、実機投入にとって好ましいことになる。さらに、表4.6.1（4）では、(2）の構造を保存したうえで、高周波成分をカットするためにローパスフィルタ$F(s)$を導入している。

【繰り返し補償器の周波数特性】

図 4.6.4 に、修正繰り返し補償器の周波数特性を示す。同図右側には、修正繰り返し補償器の構造および条件を記している。

まず、ローパスフィルタ $F(s)$ を挿入しない $T=0$ のゲイン曲線を見る。周波数 $f=n/L$（$n=1$、2、3…）［Hz］ごとにゲインは無限大である。ここで、$n=1$、2、3…は、外乱の繰り返し周波数の基本波、2 倍の高調波、そして 3 倍のそれに対応している。これらの成分に対して選択的にループゲインを無限大にして、周期外乱が及ぼす影響を抑制する働きをする。ここで、図 4.6.2(a) において繰り返し補償器がない場合、周期外乱が及ぼす除振台位置の揺動を抑えるには、PI 補償器のゲイン増加という手段しかない。この場合、ループ内を循環する全ての周波数成分に対してゲイン増加の効果が及ぶので、ループの安定性を容易に劣化させる。つまり、繰り返し補償器とは、外乱周期の成分だけを狙い撃ちにしたゲイン上昇による抑制法と言える。

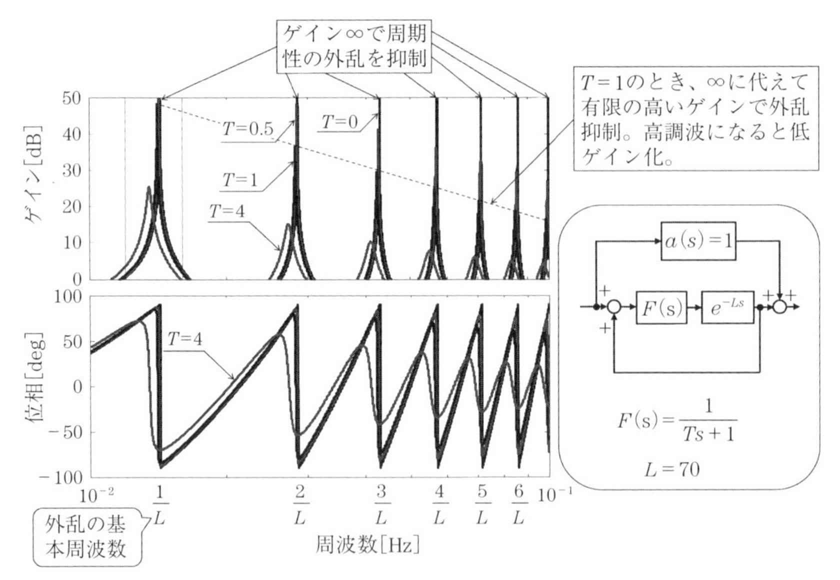

図 4.6.4　周期外乱を高ゲインで抑圧、そしてローパスフィルタで安定化される理由を示す周波数特性

次に、高周波成分をカットするために導入するローパスフィルタ $F(s)$ の効果を説明しよう。図 4.6.4 で $T=0$、$n=1$、2、3…のとき、ゲインは無限大である。この抑圧は機械系にとっては余りに過酷と考えられる。加えて、2次、3次の繰り返し外乱の高調波成分は1次のそれに比べれば小さいのであり、したがって高調波成分までゲイン無限大で丁寧に抑制する必要はない。つまり、高次成分の抑制を律儀にするまでもないことを実現するために、ローパスフィルタ $F(s)$ を挿入する。例えば、$F(s)$ の時定数が $T=1$ s のとき、図 4.6.4 において破線の傾斜で示すように無限大のゲインによる抑制ではなく、有限であるが高いゲインであって、高次のものについては抑制能力をさらに落とした周波数特性になる。

【ローパスフィルタの時定数の効果】

ローパスフィルタ $F(s)$ の効果を**図 4.6.5** に示す。同図左側で「w/o RC」は繰り返し補償器がない場合、「w/ RC」はこの補償器を投入した場合を意味する。$F(s)$ なしで w/o RC から w/ RC の状態に切り替えたとき、図 4.6.5 左側に示すように除振台の位置は次第に発散する。一方、適切な時定数 T を設定した同図右側では、発散が抑えられており、しかも位置の変動を抑えている。

【フィードフォワード項 $a(s)$ をゲインとした場合】

フィードフォワード項 $a(s)$ の選び方は、設計者に任されている。もっとも

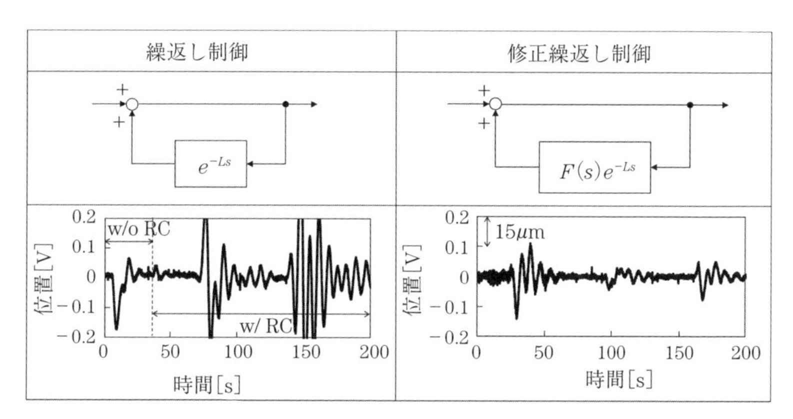

図 4.6.5　ローパスフィルタ $F(s)$ の効果を示す実験結果

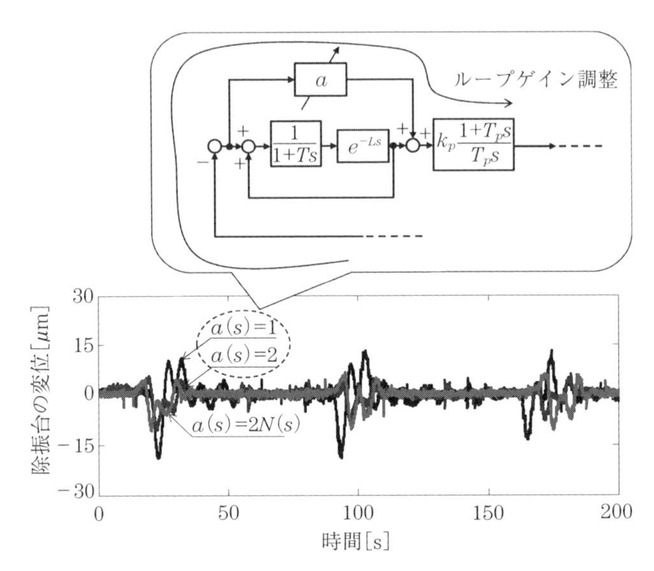

図 4.6.6　$a(s)$ の選択による外乱抑制能力の差異

簡単な手段は、既述のように $a(s)$ をスカラのゲインとすることである。

図 4.6.6 に $a(s)=1$ から 2 へと変更したときの除振台の位置の応答を示す。ゲイン増大に応じて、振幅の抑制が図れている。これは同図上側の吹き出し内に示すように、$a(s)$ 増大の調整はループゲインのそれに相当するので、当たり前のことと言える。

【当然のようにトレードオフ発生】

$a(s)=1$ から 2 への調整によって位置の振幅が抑制されており、この事実だけを見れば好ましい。しかし、良い事実だけをことさら喧伝するわけにもいくまい。当然のことながら閉ループ系に課される他の指標は劣化する。具体的に、除振台においては床振動の除振台上への伝達を少なくしたいにも拘らず、これを劣化させる。いわゆる、2.12 節に記載したトレードオフというヤツである。

【トレードオフの緩和】

既述のように、$a(s)$ をゲインにしてこれを大きくすることは、図 4.6.6 の PI

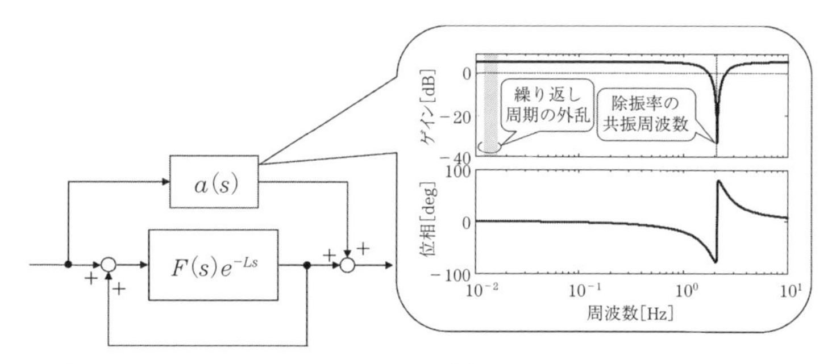

図 4.6.7　フィードフォワード項 $a(s)$ としてノッチフィルタ選択

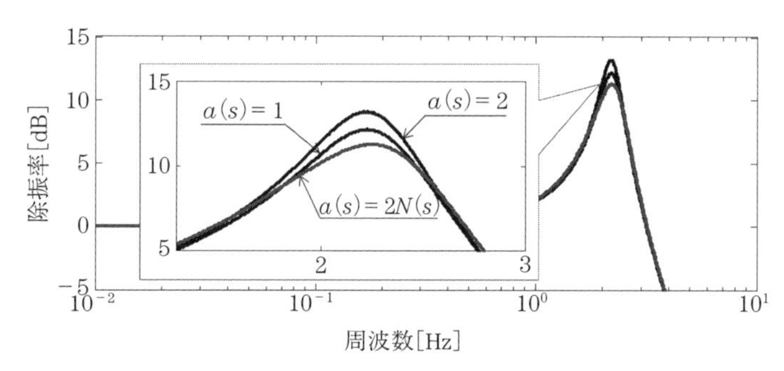

図 4.6.8　$a(s)$ の選択による除振率の差異

補償器のゲイン k_p を大きくすることと同じである。面白みに欠けるし、なによりもトレードオフを招く。そこで、**図 4.6.7** に示すように、$a(s)$ としてノッチフィルタ $N(s)$ を選ぶ。この場合、すこしだけトレードオフが解消される。

まず、$a(s)=2$ と $a(s)=2N(s)$ のとき、除振台の変位は既に図 4.6.6 に示したとおり、両者で変わりはない。つまり、周期外乱に対する除振台の位置の抑制能力は同等である。しかし、除振台の性能の指標である**図 4.6.8** の除振率の周波数特性を見ると、$a(s)=2$ に対して $a(s)=2N(s)$ と選んだ方がゲインの低下があり、改善が図れている。

4.7　学びの制御

可動範囲の左側から右側方向へ、微小な距離だけ位置決めステージを連続的に動かす使われ方がある。このとき、左側での位置決め時間と右側のそれが異なることがある。程度にもよるが、産業機器の場合、左側であろうが、右側であろうが同一の位置決め時間でなければ困る。しかし、試行を何回も行った結果、左側よりも右側の方が位置決め時間が長いという確かな傾向が捉えられたとしよう。言ってみれば「くせ」を発見したのである。どうすればよいのか？

【産業界で採用される学習制御】

繰り返しの試行で、右側の方が位置決め時間が長いのであれば、ここでの位置決めのときだけ補償器のパラメータを変更する、という手段が思いつく。この考えを装置に実装したものが**図 4.7.1** である。位置決め時間という指標で見たとき、再現性があるのであれば、この性質を頼りにして補正をかけられるということである。詳細は図面内に記載した特許番号から参照して欲しい。

この例のように、装置の素性を真摯に見つめ、逆手をとるかのように補正をかけることは産業界ではしばしば採用されてきた。開発した装置固有の性質に大いに依存しており、そして理論的な安定性の保証などは存在しない場合が多

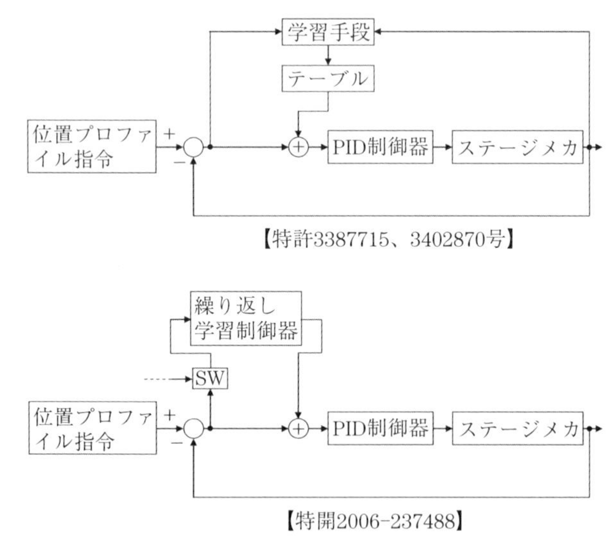

図 4.7.1　特許からみる学習制御の適用例

閑話休題 その4-⑧

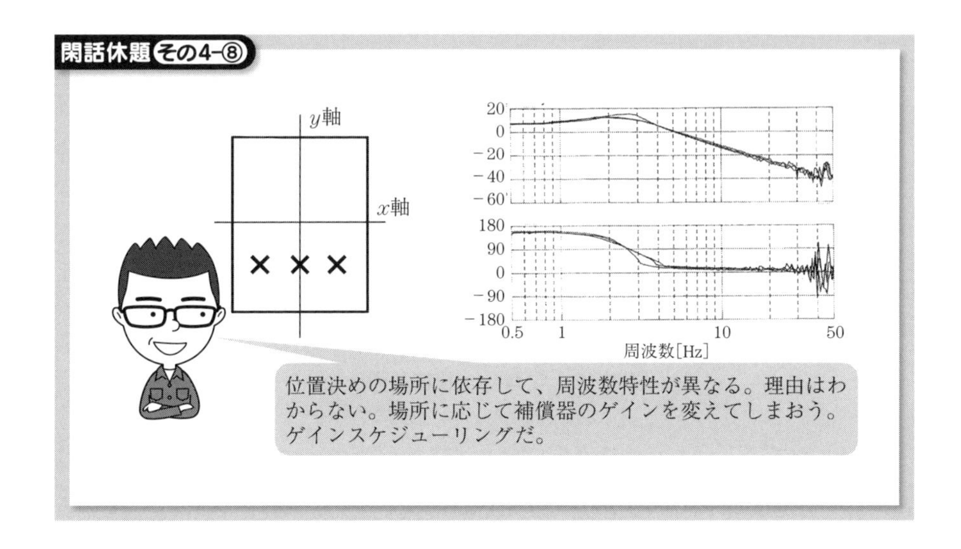

い。しかし、効果があるならば製品に採用するのであり、学術的な言葉を使って**学習制御**と言える。

【収束アルゴリズムを備えた学習制御の例】

図 4.7.1 の学習制御は現場の装置を真摯に観察して見出せた、いわば発見的な方法と言える。それに対して、数学的な背景を持つ**フィードバック誤差学習**（Feedback Error Learning：FEL）がある。

FEL を実装したブロック図を**図 4.7.2** に示す。ここでは、フィードバック補償器 C の出力 u_{fb} と偏差 e 用いて、フィードフォワード補償器 Q_{fel} のパラメータを自動調整している。すでに 2.14 節の図 2.14.1(a)を用いて説明したように、

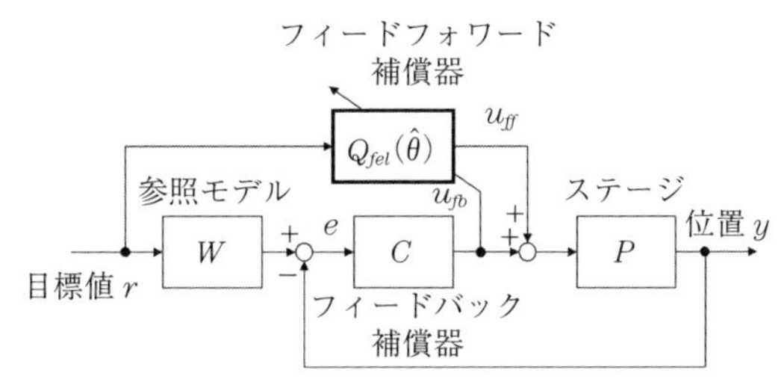

図 4.7.2　学習によってフィードフォワード補償器 Q_{fel} を導出

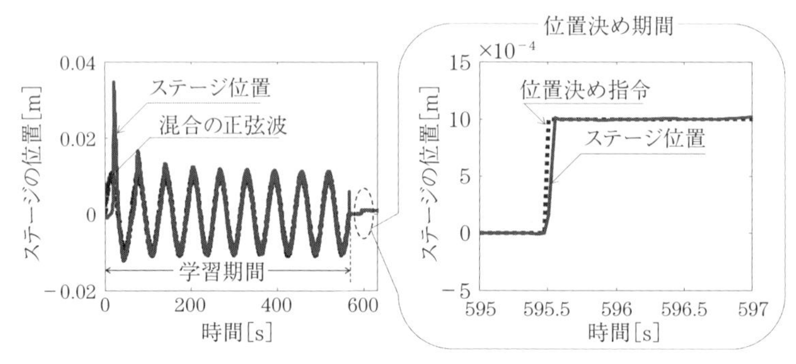

図 4.7.3　学習した後に位置決め

学習によって $Q_{fel}=W\,P^{-1}$ を実現できたとき、目標値 r から位置 y までの位置決め波形は設計者が指定した参照モデル W の応答になる。つまり、$y=Wr$ となる。なお、ここでは学習則の数式および収束性の説明は割愛する。

【適用結果】

学習およびこの終了後に行わせた位置決め波形を**図 4.7.3** に示す。まず、ステージが停止状態で、この特性を求められはしない。そこで、「混合の正弦波」を目標値 r に印加して、ステージのダイナミクスを励起している。9 周期目に学習は終了している。次に、この結果を Q_{fel} にセットした。そうすると、図 4.7.3 吹き出し内に示すように、時刻 595.5 秒でステップ状の位置決め指令を与えたとき、オーバシュートのない位置決め波形を得ている。

4.8　配管長が長いことに起因するむだ時間の補償

物質などの輸送では、入力を与えてからこれに応じた出力がでるまで一定時間が経過する物理現象がある。この時間を**むだ時間**（dead time）と言う。簡単に言えば、反応が鈍い物理現象である。したがって制御は難しい。

【適用対象の空圧式除振装置】

図 4.8.1 はむだ時間の発生を示す実例である。エアコンプレッサからの圧縮空気を使って、空気ばね内の圧力をサーボバルブの弁を開閉して操作する。作業物質の空気は配管を通って空気ばねに到達するのであり、配管長 L が長い

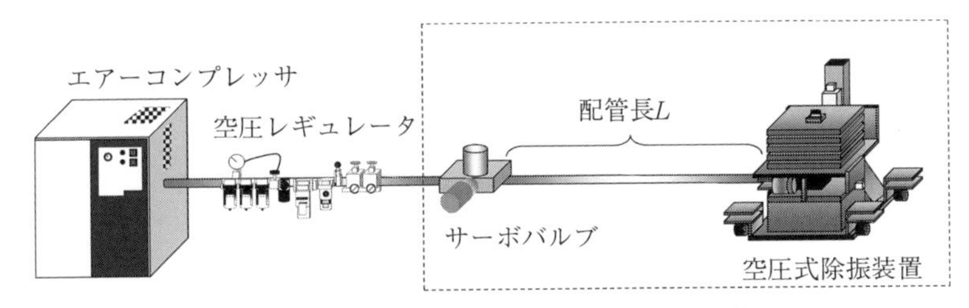

図 4.8.1　配管長 L による無駄時間の発生

とき、サーボバルブの弁開閉の結果は遅れる。それにも拘らず弁開閉の指令は次々と更新されるので、オーバシュートが発生する。

【むだ時間補償（スミス法）の原理】

配管長 L に起因するむだ時間を考慮する制御法として、スミス法によるむだ時間補償が知られている。ここで、むだ時間補償という語感から、むだ時間をなくすというイメージがわく。しかし、むだ時間を解消する、あるいは短くする制御ではないことに注意したい。制御対象に現として存在するむだ時間は本質的に残る。ただし、閉じたループの応答性を支配する特性方程式にむだ時間が含まれないようにできる。

具体的な制御ブロック線図を**図 4.8.2** に示す。ここで、各記号の意味は次のとおりである。

$Ge^{-T_d s}$：むだ時間を含む空圧式除振装置の伝達関数

C_s：空圧式除振装置の安定化のための補償器

$\tilde{G}$：空圧式除振装置のダイナミクスを表現するモデル

$\tilde{T}_d$：実際のむだ時間 T_d の同定値（予測むだ時間）

図 4.8.2 から、伝達関数$(x-x_0)/r$ を算出すると以下のとおりである。

$$\frac{x-x_0}{r}=\frac{\dfrac{C_s}{1+\tilde{G}(1-e^{-\tilde{T}_d s})C_s}\cdot Ge^{-T_d s}}{1+\dfrac{C_s}{1+\tilde{G}(1-e^{-\tilde{T}_d s})C_s}\cdot Ge^{-T_d s}}=\frac{C_s Ge^{-T_d s}}{1+C_s\tilde{G}+C_s(Ge^{-T_d s}-\tilde{G}e^{-\tilde{T}_d s})}$$

ここで、$\tilde{G}=G$、$\tilde{T}_d=T_d$ と選んだとき分母の括弧内は零となり、$(x-x_0)/r$

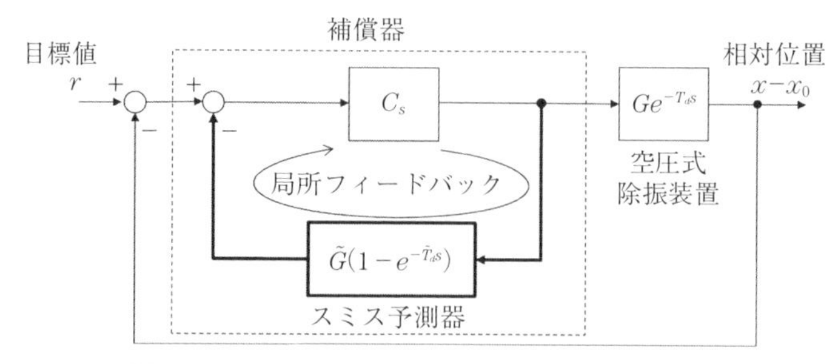

図 4.8.2　スミス法によるむだ時間補償の実装

は次式となる。

$$\frac{x-x_0}{r}=\frac{C_s G\cdot e^{-T_d s}}{1+C_s\tilde{G}}$$

上式を見ると分母は（$1+C_s\tilde{G}$）であり、むだ時間 $e^{-T_d s}$ を含まない。これが含まれるとなぜ好ましくないのかと言えば、むだ時間の絶対値は｜$e^{-T_d s}$｜$=1$ であるが、位相だけが遅れるので安定性を損なうからである。一方、伝達関数の分子にはむだ時間要素 $e^{-T_d s}$ が存在しており、当然に位置決め波形には入力信号に対して遅れる出力となる。

上式の導出では、$\tilde{G}=G$、$\tilde{T}_d=T_d$ と選んだとき、分母の括弧内が互いにキャンセルし合うことを条件としている。このことは数式を用いずともブロック線図から確認できる。**図 4.8.3** に示すように絵としての変換を行っていくと、楕円の破線で囲む部分でキャンセルしていることがわかる。

つまり、スミス法の実装にあたっては、空圧式除振動装置のダイナミクス G とむだ時間 T_d をそれぞれ正確に同定したモデル $\tilde{G}$ と予測むだ時間 $\tilde{T}_d$ が必要となる。これらが正確なことが前提だ。しかし、$\tilde{G}=G$、$\tilde{T}_d=T_d$ と設定したものの、望み通りにはいかないのが機械制御である。

【適用結果】

図 4.8.4 の除振台の位置決め波形は、スミス予測器の有無で比較したものである。本来、除振台は常に平衡位置に定位させる使い方である。図 4.8.4 では位置決め装置であるかのようなデータとなるが、スミス法の効果を検証するた

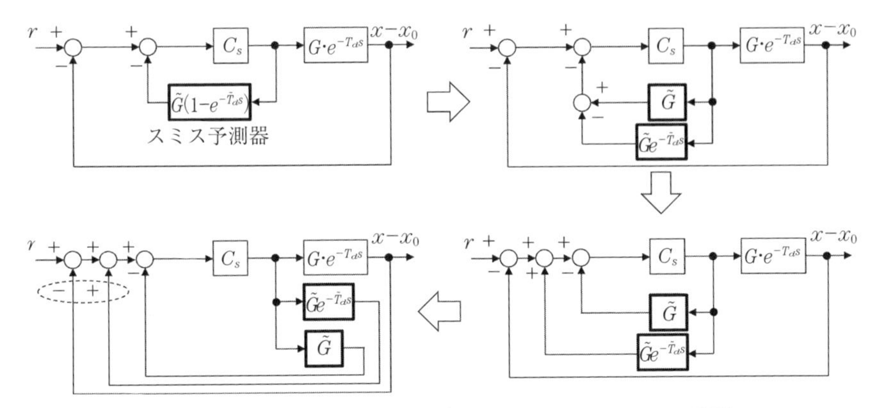

図 4.8.3　ブロック図の等価変換によるキャンセルの確認

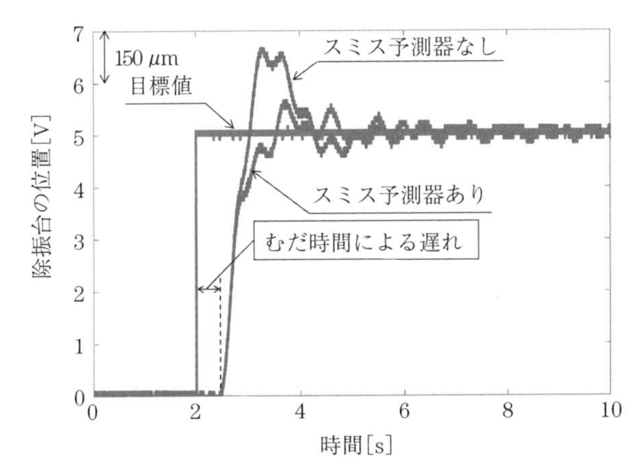

図 4.8.4　スミス予測器の有無による除振台の位置決め波形

めだけの試験と言える。ここで、同図の２箇所に注目したい。

まず、時刻２秒のとき印加したステップ信号の目標値に対して、スミス予測器の有無によらず除振台の位置の応答は遅れることである。既述のように、スミス予測器を使ったむだ時間補償を行っても、応答波形にはむだ時間系としての本質的な振舞いは残る。

次に、スミス予測器がない応答波形にはオーバシュートが生じるのに対して、同予測器を備えたときにはこれが抑制されることである。これも既述のように、特性方程式のなかからむだ時間が排除されたことを示す。

【厄介なこと】

図 4.8.2 では、むだ時間を含む空圧式除振装置の伝達関数を $Ge^{-T_d s}$ と記載している。ダイナミクス G とむだ時間要素 $\exp(-T_d s)$ の掛算で表現しており、互いに独立とも思わせる書き方である。しかし、配管長 L を変えると、むだ時間 T_d はもちろんのことダイナミクス G も変化する。

具体的に、配管長 L を変えたとき、空圧式除振装置のサーボバルブを駆動する電流アンプの入力から圧力までの周波数特性は**図 4.8.5** である。楕円で囲むところに、配管共振に起因したゲインのピークが存在する。つまり、配管長 L によってダイナミクスも確実に変化する。

そうすると、空圧除振装置の組み立てあるいは実装の担当者が、それぞれの現場的な都合によって配管長 L を安易に変えてはならないことになる。配管交換作業に対する指示書がなければ、配管に亀裂が入ったための交換の際、適当な長さの配管をつなぎ変えてしまうであろう。このような場合、実装済みのむだ時間補償器に対する再度の調整が必要となる。つまり、実務上で厄介なことは、$\tilde{G}=G$ と $\tilde{T}_d=T_d$ の実現ということになる。

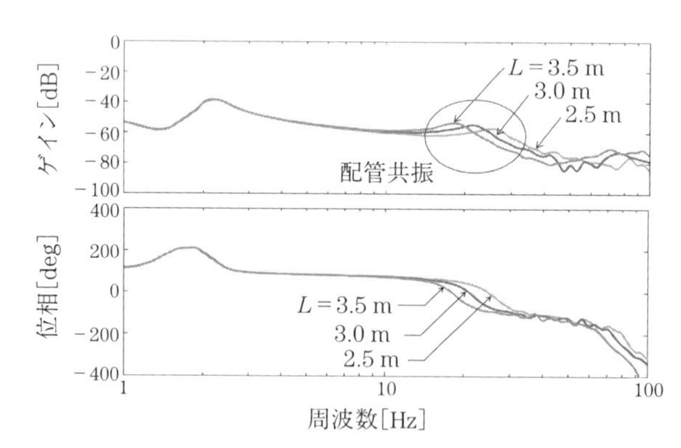

図 4.8.5　配管長の変化に対する空圧系のダイナミクスの変化

閑話休題 その4-⑨

閑話休題 その4-⑩

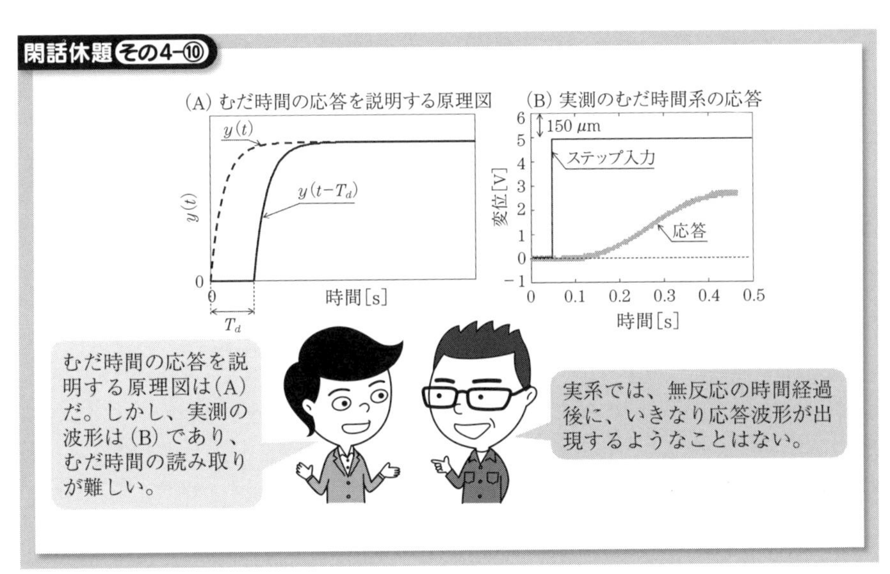

終章 制御のそれを感じるとき

機械制御の通(つう)を目指して、具体的な事例を使ってわかりやすい解説をしてきた。最終章では、制御のそれを感じるときを綴る。

(1)　制御の威力を感じるとき

精密位置決めステージに組み込まれているモータがあり、これを駆動する電流アンプの特性を単体で調査したことがある。正弦波印加時のモータ電流を観察するという単純な方法である。その結果、精密の言葉からの想像を裏切るほどリプルが多いことがわかった。端的に言えば、汚い電流波形であった。ところが、サーボをかけると、数十ナノメートルの精度で位置決めがなされる。実(げ)に恐ろしきは閉じた世界のフィードバックである。曖昧なもの、あるいは変動しているものを強烈に押し込める働きがある制御の威力を感じるときである。

(2)　やっぱり機械そのものが制御の命だなと感じるとき

素性があまり良好でない機械に、閉ループを構成する。思い通りに機械を動かすため補償器に調整を施す。そうすると、一定の性能には即座に到達する。しかし、線形の補償器の調整だけではどうにもできない壁が見えてくる。このとき、機械そのものの世代交代が起きた。機械を思いどおりに動かすために、あれほど工夫を凝らしたにも拘らずねじ伏せられず、一方機械自身のコンセプト一新によって呆気ないほど補償器の調整には苦労しなくなる。このことを経験した。やっぱり機械が性能を支配するのだ。制御とは、機械の素性の悪さを補償器の調整によって覆い隠すことではないのだと感じるときである。

(3)　機械は動かさねばと感じるとき

力学的な干渉がないように、端的に言えば機械同士が接触しない設計が行われる。次に、発熱による膨張量、加重による変形が及ぼす影響を制約条件と照合して機械設計が行われる。そして、最近では構造解析ソフトを使って、動く機械の固有振動数が制御系の動作にとって障害にならないかの事前検証が行われる。大丈夫だという結論を受けて実際の機械が製作される。

専門家のこのような設計行為を経て生み出された機械は、加減速運転が適度なレベルであれば順調に動く。ところが、生産装置の場合、スループット向上が常に要求されており、さらに高い加減速運転を行わせる。そうすると設計時点では想定していない振動がニョキニョキと出現する。理由ははっきりしている。高加減速駆動とは、インパルス状の駆動力を機械に印加することにほかならない。インパルス信号には低周波数から高周波数にわたる成分を含んでおり、低い加減速駆動では励起されずに済んでいたダイナミクスを励起する、すなわち寝た子を起こすことになるからだ。つまりだァ、やっぱり機械は動かさねばわからないと実感するときなのである。

(4)　制御を知っていればと感じるとき

位置決め装置の開発担当者が相談にきたことがある。いままで偏差なしの位置決めが実現できていた。新機種になった途端に、偏差が生じて困っているという内容である。そのため、A3用紙に描かれたアナログ回路図を見ることになった。しかしおかしい。精度が要求されているにも拘らず、ゲイン調整の補償器しか備えていない。PI補償器を採用すべきだ。そこで、P補償器だけなので原理的に定常位置偏差は残るが、それで装置に課されている位置決め精度は満たせていたのかと問うた。目標値の入力によって残存する偏差を計測し、この偏差を位置決めの仕様内に入れ込む補正量を予めの実験によってテーブル化しておき、これを目標値に追加するというワザを聞かされた。つまり、真の目標値にさらに下駄をはかせていたのである。定常偏差零の位置決めのためにはPI補償器を、より具体的にはゲイン補償で使用しているオペアンプの帰還抵抗の箇所にコンデンサ1個を直列に挿入するべしと助言した。あっさりと偏差の残存問題は解消されたことは言うまでもない。偏差零の実現のために1型にすることは制御の世界では常識である。相談にきた開発者も学生時代には勉強したはずである。しかし、なぜ積分器を閉じたループに挿入したとき偏差零が実現されるのかについては、数式を使った証明はあるものの工学的な納得性を得る解説がない。制御工学をわかりやすくして活用しやすい体系にしたいと感じるときである。そして基本的な制御のことを知っていれば、無駄な開発時間を費やすことはなかったと感じるときでもある。

(5)　アクティブを生かし切れていないと感じるとき

特性方程式は閉じたループの特徴的な振る舞いを決定していると2.7節で説

明した。だから、制御技術者は2自由度制御系やら局所フィードバックの追加などゴチャゴチャと補償構造を変更し、この調整作業に没頭する。それは、閉じた世界の動き方を変えるために、ループ構造を変えているのだ。このように、制御ループの構築は人為的であって、しかもそれはアクティブである。そうすると、じっくりと機械とこの閉ループ系を眺めたときには、さらに機械の能力を発揮させる工夫を見出せる余地が大いにある。

さらに、開発の場面では、責任範囲を明確にするためにユニットごとに担当者が割り当てられる。そうすると、守備範囲の逸脱を嫌う意識が蔓延しはじめる。しかし、重複を許しアクティブであることを活用してユニット同士を関連づけたとき、さらにパフォーマンは上げられるはずだ。アクティブであることを生かし切れていない事例が多々あると感じる。

(6) 誤解を感じるとき

機械をサーボによって動作させてこそ明白になる現象がある。それは、機械の静的な特性検査、あるいは機械単体の応答試験では発現しなかった現象である。これが性能にとって深刻な場合、機械の改良を設計者に要請する。

このとき、設計者のタイプは二種類に分かれる。一つ目のタイプは、不具合の現象を真摯に受け止めて改良に取り組んでくれる設計者である。二つ目のタイプは、熟慮を経て設計した自分の機械に対してケチをつけたと非難を言う設計者である。決して非難などではない。誤解しないで欲しいのである。

なぜならば、高速の世界での機械は豆腐のような振舞いを見せ、それはサーボをかけることによってしか発現されない。加えて、機械同士の相互作用は、機械単品の評価ではわからない。だから、サーボという緊張状態における現象に、一緒に対処したいという要請に過ぎないのだ。

誤解される言い方だったのかもしれない。機械の改良を要請する者の人徳の欠如なのかもしれない。あるいは、機械の動的な振る舞いに対する経験が、機械設計者になかったのかもしれない。もう、いずれでもよい。機械と電気と制御を協調させたときにしかサーボはうまく動作しない。

引用・参考文献

本書で引用・参考にした文献を、章ごとに本文記載の流れに沿って以下に示す。

第1章

・涌井伸二：エンジニアのための失敗マニュアル，コロナ社（2015）

第2章

・涌井伸二，佐久間圭輔：超音波モータの高速位置決め手法，日本機械学会論文集C，Vol. 77，No. 780，pp. 3007-3016（2011）
・涌井伸二：高精度位置決め技術の基礎と応用★徹底解説～高精度化の必須技術「位置決め」実例を交え詳解～，Electronic Journal 第2513回 Technical Seminar（2014）
・足立修一：MATLABによる制御のためのシステム同定，東京電機大学出版局（1996）
・高梨宏之，加藤宏昭，東海林敦，間山武彦，涌井伸二，足立修一：部分空間法による除振マウント支持の半導体露光装置に対する多変数システム同定実験，システム制御情報学会論文誌，Vol. 14，No. 7，pp. 339-346（2001）
・高梨宏之，間山武彦，涌井伸二，足立修一：多変数システム同定結果に基づく除振マウント支持による半導体露光装置の物理パラメータ推定，システム制御情報学会論文誌，Vol. 14，No. 8，pp. 418-420（2001）
・今井悠介，涌井伸二：真空ゲートバルブの試作とその評価，日本機械学会論文集C，Vol. 78，No. 786，pp. 717-730（2012）
・涌井伸二，橋本誠司，高梨宏之，中村幸紀：現場で役立つ制御工学の基本，コロナ社（2012）
・涌井伸二：磁気軸受へのロバスト解析の適用，電気学会産業計測制御研究会，IIC-90-4，p. 31-40（1989）
・涌井伸二：制御システムのロバスト解析の一方法，電気学会論文誌D，Vol. 109，No. 10，pp. 763-770（1989）
・赤川裕貴，中村幸紀，涌井伸二：空圧式アクティブ除振装置に対する並列型と直列型PIS制御の実装方法の比較，平成27年電気学会産業応用部門大会，R2-5，2-34，Ⅱ-237～Ⅱ-240（2015）
・中出圭輔，涌井伸二，中村幸紀：ガルバノミラーの集中定数モデル作成の提案，平成27年電気学会産業応用部門大会，R2-4，2-25，Ⅱ-201～Ⅱ-204（2015）

・涌井伸二：ステージ位置制御系への北森法の適用，日本機械学会論文集 C，Vol. 65，No. 636，pp. 3252–3259（1999）
・キヤノン：除振装置，特許第 3450633 号（2003）
・涌井伸二：ピエゾ素子を使った微動機構に対する高速位置決めの手法，日本機械学会論文集 C，Vol. 63，No. 612，pp. 2693–2700（1997）
・涌井伸二，小笠原孝仁：空圧式除振装置に対する床振動フィードフォワードの一考察，日本機械学会論文集 C，Vol. 77，No. 773，pp. 51–63（2011）
・キヤノン：位置決め装置，特許第 2774893 号（1998）
・涌井伸二，浅田克己，佐藤幹夫：定盤加速度信号を用いた X–Y ステージ位置決め制御系の解析，日本機械学会論文集 C，Vol. 60，No. 580，pp. 4183–4189（1994）

第 3 章

・白石貴行：Hovercraft の姿勢制御，平成 16 年度卒業研究論文（東京農工大学）
・長谷川雄三：ホバークラフトの姿勢制御，平成 17 年度卒業研究論文（東京農工大学）
・涌井伸二：エンジニアのための失敗マニュアル，コロナ社（2015）
・涌井伸二，高橋一雄：摩擦や外乱の存在する系における超高精度位置決め制御，機械設計，Vol. 35，No. 8，pp. 147–154（1991）
・涌井伸二，高橋一雄，澤田武：i 線ステッパ用 X–Y テーブルの位置決め，機械設計，pp. 36–42（1992）
・涌井伸二：「連載講座」半導体露光装置の制御，日本機械学会誌，Vol. 103，No. 977，pp. 202–205（2000）
・涌井伸二：「特集記事」ステッパにおける精密位置決めステージの現状と将来，精密工学会誌，Vol. 67，No. 2，pp. 202–206（2001）
・涌井伸二：高速・高精度位置決め技術の実相，機械設計，Vol. 48，No. 12，pp. 20–25（2004）
・土井利忠，伊賀章：ディジタル・オーディオ—基礎理論と最新技術，ラジオ技術選書（1982）
・分担執筆：最新光学ヘッドの設計と組立て・評価技術（第 5 章　光学ヘッド駆動部の設計と制御），トリケップス，No. 48，pp. 115–144（1986）
・涌井伸二：光メモリーのサーボ技術，The INTER，Vol. 5，p. 317（1987）
・コンパクトディスクプレーヤー CDP101，CDP102，DAP–001，XR–Z90 など入手可能な回路図に基づく非公開分析資料
・涌井伸二，星英男：光ビームアクセス，昭 59 電子通信学会光・電波部門全国大会，400，p. 2/144（1984）
・涌井伸二：モーションコントロールの基礎技術とその応用・例（III. 光ディスク装

置，ロボットにおけるモーションコントロール応用），技研情報センター主催（1990-3/6）
・パイオニア：トラッキングサーボ引込装置，公開実用新案公報，昭 59-135561（1984）
・3.5 インチ FDD の分析非公開資料
・SONY：ソニーコンパクトディスクプレーヤー用 IC ガイド（1984）
・HITACHI：NEW DEVICE FOR DAD PLAYER（販促用の資料）
・HITACHI：CD-ROM DRIVE SYSTEM（Model CDR-1502S）（取扱説明書）
・中村泰貴，涌井伸二：5 軸能動形磁気軸受の不釣り合い振動補償器に対する一設計法，日本機械学会論文集，Vol. 81，No. 824，pp. 1-14（2015）
・中村泰貴，涌井伸二：5 軸能動形磁気軸受における不釣り合い振動補償群の関係性とそれを活用した振動抑制，日本機械学会論文集，Vol. 82，No. 837，pp. 1-14（2016）
・兼松春奈，涌井伸二，中村幸紀：能動型磁気軸受の片側電磁石駆動による安定浮上，平成 25 年電気学会産業応用部門大会，pp. III-371-III-374（2013）
・キヤノン：鉛直方向空気ばね式除振台の制御装置，特許 3046696（2000）
・Yuka Kaneko, Yukinori Nakamura, Shinji Wakui, Byung Sub Kim, and Chang Kyu Song: Development and Evaluation of a Simulator for PneumaticAnti-Vibration Apparatuses with Six Degrees-of-FreedomUsing Mode Control, 2012 International Conference on Advanced Mechatronic Systems（ICAMechS 2012）, ThuP01-02, pp. 591-596（2012）
・大前力，平井洋武，涌井伸二：情報システムにおける制御，コロナ社（1999）
・岩井功，間山武彦，涌井伸二：低次な適応フィルタを用いたアクティブ除振装置への床振動フィードフォワード制御，電気学会論文集 D，Vol. 116，No. 10，pp. 1077-1078（1996）
・Shinji Wakui: Incline Compensation Control using an Air-spring Type Active Isolated Apparatus, Precision Engineering, Vol. 27, No. 2, pp. 170-174（2003）
・涌井伸二，瓜生恭生，高橋正人，山本幸治：空圧式除振装置に対する元圧・元流量変動フィードフォワード制御，精密工学会誌，Vol. 73，No. 11，pp. 1215-1219（2007）
・涌井伸二，瓜生恭生，高橋正人，山本幸治：元圧変動フィードフォワード補償の切替えによるハンチングの一抑制法，精密工学会誌，Vol. 74，No. 9，pp. 981-985（2008）
・Habiburahman Shirani, Shinji Wakui: Control of an Isolated Table's Fluctuation Caused by Supplied Air Pressure Using a Voice Coil Motor, Journal of System

Design and Dynamics, Vol. 4, No. 3, pp. 406-415 (2010)
・Habiburahman Shirani, Shinji Wakui: Feedforward Control of the Flow Disturbance to the Pneumatic Isolation Table, Journal of System Design and Dynamics, Vol. 4, No. 5, pp. 672-682 (2010)
・涌井伸二，浅田克己：3自由度微動機構のモデル化と制御特性の改善，日本機械学会論文集C，Vol. 61，No. 591，pp. 4380-4388（1995）
・涌井伸二：ピエゾ素子を使った微動機構に対する高速位置決めの手法，日本機械学会論文集C，Vol. 63，No. 612，pp. 2693-2700（1997）

第4章

・小郷寛，美多勉：システム制御理論入門，実教出版株式会社（1979）
・涌井伸二，甲斐孝志，小島大典：絶対速度・変位センサの広帯域化とその除振装置への適用，精密工学会誌，Vol. 75，No. 4，pp. 561-566（2009）
・甲斐孝志，涌井伸二：速度・変位センサの状態フィードバックに基づく一設計法，日本機械学会論文集C，Vol. 75，No. 760，pp. 3201-3208（2009）
・甲斐孝志，涌井伸二：絶対変位センサを用いた2自由度空圧式除振装置の制御（ボイスコイルモータを用いた制振），日本機械学会論文集C，Vol. 76，No. 766，pp. 1489-1495（2010）
・山本聖，涌井伸二：リニアスライダへのロバスト制御の適用，第50回自動制御連合講演会，233，pp. 649-652（2007）
・Satoshi Yamamoto, Shinji Wakui: Application of Robust Control Law for Linear Slider, International Journal of Automation Technology, Vol. 2, No. 1, pp. 34-41 (2008)
・三東佳史樹，涌井伸二：空圧ステージに対する簡易なデュアル外乱オブザーバの実装，日本機械学会論文集C，Vol. 79，No. 799，pp. 738-742（2013）
・日立アプライアンス：取扱説明書 CV-SM8
・武田洋次，松井信行，森本茂雄，本田幸夫：埋込磁石同期モータの設計と制御，オーム社（2001）
・涌井伸二，堀田大吾：一次元オブザーバの調整と空圧式除振装置の制御，精密工学会誌，Vol. 81，No. 10，pp. 936-943（2015）
・Wang Ziyue，涌井伸二，中村幸紀：空圧式除振装置に用いる最小次元オブザーバの設計と圧力センサレス制御，第56回自動制御連合講演会，438，pp. 1148-1151（2013）
・美多勉：H_∞ 制御，昭晃堂（1994）
・佐藤幹夫，涌井伸二，原辰次：H ∞制御による XY ステージの位置決め制御，シ

ステム制御情報学会，Vol. 39，No. 6，pp. 254–257（1995）
・中野道雄，井上悳，山本裕，原辰次：繰り返し制御，計測自動制御学会編（1989）
・野口裕喜，中村幸紀，涌井伸二：繰返し制御を用いた空圧式アクティブ除振装置の流量外乱抑制に関する一考察，平成 25 年電気学会産業応用部門大会，pp. II–111–II–114（2013）
・野口裕喜，中村幸紀，涌井伸二：空圧式アクティブ除振装置に対する外乱抑圧抑制と除振性能を考慮した繰返し制御の一調整法，第 56 回自動制御連合講演会，435，pp. 1136–1139（2013）
・野口裕喜，中村幸紀，涌井伸二：空圧式アクティブ除振装置に対する繰返し制御器のパラメータ調整に関する検討―流量外乱抑制と除振率の評価―，平成 26 年電気学会産業応用部門大会，R2–1，2–6，pp. II–95～II–98（2014）
・中村幸紀，野口裕喜，涌井伸二：除振率を考慮した空圧式アクティブ除振装置に対する流量外乱の一抑制法，電気学会論文誌 C，Vol. 134，No. 9，pp. 1182–1190（2014）
・キヤノン：多相リニアモータ制御装置，特許 3387715 号（2003）
・キヤノン：多相リニアモータ駆動装置，特許 3402870 号（2003）
・ニコン：ステージ装置，露光装置及び方法，並びにデバイス製造方法，特開 2006–237488（2006）
・中村幸紀，森本和樹，涌井伸二：リニアスライダの位置決め制御系に対するフィードバック誤差学習の一実装法，日本機械学会論文集 C，Vol. 77，No. 782，pp. 3684–3693（2011）
・後藤怜，中村幸紀，涌井伸二：空圧式アクティブ除振装置に対する Smith 補償器の予測むだ時間の設定法，平成 25 年電気学会産業応用部門大会，pp. II–115–II–118（2013）
・後藤怜，中村幸紀，涌井伸二：むだ時間を考慮した二軸空圧式除振装置に対する姿勢制御，平成 26 年電気学会電子・情報・システム部門大会，GS11–1，pp. 1701–1706（2014）

終章

・涌井伸二：解説 6　振動・熱などの外乱対策のポイント，機械設計，Vol. 60，No. 11，pp. 46–52（2016）
・涌井伸二：超精密位置決め制御―メカを思い通りに動かせたときの悦楽―，信州大学工学部超精密技術開発センター主催第 8 回定例会講演資料（2009）

索　引

数字

アルファベット

あ行

か行

さ行

た行

著者紹介

涌井　伸二（わくい　しんじ）

1977年　信州大学工学部電子工学科卒業
1979年　信州大学大学院修士課程了（電子工学専攻）
1979年　株式会社第二精工舎（現セイコーインスツル株式会社）勤務
1989年　キヤノン株式会社勤務
1993年　博士（工学）（金沢大学）
2001年　東京農工大学大学院教授

企業在職のとき、磁気軸受を用いたターボ分子ポンプ、CD用の光ピックアップ、組み立てロボット、精密位置決めステージ、空圧式除振装置などの研究開発に従事。大学赴任以降、振動制御の研究分野に従事。学術論文161編。「現場で役立つ制御工学の基本（コロナ社）」、「これなら書ける！特許出願のポイント（コロナ社）」、「エンジニアのための失敗マニュアル（コロナ社）」の書籍出版

今日からあなたも
機械制御の 通 になる　　NDC 531

2016年10月18日　初版1刷発行　（定価は、カバーに表示してあります）

©著　者　涌　井　伸　二
発行者　井　水　治　博
発行所　日刊工業新聞社
東京都中央区日本橋小網町14-1
（郵便番号　103-8548）
電　話　書籍編集部　03-5644-7490
販売・管理部　03-5644-7410
ＦＡＸ　03-5644-7400
振替口座　00190-2-186076
URL　http://pub.nikkan.co.jp/
e-mail　info@media.nikkan.co.jp

印刷・製本　美研プリンティング

落丁・乱丁本はお取り替えいたします。　2016 Printed in Japan
ISBN978-4-526-07614-5　C3053